21世纪高职高专计算机教育规划教材

C语言程序设计与应用

孙承爱　赵卫东　尹成波　主　编
周宝霞　王　荧　副主编

科 学 出 版 社

内容简介

本书共13章，第1～11章主要介绍了算法及算法描述、C语言概述、基本数据类型与数据运算、常用库函数、C程序设计的基本结构、数组、函数、预处理命令、指针、结构体与共用体以及文件等相关知识；第12章列举了一个C语言的应用案例——学生宿舍卫生管理系统，重点讲解了C语言应用系统的设计与实现，包含了软件开发的各个流程，帮助学生形成科学的编程思想；最后一章包括15个实验，以供学生上机实践，快速掌握编程技巧。

为了便于教学，本书特为任课教师提供教学资源包，包括书中的程序源代码、电子教案、书中习题答案、海量习题库。用书教师请致电（010）64865699转8082/8064或发Email：bookservice@126.com免费获取本书的教学资源包。

全书实例丰富，语言简练，注重培养学生实践能力，特别适合作为应用型高职高专院校和成人教育院校的计算机专业及其他专业的教材，还可作为编程人员和C语言自学者的参考用书。

图书在版编目（CIP）数据

C语言程序设计与应用/孙承爱，赵卫东，尹成波主编.—北京：科学出版社，2010.1

21世纪高职高专计算机教育规划教材

ISBN 978-7-03-026424-4

I. ①C… II. ①孙…②赵…③尹… III. ①C语言-程序设计-高等学校：技术学校-教学参考资料 IV. ①TP312

中国版本图书馆CIP数据核字（2010）第009768号

责任编辑：周晓娟 / 责任校对：杨慧芳

责任印刷：新世纪书局/ 封面设计：彭琳君

科学出版社 出版

北京东黄城根北街16号

邮政编码：100717

http://www.sciencep.com

中国科学出版集团新世纪书局策划

北京市鑫山源印刷有限公司

中国科学出版集团新世纪书局发行 各地新华书店经销

*

2010年3月第 一 版 开本：16开

2012年2月第3次印刷 印张：18

字数：438 000

定价：29.80元

（如有印装质量问题，我社负责调换）

前　言

《C语言程序设计与应用》作为学习结构化程序设计的入门课程，是进一步学习《数据结构》、《面向对象程序设计》、《算法设计与分析》等课程的基础。C语言是目前最流行和使用最广泛的计算机语言之一，具有表达能力强、概念和功能丰富、目标程序质量高、可移植性好、使用灵活方便等特点。

本书采用循序渐进、深入浅出、通俗易懂的讲解方法，本着理论与实际相结合的原则，注重知识内容、综合实训和课程设计的有机统一，重在培养学生的实际操作能力和程序设计能力，最后达到掌握C语言、形成科学的编程思想的目的。

本书采用教案式编写方式，学习目标明确。对每一个知识点，首先阐述相关的概念，然后通过实例加以准确清晰的展示。书中每一道程序设计例题都给出算法描述和具体知识点的分析，并注重一题多解，提高学生分析问题、设计算法和解决问题的能力。

全书共分为13章。

第1章主要介绍了算法及算法描述。

第2章主要介绍了C语言程序的组成及特点，C语言的集成开发环境——Visual C++ 6.0集成开发，编写和调试控制台程序的步骤、方法和工具。

第3章主要介绍了C语言的基本数据类型与数据运算及应用。

第4章介绍了C语言中的库函数：输入/输出函数、字符串操作函数和数学运算函数。

第5章主要介绍了C语言中的基本结构：顺序结构、选择结构和循环结构。

第6章讲述了数组的知识。包括一维数组和二维数组、字符串与字符数组。

第7章主要介绍函数的知识。

第8章主要介绍了宏的定义方法及文件包含命令，以及条件编译命令。

第9章引入了地址、指针的概念，讲述了指针与指针变量、指针与数组、指针与字符串的相关知识与应用。

第10章主要介绍了结构体与共用体的相关知识与应用。如结构体的定义与使用，链表的概念和相关操作，以及共用体和枚举型数据。

第11章主要介绍了在C语言程序设计中文件的打开、关闭、读写与定位。

第12章从一个学生宿舍卫生管理系统的实际需求分析出发，按照软件开发的基本流程，完成了系统的设计与实现。该应用案例是对前面11章知识的综合应用。

第13章结合了前12章的内容安排了15个上机实验，并包含对应的实验指导。

最后，本书附录中给出了ASCII码表和常用标准库函数，便于学生查找和使用。

为方便教学，书中所有代码均已在Visual C++ 6.0环境中通过运行和调试，可放心使用。另外，本书特为任课教师提供教学资源包，包括本书的程序源代码、电子教案、书中练习题的详细解答、习题库及参考答案。教学资源包中的习题库题量大（800多道习题），并按章编排，针对性强，实用价值高。用书教师请致电（010）64865699转8082/8064或发送Email：bookservice@126.com免费获取本书的教学资源包。

全书实例丰富，语言简练，注重培养学生实践能力，特别适合作为应用型高职高专院校和成人教育院校的计算机专业及其他专业的教材，还可作为编程人员和C语言自学者的参考用书。

全书由孙承爱、赵卫东、尹成波、周宝霞、王荧、孙守强、崔焕庆、鲁法明、李学卫、李正芳编写。在编写过程中，柯玉立、朱贤坤、代兴梅、陈兴宇、吕晓妮、王磊做了许多工作，在此一并表示感谢！

由于作者水平有限，书中难免存在不足之处，恳请社会业界同仁及读者朋友提出宝贵意见和真诚的批评，图书内容交流 Email：l-v2008@163.com。

编　者

2010年2月

本书编委会

主　编：孙承爱　赵卫东　尹成波

副主编：周宝霞　王　荧

主　审：孙守强

参　编：崔焕庆　鲁法明　李学卫　李正芳

柯玉立　朱贤坤　代兴梅　陈兴宇

目 录

第 1 章 算法及算法描述……1

1.1 问题求解与算法……1

1.1.1 问题求解……1

1.1.2 算法及特点……1

1.1.3 算法优劣标准……2

1.1.4 算法描述……2

1.2 程序设计语言与程序设计……7

1.2.1 程序设计语言的发展史……7

1.2.2 程序设计必备知识……10

1.2.3 结构化程序设计方法……11

1.2.4 程序质量……13

1.3 计算机问题求解的过程……13

1.3.1 算法开发……14

1.3.2 算法实现……14

1.4 练习题……14

第 2 章 C 语言概述……16

2.1 C 语言程序的组成及特点……16

2.2 C 语言程序上机指导……17

2.3 C 程序的调试……19

2.4 练习题……22

第 3 章 基本数据类型与数据运算……23

3.1 基本标识符……23

3.1.1 保留关键字……23

3.1.2 预定义标识符……23

3.1.3 用户自定义标识符……24

3.2 数据类型……24

3.3 常量……25

3.3.1 直接常量……25

3.3.2 符号常量……27

3.4 变量……28

3.4.1 变量名……28

3.4.2 变量的定义格式……28

3.4.3 变量的值……29

3.4.4 变量的类型……29

3.5 基本数据类型的转换……30

3.5.1 自动类型转换……30

3.5.2 强制类型转换……30

3.6 运算符和表达式……31

3.6.1 运算符和表达式概述……31

3.6.2 算术运算符与算术表达式……32

3.6.3 赋值运算符与赋值表达式……34

3.6.4 关系运算符与关系表达式……35

3.6.5 逻辑运算符与逻辑表达式……36

3.6.6 条件运算符与条件表达式……37

3.6.7 逗号运算符与逗号表达式……37

3.6.8 位运算符与位运算表达式……38

3.6.9 取长度运算符……41

3.6.10 运算符的优先级和结合性……42

3.7 应用举例……43

3.8 练习题……44

第 4 章 常用库函数……46

4.1 输出函数……46

4.1.1 printf 函数……46

4.1.2 putchar 函数……49

4.1.3 puts 函数……50

4.2 输入函数……50

4.2.1 scanf 函数……50

4.2.2 getchar 函数……52

4.2.3 gets 函数……52

4.3 字符串函数……53

4.3.1 strcat 函数……53

4.3.2 strcpy 函数……53

4.3.3 strcmp 函数……54

4.3.4 strlen 函数……54

4.3.5 strlwr 函数……54

4.3.6 strupr 函数……55

4.4 数学函数……55

4.5 应用举例……58
4.6 练习题……59

第 5 章 C 程序设计的基本结构……62

5.1 基本语句……62
5.2 顺序结构……63
5.3 选择结构……64
5.3.1 if 语句……65
5.3.2 switch 语句……68
5.4 循环结构……69
5.4.1 while 语句……69
5.4.2 do…while 语句……70
5.4.3 for 语句……71
5.4.4 跳转语句……72
5.4.5 循环的嵌套……74
5.5 应用举例……75
5.6 练习题……79

第 6 章 数组……83

6.1 一维数组……83
6.1.1 一维数组的定义……83
6.1.2 一维数组的存储……84
6.1.3 一维数组元素的引用……84
6.1.4 一维数组的初始化……85
6.1.5 一维数组的应用……85
6.2 二维数组……92
6.2.1 二维数组的定义……92
6.2.2 二维数组的存储……92
6.2.3 二维数组元素的引用……93
6.2.4 二维数组的初始化……93
6.2.5 二维数组的应用……93
6.3 字符串与字符数组……95
6.3.1 字符串……95
6.3.2 字符数组……96
6.3.3 字符串与字符数组的应用……98
6.4 应用举例……100
6.5 练习题……102

第 7 章 函数……106

7.1 函数的定义……106
7.1.1 函数定义格式……106
7.1.2 函数返回值……107
7.2 函数的调用……108
7.2.1 不需要进行声明的函数调用……108
7.2.2 需要进行声明的函数调用……110
7.3 嵌套与递归……111
7.3.1 函数的嵌套调用……111
7.3.2 函数的递归调用……113
7.4 数组作为函数参数……115
7.4.1 数组元素作为函数参数……115
7.4.2 数组名作函数参数……116
7.4.3 多维数组作函数参数……118
7.5 变量的作用域与生存期……119
7.5.1 变量的作用域……119
7.5.2 变量的生存期……120
7.6 应用举例……122
7.7 练习题……124

第 8 章 预处理命令……126

8.1 宏……126
8.1.1 宏定义……126
8.1.2 宏取消……127
8.2 文件包含……128
8.3 条件编译……128
8.4 练习题……130

第 9 章 指针……131

9.1 指针与指针变量……131
9.1.1 指针的概念……131
9.1.2 指针变量的定义及引用……132
9.1.3 指针变量作为函数参数……136
9.1.4 指针的运算……139
9.1.5 void 指针类型……139
9.2 指针与数组……140
9.2.1 数组的指针……140
9.2.2 指向数组元素的指针……141
9.2.3 通过指针引用数组元素……142
9.2.4 指向数组的指针……143

9.2.5　数组指针作参数……144

9.3　指针与字符串……145

9.3.1　字符串的字符指针表示……145

9.3.2　利用字符指针访问字符串……146

9.3.3　字符数组与字符指针的比较……147

9.3.4　字符指针作函数参数……148

9.4　应用举例……149

9.5　练习题……153

第 10 章　结构体与共用体……156

10.1　结构体……156

10.1.1　结构体类型的定义……156

10.1.2　结构体变量的定义……157

10.1.3　结构体变量的引用……158

10.1.4　结构体变量的初始化……159

10.1.5　结构体应用举例……159

10.2　链表……163

10.2.1　链表概述……163

10.2.2　静态链表……164

10.2.3　动态链表……165

10.3　共用体与枚举……173

10.3.1　共用体的概念……173

10.3.2　共用体定义及使用……173

10.3.3　枚举的概念……174

10.3.4　枚举的使用……175

10.4　应用举例……175

10.5　练习题……178

第 11 章　文件……180

11.1　文件概述……180

11.2　文件指针……181

11.3　文件的打开与关闭……181

11.3.1　文件的打开……182

11.3.2　文件的关闭……183

11.4　文件的读写……183

11.4.1　字符读写函数……183

11.4.2　字符串的读写函数……185

11.4.3　字读写函数……186

11.4.4　数据块读写函数……187

11.4.5　格式化读写函数……188

11.5　文件的定位……190

11.5.1　重返文件头函数……190

11.5.2　指针位置移动函数……191

11.5.3　取指针当前位置函数……192

11.6　出错的检测……192

11.7　应用举例……194

11.8　练习题……197

第 12 章　应用案例——学生宿舍卫生管理系统……200

12.1　需求陈述……200

12.2　需求分析……200

12.2.1　功能需求……200

12.2.2　数据需求……201

12.2.3　技术约束……201

12.3　总体设计……201

12.3.1　系统总体结构……201

12.3.2　全局数据结构……202

12.3.3　界面设计……203

12.4　详细设计……208

12.4.1　系统主函数……209

12.4.2　管理员部分……209

12.4.3　普通用户部分……216

12.5　完整代码……217

第 13 章　应用实验……245

13.1　实验一　熟悉 C 语言的上机环境……245

13.2　实验二　C 语言数据类型与数据运算的应用……247

13.3　实验三　C 语言常用库函数……248

13.4　实验四　顺序和选择结构程序设计……250

13.5　实验五　循环结构程序设计……253

13.6　实验六　循环嵌套程序设计……255

13.7　实验七　一维和二维数组的使用……258

13.8　实验八　字符数组及其应用……260

13.9 实验九 函数的基本使用方法……262
13.10 实验十 函数的嵌套和递归……263
13.11 实验十一 指针的定义与使用……265
13.12 实验十二 指针与数组、函数……266
13.13 实验十三 结构体、共用体与链表……267
13.14 实验十四 文件的使用……269
13.15 实验十五 综合性实验……271

附录 A 常用字符与 ASCII 代码对照表……275

附录 B C 语言 ANSI/ISO 标准库函数……276

参考文献……280

第1章

算法及算法描述

学习目标　掌握算法的概念及特点，熟练掌握用N-S图描述算法的方法，初步掌握用流程图和PAD图描述算法的方法及计算机问题求解的过程。理解程序设计与程序设计语言的区别。

1.1　问题求解与算法

1.1.1　问题求解

问题求解的目的是要根据问题的特征发现并优化问题的解决方案。我们通常把问题求解的过程概括为五步：① 理解问题特征；② 设想解决方案；③ 优化解决方案；④ 描述解决方案；⑤ 执行并分析解决方案。下面通过一个具体的实例来说明问题求解的过程。

例 1.1　求 1+2+…+100 的和。

解：

（1）理解问题特征。输入 1～100 的所有整数；输出 1～100 所有整数的和。

（2）设想解决方案。最容易想到的解决方案是连加；也可以采用等差数列求和公式来计算；如果你拥有与高斯一样的创造力，那么还可以想到使用 50×101 的计算方法。

（3）优化解决方案。对三种解决方案进行比较，显然高斯的方法是计算量最小、计算速度最快的方案。尽管我们没有证明该方法是最好的方案，但它已经是解决上述问题的一个简单、令人满意的方案了。

（4）描述解决方案。可用数学算式 50×101 来描述。

（5）执行并分析解决方案。我们稍加分析就可以将高斯的方案应用到相似问题的求解中。可以把问题拓展为求含 $2n$（$n>1$）个元素的等差数列的和，其相应的解决方案可以描述为（最小元素+最大元素）×n。通过上述分析可以使得高斯的方案更具通用性。

1.1.2　算法及特点

在计算领域中，我们把求解问题所采取的解决方案称为算法（Algorithm），它是计算机科学和计算机应用的核心。算法是一组有穷的规则，规定了为解决某一特定问题而采取的一系列运算步骤。一个算法应具有以下特点。

（1）确定性。算法每一步运算都必须有确切的含义，即每一种运算应该执行何种操作，产生何种结果必须相当明确、无二义性。

（2）可行性。算法中要执行的运算都是可操作的，至少在原理上能由人在有限的时间内完成。

（3）输入。一个算法可以有零个或多个输入，输入是在算法开始执行之前需要从算法外部取得的必要数据，是赋予算法的最初的数据值。

（4）输出。算法的最终目的是为了求解，“解”就是输出。一个算法能够产生一个或多个输出，它们是与输入有某种特定关系的数据。没有输出的算法是没有意义的。

（5）有穷性。一个算法总是在执行了有穷步运算后终止。

1.1.3 算法优劣标准

与解决问题的方案一样，算法也有优劣之分，判断一个算法的优劣主要有以下几个标准。

1 正确性（Correctness）

正确性是指算法能够正确地执行规定的功能，对于一切合法的输入数据，该算法经过有限时间的执行都能产生正确的结果。

2 时间代价

时间代价是指算法执行时所耗费的时间。当一个算法转换成程序并在计算机上执行时，其运行的时间取决于问题的规模、计算机硬件的速度和程序设计语言等众多因素。在计算科学领域中，通常用时间复杂度（Time Complexity）来衡量算法的时间代价，它是一个算法运行时间的相对度量。

3 空间代价

空间代价是指算法执行过程中所需的最大存储空间。类似于算法的时间复杂度，通常以算法的渐进空间复杂度（Space Complexity）作为算法所需存储空间的量度。

4 健壮性（Robustness）

健壮性是指算法对异常情况进行检查和处理的程度，主要包括对数据异常、环境异常、操作异常和资源异常等情况的检查和处理，保证程序在执行过程中不会出现异常中断或死机现象。

5 可读性（Readability）

可读性是指算法容易阅读和理解的程度。

1.1.4 算法描述

算法设计完成之后，必须采用清晰、直观和准确的方式加以表示。这对于将算法转换为程序起着重要的作用，能有效提高编程的效率和质量。常用的算法图形表示法主要包括程序流程图（flowchart）、盒图（N-S 图）和 PAD（Problem Analysis Diagram，问题分析图）等。

1 程序流程图

程序流程图又称为程序框图，是一种历史最悠久的算法表示法。它利用几何图形来代表各种不同性质的操作，用流程线（又称为控制流）来指示算法的执行方向。由于其简单直观，便于初学者掌握，因此应用十分广泛。常用的程序流程图符号如图 1.1 所示。

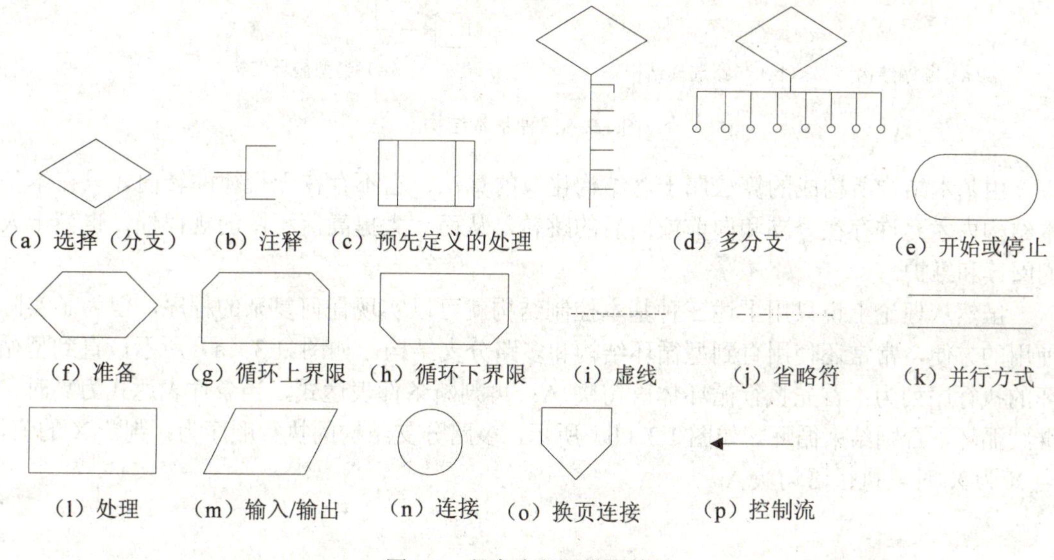

图 1.1　程序流程图常用符号

尽管程序流程图历史悠久，应用广泛，但其存在很多缺点，主要如下。

（1）传统的程序流程图本质上不是逐步求精的好工具，它诱使程序员过早地考虑程序的控制流程，而不去考虑程序的全局结构。

（2）程序流程图中用箭头代表控制流，因此程序员可以不受约束，完全不顾结构程序设计的精神，随意转移控制，造成程序结构的混乱。

为此，人们设想，规定出几种基本结构，然后由这些基本结构按一定规律组成一个算法结构，整个算法的结构是由上而下地将各个基本结构顺序排列起来。如果能做到这点，算法的质量就能得到保证和提高。

针对传统流程图中流程线的使用无限制可能导致流程图毫无规律的问题 1966 年 Bohm 和 Jacopini 证明了只用顺序（Sequence）、二路选择（Selection）和当型循环（Loop）三种基本控制结构就能实现任何单入口单出口的程序。

（1）顺序结构是简单的线性结构，各个处理按顺序执行。如图 1.2（a）所示，其执行序列为：先执行 A，再执行 B。

（2）二路选择结构又称二路分支结构，是对某个给定条件进行判断，条件为真或假时分别执行不同的处理。如图 1.2（b）所示，其执行序列为：当条件表达式为真时执行 A，否则执行 B。

（3）当型循环结构首先对循环控制条件进行判断，条件为真时继续循环，为假时结束循环。如图 1.2（c）所示，其执行序列为：当条件为真时，重复执行 A，直到条件为假时才执行 B。

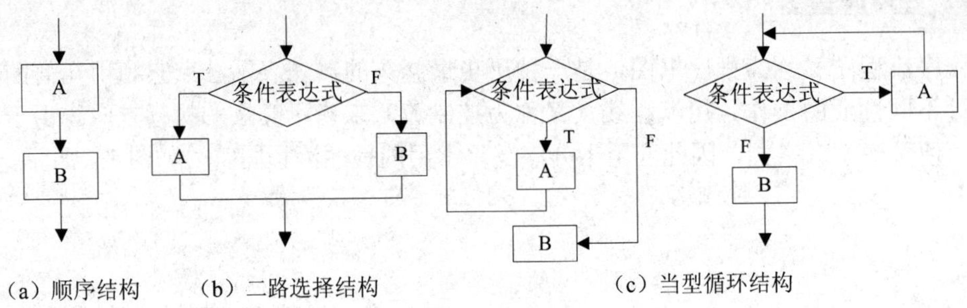

（a）顺序结构　（b）二路选择结构　（c）当型循环结构

图 1.2　三种基本结构

由基本结构所构成的算法属于“结构化”的算法，它不存在无规律的转向，只在本基本结构内才允许存在分支和向前或向后的跳转，从而大大提高流程图的规律性，也便于人们阅读和维护。

虽然从理论上说只用上述三种基本控制结构就可以实现任何复杂的程序，但为了实际使用的方便，常常还使用直到型循环结构和多路分支结构。如图 1.3（a）所示，直到型循环的执行序列为：首先执行循环体语句块 A；再判断条件表达式，当条件表达式为真时，继续循环，否则结束循环。如图 1.3（b）所示，多路分支结构的执行顺序为：判断 X 的值，当 X 为 X_i 时就执行语句块 A_i。

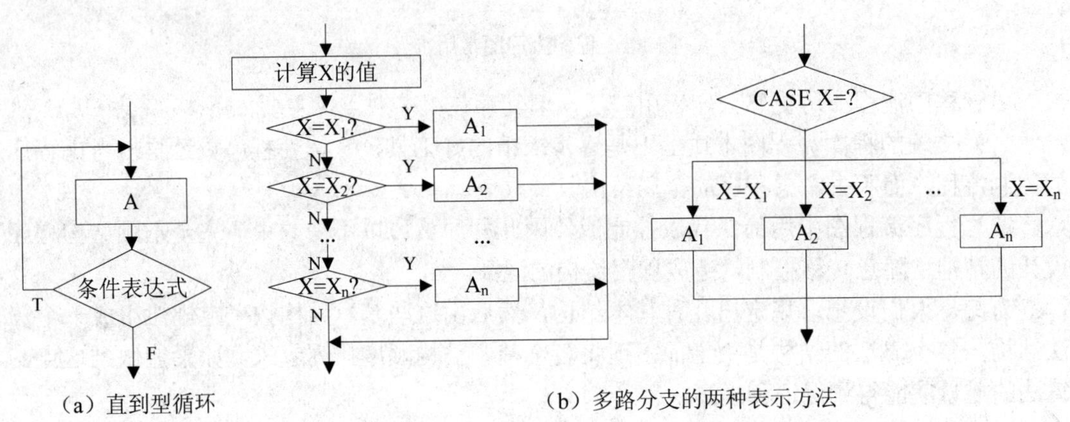

（a）直到型循环　（b）多路分支的两种表示方法

图 1.3　其他控制结构

例 1.2　输入任意 3 个整数，判断其能否构成三角形，如果能就计算周长并输出，否则输出 -1。

解：

（1）理解问题特征，确定输入和输出。输入的 3 个整数分别用 a、b 和 c 表示；输出三角形周长或-1 用 perimeter 表示。

（2）设想解决方案。该问题的输入和输出非常简单，因此主要考虑 3 个整数满足什么条件能构成三角形即可。由简单的数学知识可以知道，构成三角形的条件是任意两边之和大于第三边，即必须同时满足 a+b>c、a+c>b 和 b+c>a 这 3 个条件。

（3）采用流程图描述解决方案。根据（1）和（2）两步的结果，我们很容易用程序流程图来描述该问题的求解方案，如图 1.4 所示。

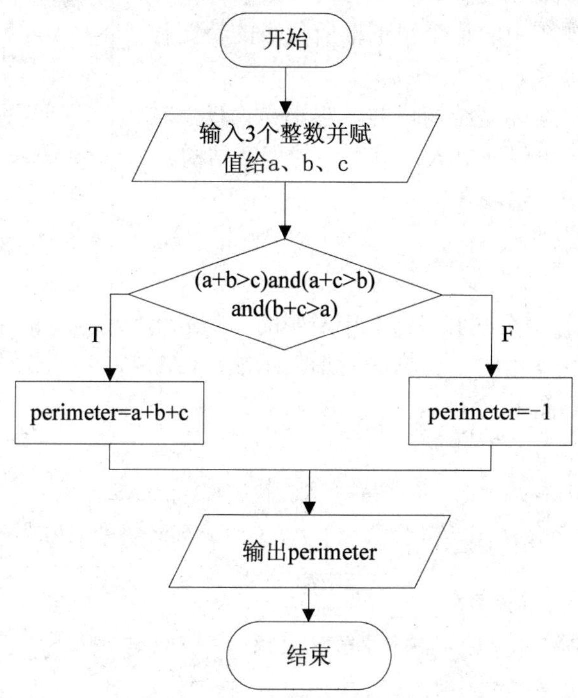

图 1.4　例 1.2 的结构化程序流程图

2 N-S 图

N-S 图是由美国学者 I.Nassi 和 B.Shneiderman 共同提出的一种符合结构化设计原则的图形描述工具。在这种流程图中只允许使用一些标准控制结构，不允许使用带箭头的流程线。图 1.5 给出了 N-S 图允许使用的基本符号。

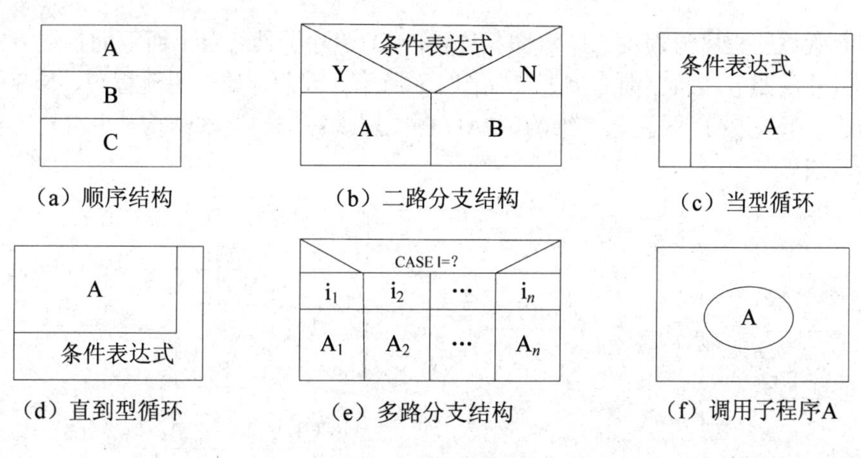

图 1.5　N-S 图的基本符号

例 1.3 采用 N-S 图描述例 1.2 的算法。

解：例 1.2 算法的 N-S 图表示如图 1.6 所示。

N-S 图具有明显的优点，具体如下。

（1）功能明确，即图中的每个短形框所代表的特定作用域可以明确地分辨出来。

（2）能够保证程序整体是结构化的，它不允许任意转移和设置出口，因此可以保证单入口单出口的程序结构。

（3）很容易实现和表示嵌套结构。

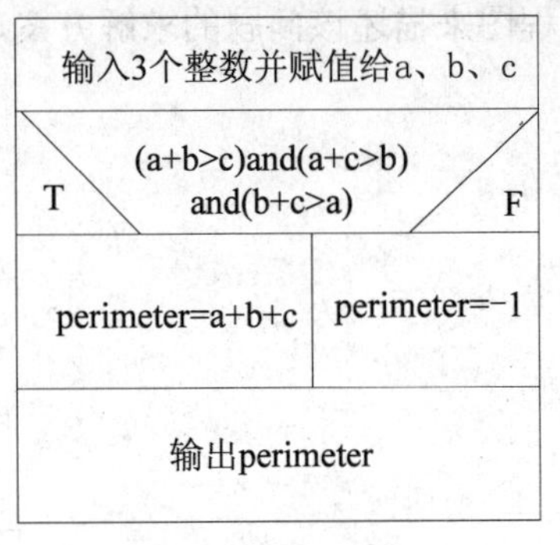

图 1.6 例 1.2 的 N-S 图表示

3 PAD 图

PAD 图是由日本日立公司在 1973 年发明的，是近年来在软件开发中被广泛使用的一种算法图形表示法。PAD 所用的基本图形符号如图 1.7 所示。

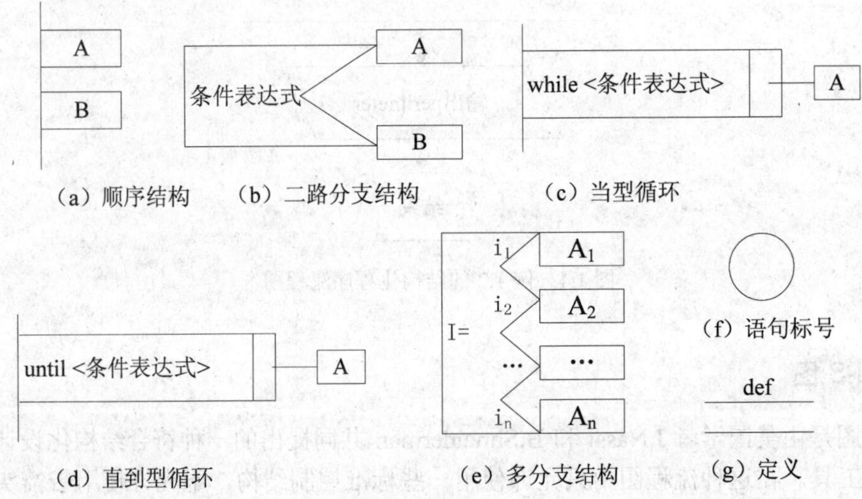

图 1.7 PAD 的基本符号

与前面所述的程序流程图、N-S 图相比，PAD 图除了具有自上而下的描述方式以外，还可以采用分层的方法自左向右展开，如图 1.8 所示。因此，如果说流程图、N-S 图是一维的算法描述，那么 PAD 图就是二维的。PAD 图能展现算法的层次结构，更符合人类逐步求精的思维习惯。

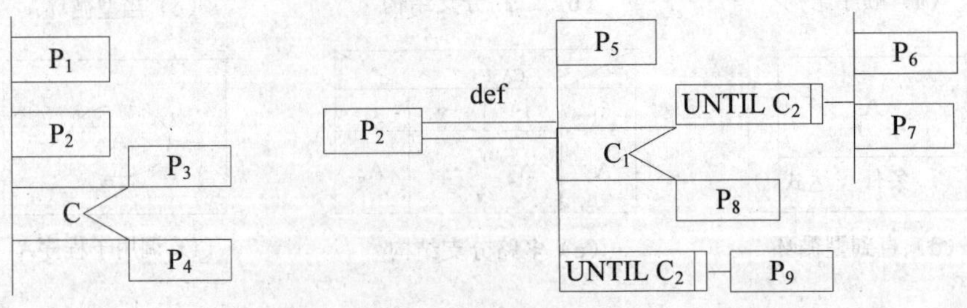

图 1.8 分层 PAD 图

例 1.4　采用 PAD 图描述例 1.2 的算法。

解：例 1.2 算法的 PAD 图如图 1.9 所示。

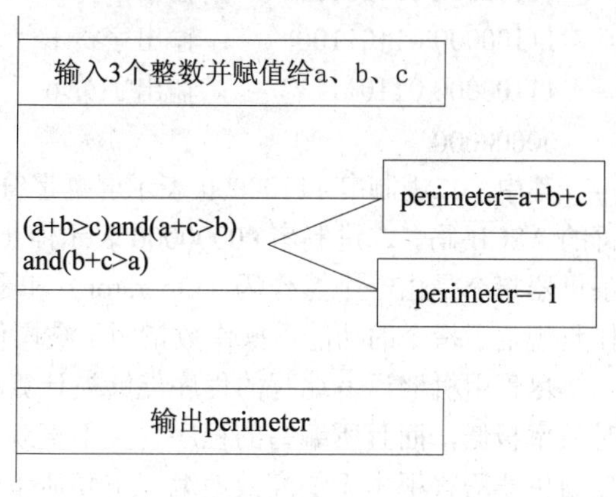

图 1.9　例 1.2 的 PAD 图

PAD 图有很多优点，已被 ISO 认可为算法图形描述的标准。其主要优点如下。

（1）使用 PAD 符号所设计出来的程序必然是结构化程序。

（2）PAD 图所描述的程序结构十分清晰。

（3）用 PAD 图表现的程序逻辑易读、易懂、易记。

（4）很容易将 PAD 图转换成高级程序语言源程序，这种转换可由软件工具自动完成，可省去人工编码的工作，有利于提高软件可靠性和软件生产率。

（5）PAD 图的符号支持自顶向下、逐步求精方法的使用。

1.2　程序设计语言与程序设计

程序设计是给出解决特定问题程序的方法和过程，是软件构造活动中的重要组成部分。程序设计往往以某种程序设计语言为工具，给出这种语言下的程序代码，其目标是高效地开发出高质量的程序。

1.2.1　程序设计语言的发展史

要使计算机能够很好地为人类服务，人与计算机之间也需要通过一种语言来互相沟通、互相交流，这种“语言”能够表达人类的思想，同时还能被计算机所识别和接受，这种语言被称为计算机语言。计算机语言通常是一个能完整、准确和规则地表达人们的意图，并用以指挥或控制计算机工作的符号系统。开发计算机程序必须采用计算机语言，因此计算机语言又被称为程序设计语言。伴随着计算机技术的飞速发展，程序设计语言也在不断升级。总体上说，程序设计语言经历了从机器语言、汇编语言到高级语言的发展历程。

1 机器语言

机器语言（Machine Language）是由二进制编码指令构成的唯一可被计算机直接识别的计算机语言。每种处理器都有自己专用的机器指令集合（即不同的计算机具有不同的机器语言）。处理器的设计者用不同的二进制编码来表示不同的机器指令，每条机器指令只能完成非常低级的处理任务。例如，下列程序是用某种处理器的机器语言编写的，该程序的功能是在屏幕上显示字符串 Hello。

```
11100000 01001000        ；输出字符 H
```

```
11100000 01100101    ；输出字符 e
11100000 01101100    ；输出字符 l
11100000 01101100    ；输出字符 l
11100000 01101111    ；输出字符 o
00000000
```

其中，二进制串 11100000 表示屏幕字符输出指令，该指令带一个操作数，表示输出字符的 ASCII 码。二进制串 00000000 表示停止指令，该指令没有操作数。由此可以看出，一条机器指令是由一个操作码（Operator）和零到多个操作数（Operand）构成的。其中，操作码规定了指令的功能，操作数指明了被操作的对象。

尽管用机器语言编写的程序能够被计算机直接理解和执行，但用二进制编码进行编程时效率极低，而且所编写的程序含义不直观，难以记忆和理解，错误也难以查找。因此，使用机器语言根本无法高效地编写出高质量的复杂程序，现在已经没有人再用机器语言编写程序了。

2 汇编语言

为了减轻使用机器语言编程的痛苦，人们进行了一种有益的改进，即用一些简洁的英文字母、符号串来替代一个特定指令的二进制编码。例如，用 ADD 代表加法，MOV 代表数据传递等。这样一来，人们很容易读懂并理解程序的含义，错误查找和纠正也变得更加方便，这种程序设计语言就是汇编语言（Assembly Language）。汇编语言是 20 世纪 50 年代中期诞生的，每条机器指令分配了一个助记符号，人们可以使用这些助记符号代替二进制串来编写程序。例如，在屏幕上输出 Hello 的程序，用某种机器的汇编语言可以写为：

```
Write H
Write e
Write l
Write l
Write o
Stop
```

在上述程序中，用 Write 代替了二进制的操作码，用字符代替了其对应的二进制的 ASCII 码。可见，汇编语言是用助记符号表示机器指令的计算机语言。汇编语言指令与机器指令基本上具有一一对应的关系。采用汇编语言编程，程序的可理解性、编写效率以及质量都有所提高。但是计算机不能直接理解和执行汇编语言程序，必须将其翻译成机器语言程序才能被机器理解和执行，这个翻译过程称为“汇编”。汇编后得到的机器语言程序称为目标程序（Object Program），汇编前的汇编语言程序称为源程序（Source Program）。虽然汇编语言比机器语言简便了，但程序员仍需要根据不同的机器记忆不同的指令，仍需要熟悉具体机器的硬件特征，并且要人工进行存储器分配。所以，从机器语言到汇编语言并没有实质性的进步，它们共同被称为低级语言或面向机器的语言，也被成为第一代语言（1GL）。

3 高级语言

从最初与计算机交流的痛苦经历中，人们意识到应该设计一种既接近于数学语言或人的自然语言又不依赖于计算机硬件、编出的程序能在所有机器上通用的语言，这样的语言被称为高级语言（High-Level Language）。经过努力，1954 年，IBM 公司以 J. BACKUS 为主的一个研究小组开发出了第一种高级语言——FORTRAN。高级语言的诞生是程序设计技术发展史上的一个里程碑，它使程序设计彻底摆脱了必须熟悉计算机硬件细节的桎梏。与低级语言相比，高级语言增强了每条指令的功能，简化了编程，大大提高了编程的效率和程序的质量。随着计算机技术的进步，高级语言也处在不断的演进和发展过程中。

（1）面向过程的高级语言

面向过程的程序设计把计算机求解问题分解为对数据的一系列运算过程（即每个程序的功能都是通过对数据进行一系列运算而实现的），基于这种方法的高级语言被称为面向过程的语言（Procedure-Oriented Language）。自 FORTRAN 问世以后，各种不同风格、不同用途和不同版本的面向过程的高级语言便层出不穷。据统计，全世界已有上千种面向过程的高级语言，除 FORTRAN 外，比较流行的还有 ALGOL、COBOL、Pascal、Ada、BASIC 和 C 等语言。其中，C 语言以其高效、灵活、功能丰富、表达能力强、可移植性好而备受青睐。为了更直观地体会高级语言的特点，我们用 C 语言来实现在屏幕上显示 hello 的功能，具体如下：

```
#include <stdio.h>              /*表示包含基本输入/输出的头文件*/
void main()                     /*表示整个C语言程序的入口点*/
{                               /*表示一段程序的入口点*/
   printf("hello");             /*屏幕显示字符串hello*/
}                               /*表示程序结束*/
```

由上例可以看出，与汇编语言相比，高级语言将许多相关的机器指令合成为单条指令，因此高级语言指令能完成较复杂的任务。由于屏蔽了与硬件操作有关的细节，因此编程者不需要掌握太多的计算机硬件的专业知识，可以集中精力于确定问题求解的算法上。采用面向过程的语言编写程序，其核心和难点问题是确定数据的表示形式及其算法，编码则相对简单，所编写的程序也更加容易理解和维护。

例 1.5　求任意 3 个整数的最大数。

解：① 确定对数据的表示形式。可以用 4 个有符号整数 a、b、c 和 max 表示 3 个整数和最大数。

② 求最大值 max 的算法如下。

S1：输入 3 个整数并赋值给 a、b、c。

S2：如果 a>b，则 max=a；否则 max=b。

S3：如果 c>max，则 max=c。

S4：输出 max。

③ 对应的 C 语言程序为：

```
/*求任意3个整数的最大值并输出*/
#include <stdio.h>
void main()
{
   int a,b,c,max;                 //a、b、c表示输入的3个整数，max表示最大值
```

```
    scanf("%d%d%d",&a,&b,&c);         //输入任意 3 个整数并赋值于 a、b、c
    /*比较 a,b,c 的大小,求其最大值 */
    if(a>b)
      max=a;
    else
      max=b;
    if(max<c)
      max=c;
    printf("max=%d",max);             //屏幕输出 a、b、c 的最大值
  }
```

综上所述，与低级语言相比，面向过程的高级语言表现出显著的优越性，现在仍被广泛使用，被称为第二代语言（2GL）。

（2）面向对象的高级语言

随着程序规模和复杂性的继续增长，必须进一步提高程序的质量及其开发、维护的效率。程序设计方法本身的局限性使得采用面向过程的高级语言所编写的程序在可理解性、可重用性和可维护性等诸多方面无法满足大型复杂程序的质量要求，从而造成其开发和维护效率低下、质量难以保证等问题。面向对象的程序设计语言正是在这样的背景下应运而生的。

面向对象程序设计使用一种与面向过程程序设计完全不同的方法解决问题。它把计算机求解问题的方案设计为既相互独立又相互联系的若干对象间的相互协作（即每个程序的功能是通过对象的相互协作来完成的）。基于这种方法的高级语言被称为面向对象的程序设计语言（Object-Oriented Programming Language，OOPL）。每个对象是对客观事物的模拟和抽象，它用数据描述事物的静态属性特征，用服务描述事物的动态行为特征，并将数据和服务封装为一个有机的整体。对象与具体应用无关，但能相互组合协作，完成具体的应用功能，同时又能重复使用。对使用者来说，只需关心对象对外提供的服务接口，而无需关心对象内部的实现细节。采用面向对象方法编写的程序比面向过程的程序更清晰、易懂，更适合编写大型复杂的程序。因此，OOPL 已成为当今程序设计的主流语言，被称为第三代语言（3GL）。

OOPL 必须支持面向对象的概念，但不同的 OOPL 对面向对象概念的支持程度不同。20 世纪 60 年代，由挪威计算中心开发的 Simula67 语言首先引入了类和继承的概念，该语言被称为 OOPL 的先驱，但它不属于严格意义上的 OOPL。1981 年由 Xerox 公司 Palo Alto 研究中心（PARC）推出了 Smalltalk-80，该语言能够支持绝大多数的面向对象概念，因此，其问世被认为是 OOPL 发展史上最重要的里程碑，它是第一个完善的、能够实际应用的 OOPL。随后，各种新的 OOPL 层出不穷，其中广泛流行的包括由 Basic 演化而来的 VB，由 C 演化而来的 C++和 C#，由 Pascal 演变而来的 Object Pascal，以及著名的 Java 语言等。

1.2.2 程序设计必备知识

要给出解决特定问题的程序，程序设计人员必须根据所求解问题的特征，通过数据抽象提取反映问题本质特征的数据及其结构，并最终确定表示数据及其结构的数据类型；通过过程抽象，确定对数据操作的步骤，借助合理的算法描述工具对操作步骤进行准确和清

晰的描述，最终将算法转化成用某种高级语言编写的程序。根据上述程序设计的基本思想，计算机科学家 Nikiklaus Wirth 提出了著名的 Wirth 定律：程序=数据结构+算法。

实际上，要编写出质量较高的程序，除了要确定数据结构和算法这两个主要因素之外，还要采用科学的程序设计方法，并且用某一种计算机语言编写出能在计算机上执行的代码。因此，在设计一个程序时，要综合运用算法设计与分析、数据结构、程序设计方法、计算机语言及其集成开发环境（Integrated Development Environment，IDE）4 个方面的知识。其中，算法是程序设计的核心，是程序的灵魂，不了解算法就根本谈不上程序设计；数据及其结构是程序加工处理的对象，良好的数据结构能有效提高算法的质量；有关这两个方面内容的深入研究已超出了本书的研究范围。本书的主要目的是详细阐述 C 语言的有关知识，并通过一些实例把上述 4 个方面的知识结合起来，介绍利用 C 语言进行程序设计的方法。

1.2.3 结构化程序设计方法

结构化程序设计（Structured Programming，SP）的概念最早是由 E.W.Dijkstra 提出的。1965 年他在一次会议上指出：“可以从高级语言中取消 GOTO 语句，程序的质量与程序中包含的 GOTO 语句的数量成反比。”GOTO 语句允许程序执行流程的任意跳转，其优点是程序设计十分灵活方便，程序效率高。但是如果程序中 GOTO 语句数量过多，则会严重破坏程序的可理解性和可维护性，人们难以读懂和修改这样的程序。1966 年 Bohm 和 Jacopini 证明了，只用顺序、选择和循环三种基本控制结构就能实现任何单入口单出口的程序，这为结构化程序设计方法的产生奠定了理论基础。

在程序设计过程中，仅仅使用顺序、选择和循环这三种基本控制结构，并且使每个代码块只有一个入口和一个出口，这样的程序设计方法被称为结构化程序设计。从现代程序设计的观点来看，上述关于结构化程序设计的经典定义过于狭隘，结构化程序设计本质上不是无 GOTO 语句的程序设计方法，而是一种使程序容易阅读、容易理解、容易维护的，提倡“清晰第一，效率第二”的现代程序设计方法。为此，我们可以用“自顶向下、逐步求精、模块化设计、结构化编程”来概括 SP 的精髓。

“自顶向下，逐步求精”是人类解决复杂问题时采用的基本策略，也是许多工程技术的基础。我们可以把这一策略定义为：“首先从问题全局出发，集中精力解决主要问题而尽量推迟对问题细节的考虑。”

模块化设计是把一个复杂的程序划分成独立命名的且可被独立访问的若干模块，每个模块完成一个子功能，把这些模块集成起来构成一个整体，就可以完成总体的功能要求。模块化设计实际是一种“分而治之”的思想，把一个大任务分解成若干个子任务，每个子任务就相对简单了。模块化也有助于软件开发工程的组织管理，一个复杂的大型程序可以由许多程序员分工编写不同的模块。

在设计好每个模块内部的数据组织方式和对数据的运算步骤之后，还要进行结构化编码，即采用面向过程的高级语言，遵照结构化所要求的控制结构，按模块设计的要求编写出计算机程序。由于每种支持结构化程序设计的高级语言都提供了相应的编程技术，因此进行结构化编程是不困难的。例如，C 语言提供了支持选择和循环的多种控制语句，其函数很好地支持了模块化等。下面我们通过一个例子来说明结构化程序设计方法的主要思想。

例 1.6 输入一个学院教师的工资，求最高工资、平均工资并输出。

解：（1）按“自顶向下，逐步求精”的原则，首先必须获得所有教师的工资，然后进行工资统计，最后输出统计结果。其中，工资统计包括求最高工资、平均工资。计算平均工资可分解为计算总工资和学院教师总人数两个子任务。该问题自顶向下的功能分解结果可以用图 1.10 加以表示。

（2）为了完成图 1.10 所定义的功能，从如何实现的角度出发进行模块化设计，即考虑需要几个模块以及模块之间的关系如何。由于学院教师总人数可以由输入工资模块返回，因此不需要另设单独的模块。其他要完成的子功能都需要建立单独的模块，因此所建立程序模块结构如图 1.11 所示。

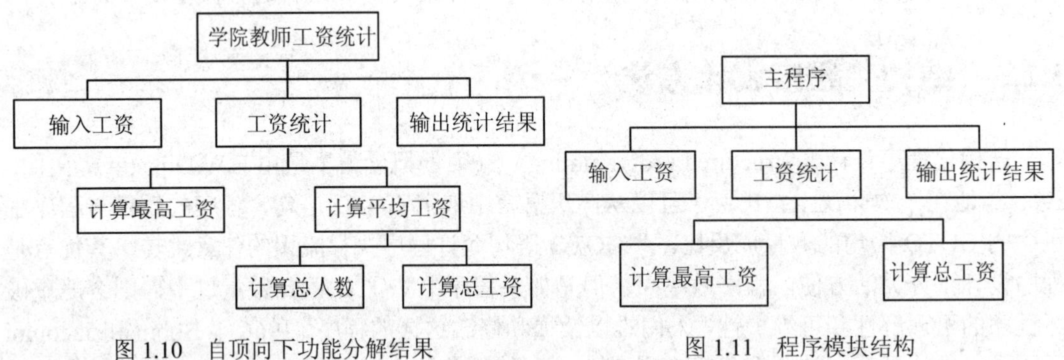

图 1.10 自顶向下功能分解结果　　图 1.11 程序模块结构

图 1.11 描述了拟编写的程序由哪些模块构成以及模块之间的调用关系。用实线连接的两个模块之间存在调用关系，其中，上层模块调用下层模块或称下层模块被上层模块调用。在调用过程中，调用模块和被调用模块之间可以进行双向的数据传递，模块间的数据传递方式被称为模块间的接口。

（3）在确定了程序模块及其调用关系和接口以后，接下来要确定每个模块内部的数据组织形式和算法，最后进行结构化编程。本书的主要内容是讲述 C 语言的结构化编程技术。

综上所述，与个体化的程序设计方法相比，结构化程序设计方法的优点十分突出。其“自顶向下，逐步求精”的思想能有效控制并降低程序设计的复杂度，降低程序设计的工作量；其“模块化设计，结构化编程”的思想使所编写的程序结构清晰，容易阅读、理解、测试和维护。因此，20 世纪 80 年代中期之前，结构化技术一直是面向过程程序设计的主流技术。

随着计算机的日益普及，计算机求解问题的深度和广度日益提高，程序规模越来越庞大，复杂性越来越高。在这样的背景下，SP 方法的缺点逐渐暴露，主要体现在 3 个方面。

第一，它把数据和对数据的处理过程分离为相互独立的实体，当数据组织形式发生变化时，所有相关的处理过程都要进行相应的修改。

第二，由于图形用户界面（Graphics User Interface，GUI）的应用，程序运行由串行执行演变为事件驱动（Event Driven）的并发执行，程序的易用性得到巨大的提高，但开发起来却越来越困难，对这种程序的功能很难用过程来描述和实现。因此，面向过程的方法已难以适应事件驱动程序的开发要求。

第三，面向过程的方法的实质是功能分解，与此对应，程序是由完成相应子功能的相互联系的若干模块构成的。而对于一个复杂的实用程序，功能是最不稳定、最容易变更的因素。因此，要应对反复的功能变更，就需要对原有程序的模块结构进行多次修改。当程序规模和复杂度较大时，模块的数量多且关系紧密，对程序的修改就会产生较强的"波动效应"，即对一个模块的修改，必然会影响与之关联的其他模块。因此，程序的可维护性较差，特别是大型复杂程序的维护。

1.2.4　程序质量

程序设计的目标之一是开发出高质量的程序，那么什么才是高质量的程序？关于这一问题的研究和讨论一直是软件业界的热点之一，人们从各种角度提出了多种程序质量标准，但是直到今天还没有形成一个统一的标准。限于篇幅，我们不可能深入研究这一问题，但作为一个优秀的程序员，必须清楚影响程序质量的主要因素和提高程序质量的技术措施。

影响程序质量的因素很多，这里只选取在开发任何规模和种类的程序过程中都必须认真对待的几个关键因素（我们称其为质量要素）进行介绍。

（1）正确性（Correctness）。正确性是指一个计算机程序的正确程度，即程序在预定的运行环境下能正确完成预期功能的程度。

（2）健壮性（Robustness）。健壮性是指在硬件发生故障、输入数据无效或操作错误等意外情况下程序能做出响应的程度。

（3）效率（Efficiency）。效率是指为了完成预定的功能，系统需要的计算资源（主要包括计算时间和存储空间）的多少。

（4）易用性（Usability）。易用性又称为可用性，是指在完成预定功能时人机交互的难易程度。

（5）可理解性（Understandability）。可理解性是指理解程序的难易程度。

（6）可测试性（Testability）。可测试性是指一个计算机程序能够被测试的容易程度。

（7）可维护性（Maintainability）。可维护性是指诊断和改正程序错误以及功能扩充和性能提高的容易程度。

（8）可重用性（Reusability）。可重用性是指在其他应用中该程序可以被再次使用的容易程度。

1.3　计算机问题求解的过程

利用计算机来求解一个问题一般包括算法开发、算法实现、程序测试和程序维护 4 个阶段，各阶段的目标和分工不同。算法开发阶段的任务是产生经过良好定义的算法；算法实现的任务是编写出能在计算机上运行的程序，该程序实现了求解问题的算法；测试阶段的任务是通过运行程序尽可能多地发现并纠正程序错误；维护阶段的任务是修改算法和程序以纠正测试阶段未发现的错误或满足问题求解新的要求。

通常意义上程序设计只包括算法开发和算法实现两个阶段，有关测试和维护的内容已超出了本书的研究范围。下面重点讨论算法开发和算法实现的具体过程。

1.3.1 算法开发

开发一个算法一般包括设计、描述、证明和分析 4 个阶段。算法设计同人类问题求解的过程完全一致，是一种不可能完全自动化的、复杂的、困难的和具有创造性的劳动。

1.3.2 算法实现

算法实现的任务是以算法描述结果作为输入，选择一种计算机语言，编写出正确反映算法计算步骤的程序。算法实现包括源程序编辑、源程序编译、连接、运行和调试等阶段，各个阶段间的关系如图 1.12 所示。图中所有工作都可以在选定语言的集成开发环境下完成。例如，C 语言的 IDE 工具有 Borland C、VC++、Turbo C 等。所以，学习一种程序设计语言必须认真学习和熟练掌握其 IDE 工具，这对于提高算法实现的工作效率具有重要的意义。

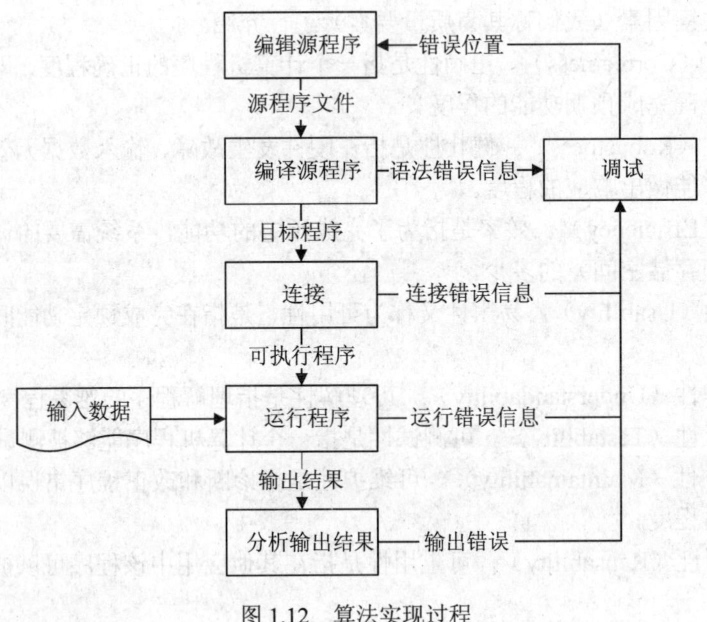

图 1.12 算法实现过程

1.4 练习题

1. 简答题

（1）简述结构化程序设计的基本思想。

（2）简述计算机语言的发展史。

（3）简述利用计算机进行问题求解的过程。

（4）简述各个程序质量要素的含义。

2．设计算法题

为下列问题求解设计算法，并分别用程序流程、N-S 盒图和 PAD 图加以描述。

（1）有两个调料盒 S1 和 S2，分别盛有糖和盐，要求将它们互换。

（2）依次输入 N 个整数，要求输出其中最大的数。

（3）输入 3 个整数，按从小到大的顺序输出。

（4）求 1×2×3×…×100 的值。

（5）输入两个整数，求其最大公约数和最小公倍数。

3．思考题

（1）钞票换硬币：把 1 元钞票换成 1 分、2 分、5 分硬币（每种至少一枚），有哪些换法？

（2）百钱买百鸡：一只公鸡值 5 元，一只母鸡值 3 元，3 只小鸡值 1 元，现用 100 元要买 100 只鸡，问有什么方案？

第2章 C语言概述

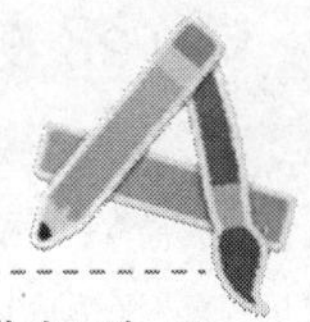

学习目标 了解C语言程序的组成及特点，掌握使用Visual C++ 6.0编写和调试控制台程序的方法和步骤。

2.1 C语言程序的组成及特点

C 语言是目前世界上普遍流行、使用广泛的一种高级程序设计语言，它是在 B 语言的基础上发展而来的，是由贝尔实验室在 1972—1973 年间研制出来的。1983 年，美国国家标准化协会制定了 C 语言的标准，称为 ANSI C。一个 C 程序可以由多个源程序文件构成，如图 2.1 所示。

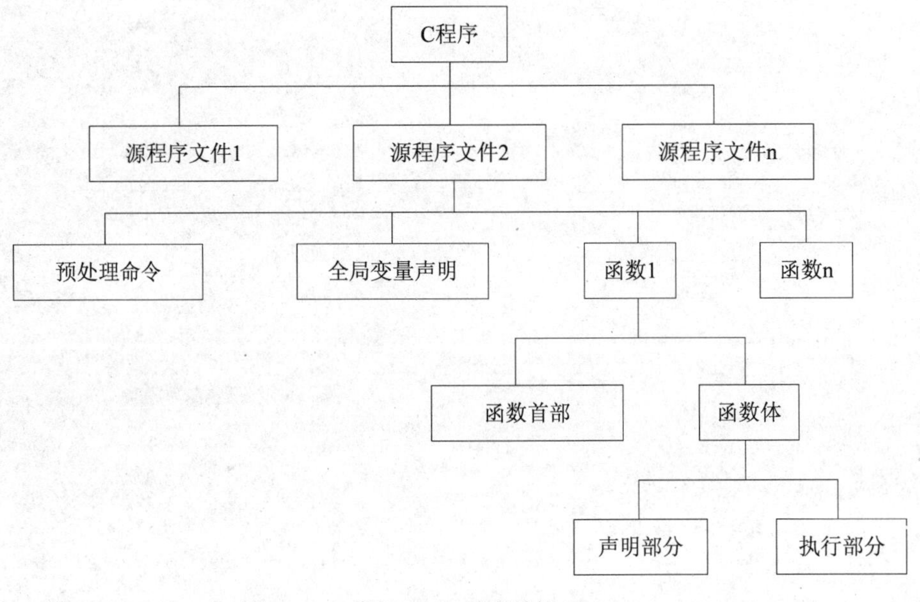

图 2.1 C 程序结构

例 2.1 第一个 C 程序。

```
/*这是第一个C程序*/
#include <stdio.h>
void main()//主函数
{
    printf("Hello, This is the first C program! \n");
}
```

说明

① 程序第一行使用#include 预处理命令包含头文件 stdio.h，以在程序中使用库函数 printf

实现输出。

② 程序第二行是函数头部，void 表明函数的返回值类型，main 是函数名，()表示该函数不需要参数。

③ 从第三行到第五行是函数体，"{" 和 "}" 分别表示函数的起、止位置，第四行是该程序的唯一一条可执行语句，用于在屏幕上输出 "Hello，This is the first C program!"，并回车换行（"\n" 代表回车换行）。

这个程序虽然短，但体现了一个C程序的主要特点，具体如下。

（1）C程序是由函数组成的，并总是从main函数开始执行。

（2）函数由函数头部和函数体组成。

（3）每个语句以";"作为结束符。

（4）可以为程序添加注释。注释不是C程序的必要组成部分，是对C程序的某一语句、某一函数或者某一个语句块的功能性说明。C语言有两种注释方式。

- "//" 注释。从//开始至本行末尾作为注释。
- "/* */" 注释。介于/*和*/之间的内容全部看作注释。

（5）C语言程序中的变量必须先声明后使用。

2.2 C语言程序上机指导

开发C程序可以在一个集成环境中进行所有的工作，Visual C++ 6.0简称VC6，是常用的开发C程序的工具之一，其界面如图2.2所示。在VC6中，应用程序向导AppWizard可以帮助程序员创建一些常用的应用程序类型框架，此处只介绍 Win32 控制台应用程序（Win32 Console Application）的创建、编译和执行。

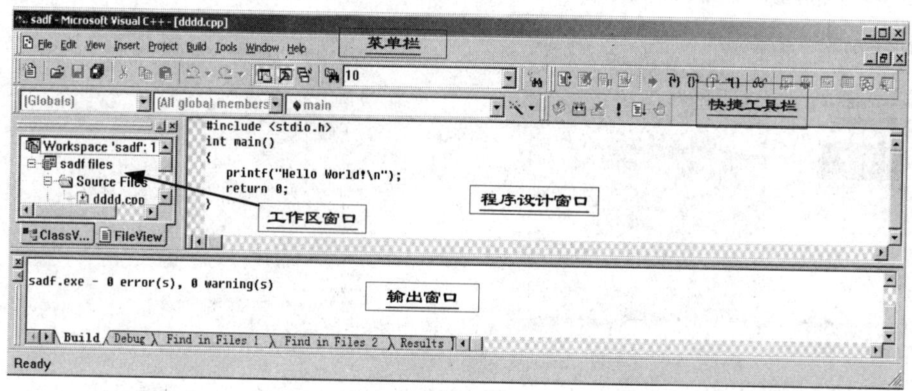

图2.2　VC6的界面

下面以例2.2程序为例，介绍使用VC6开发控制台应用程序的步骤。

例2.2　一个最简单的控制台应用程序。

```
#include <stdio.h>
```

```
int main()
{
   printf("Hello World!\n");
   return 0;
}
```

该程序运行结果如图 2.3 所示。

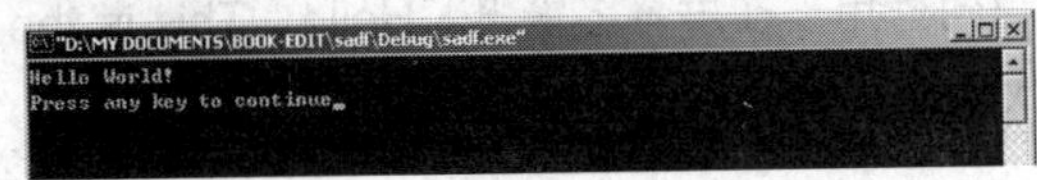

图 2.3　例 2.2 执行后的窗口

具体操作过程如下。

（1）在 VC6 环境下，选择菜单 File→New 命令，弹出如图 2.4 所示的窗口；选择 Projects 选项卡中的 Win32 Console Application 选项，在 Project name 文本框中输入项目名称，如 hello，在 Location 文本框中输入文件的存放位置；最后单击 OK 按钮。

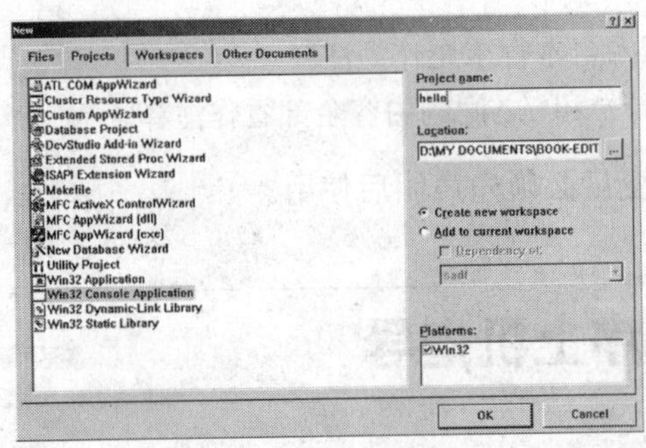

图 2.4　VC6 新建工程窗口

（2）在弹出的如图 2.5 所示的询问项目类型的窗口中，选中 An empty project 单选按钮，单击 Finish 按钮。

（3）系统将显示如图 2.6 所示的窗口，即新建工程的信息；单击 OK 按钮。

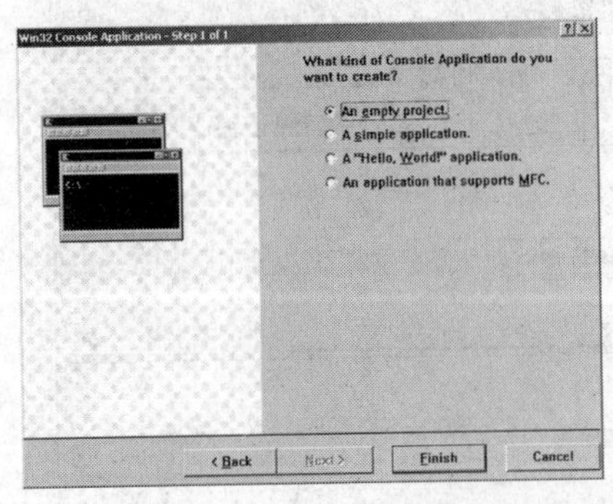

图 2.5　选择工程类型

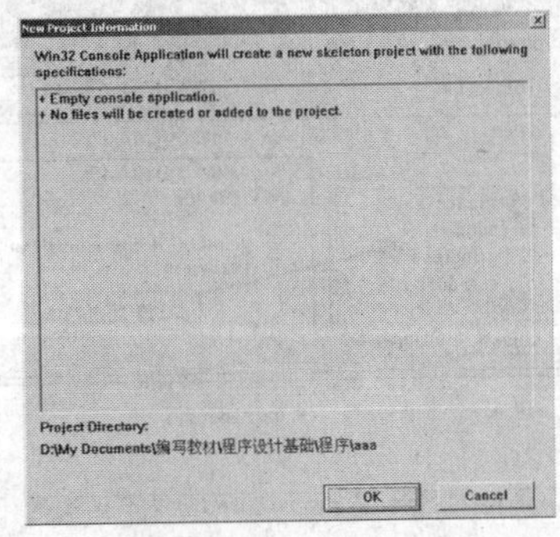

图 2.6　确定工程信息

（4）至此就已经完成了一个项目的框架。再次选择 File→New 命令，选择 Files 选项卡中的 C++ Source File 选项，在 File 文本框中输入程序文件名 Hello.c。（若不指定扩展名.c，VC 将自动设置扩展名为.cpp。）

（5）此时，在左侧工作区窗口中选择 FileView 标签，可以发现在 Source Files 中已经有了文件 Hello.c。在右侧程序编辑窗口中可以输入例 2.2 中的源程序。在编辑的过程中，注意存盘。

（6）选择菜单 Build→Build Hello.exe 命令，或者使用快捷键 F7，或者单击快捷按钮，进行编译连接。当下方输出窗口出现 Hello.exe－0 error(s), 0 warning(s)信息时，则 Hello.exe 成功生成。

（7）如果没有错误，选择 Build→Execute Hello.exe 命令，或者使用快捷键 Ctrl+F5，或者单击快捷按钮 **!**，进行执行。此时会显示如图 2.3 所示的结果。其中 Press any key to continue 是系统自动加上的，此时按任意键可返回到 VC6 环境中。

2.3　C 程序的调试

VC6 提供了易用、有效的调试手段。下面针对例 2.3 所示的程序进行逐步讲解。

例 2.3　求从键盘输入的值的阶乘（用于调试的例子）。

```
#include <stdio.h>
/*返回 n 的阶乘*/
int Factorial(int n)
{
    int i;
    int Result;
    Result = n;
    for (i=0; i < n; i++)
        Result *= i;
    return Result;
}
void main()
{
    printf("What value?");
    scanf("%d",&n)
    printf("%ld",Factorial(n));
}
```

编译上述程序，结果如图 2.7 所示。

在编译过程中，VC6 自动发现语法错误，每个错误项都给出其所在的文件名、行号及其错误编号。将光标移到错误编号上，按 F1 键，可启动 MSDN 显示错误内容，从而帮助用户理解错误产生的原因。

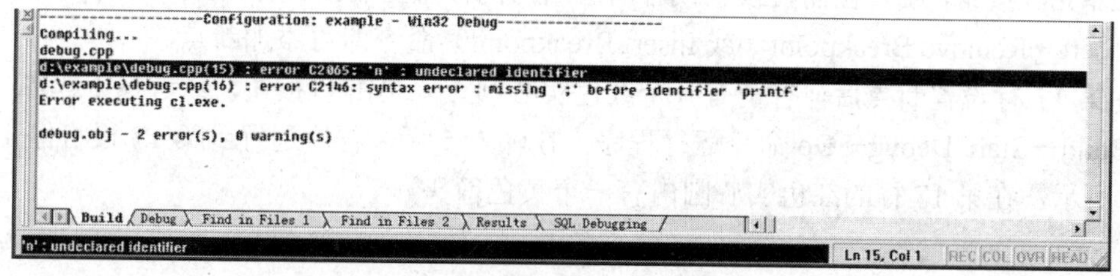

图 2.7　对例 2.3 编译后的结果

双击输出窗口中的某个错误，或者将光标移到该错误处按 Enter 键，或者在某个错误项上右击，在弹出的菜单中选择 Go To Error/Tag 项，该错误将加亮，状态栏上显示错误内容，并在相应代码行的最前面出现蓝色箭头标志，表示错误所在的代码行。根据错误提示，可以修改存在的错误。按 F4 键，可以显示并定位下一个错误。图 2.7 输出窗口中加亮部分是当前定位的错误，并在 scanf("%d",&n)一行行首显示蓝色箭头，表示当前错误出现的行。

例 2.3 的程序有 2 个错误：第一个是第 15 行中使用的变量 n 为未定义标识符（undeclared identifier），第二个是第 16 行前缺少分号（missing ';'）。根据错误提示，修改后得到如下程序：

```
#include <stdio.h>
/*返回 n 的阶乘*/
int Factorial(int n)
{
    int i;
    int Result;
    Result = n;
    for (i=0; i < n; i++)
      Result *= i;
    return Result;
}
void main()
{
    int n;                          //此句为修改内容
    printf("What value?");
    scanf("%d",&n);                 //此句为修改内容
    printf("%ld",Factorial(n));
}
```

再次编译，显然程序已经没有语法错误。运行这个程序，获得如图 2.8 所示结果。

图 2.8　例 2.3 运行后的结果

从图 2.8 中可见，虽然我们输入的值为 5，而运行结果为 0，不是 5 的阶乘结果 120，说明程序还存在错误，此时通常利用断点或者单步跟踪方法来确定错误位置。所谓断点，就是告诉调试器在何处暂时中断程序的运行，以便查看程序的状态以及浏览和修改变量值等。可以采用如下方法设置断点：单击需要添加断点的行，然后按 F9 键，或者在 Build 工具栏上单击按钮，或者在需要设置或者清除断点的位置上右击鼠标，在弹出的快捷菜单中选择 Insert→Remove Breakpoint（或 Insert Breakpoint）命令即可添加断点。

在第 17 行设置断点后，行前有一个红色实心圆点。单击按钮，或者按 F5 键，或者选择 Build→Start Debug→Go 命令运行程序，在输入 5 后，程序运行到第 17 行将停止，如图 2.9 所示，在第 17 行的红色实心圆内有一个黄色箭头。

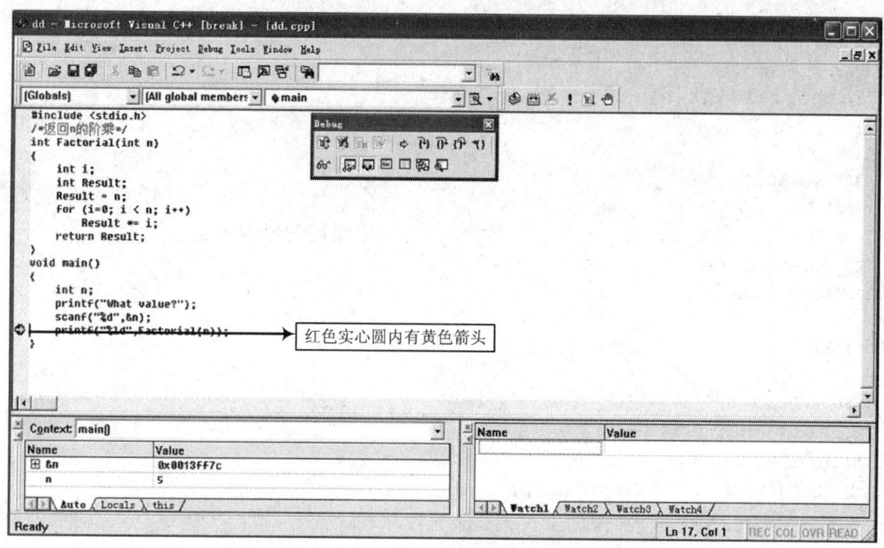

图 2.9　加入断点并执行后的结果

此时，View→Debug Windows 下的子菜单也可用。原来的 Build 菜单变为 Debug，如图 2.10 所示。Debug 菜单中的主要子菜单在右上角工具栏中提供了快捷方式。Debug 菜单中常用的子菜单如下。

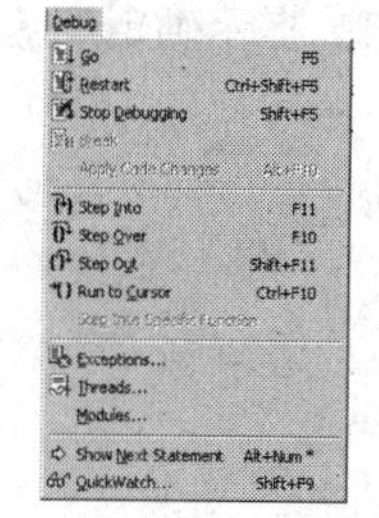

图 2.10　Debug 菜单

- Step Over：运行当前箭头指向的代码，而且只运行一行代码。
- Step Into：如果当前箭头指向的代码是一个函数调用，则进入该函数进行单步执行。
- Step Out：如果当前箭头指向的代码在一个函数内，则使程序运行至函数返回处。
- Run to Cursor：使程序运行到光标所指向的代码处。

在原来输出窗口的位置，出现了两个新的窗口 Variables（左边）和 Watches（右边），如果没有这两个窗口，可以利用 View→Debug Windows 来打开相应窗口。

在图 2.9 所示状态下，单击右上角工具栏中的按钮或者使用 Debug→Step Into 命令进行单步跟踪，会进入 Factorial 函数执行，一直进行下去，并注意观察下方的 Variables 窗口，如图 2.11 所示，发现在执行 for 循环语句时，不论 i 的值如何变化，Result 的值始终为 0。说明在该循环处有错误。

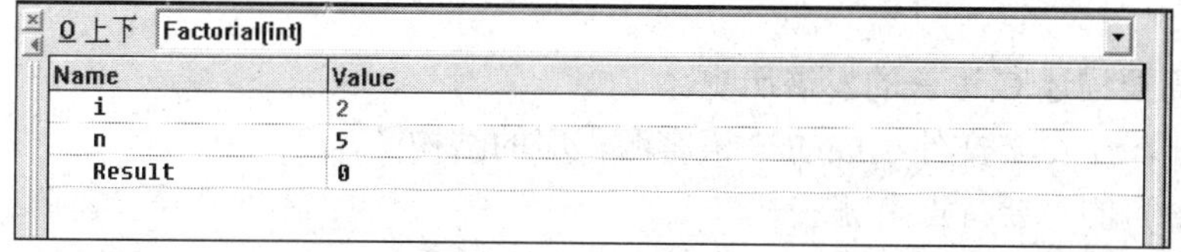

图 2.11　单步跟踪过程中的 Variables 窗口

很容易看出，循环变量 i 的初值应当取 1 而不是 0。修改后的程序为：

```
#include <stdio.h>
/*返回 n 的阶乘*/
int Factorial(int n)
{
    int i;
    int Result;
    Result = n;
    for (i=1; i < n; i++)                    //此句为修改内容
        Result *= i;
    return Result;
}
void main()
{
    int n;
    printf("What value?");
    scanf("%d",&n);
    printf("%ld",Factorial(n));
}
```

注意

在调用VC6提供的库函数时，需要使用Step Over命令，否则系统将弹出如图2.12所示的窗口，提示确定库函数的路径。如果此时单击Cancel按钮，将显示汇编代码。

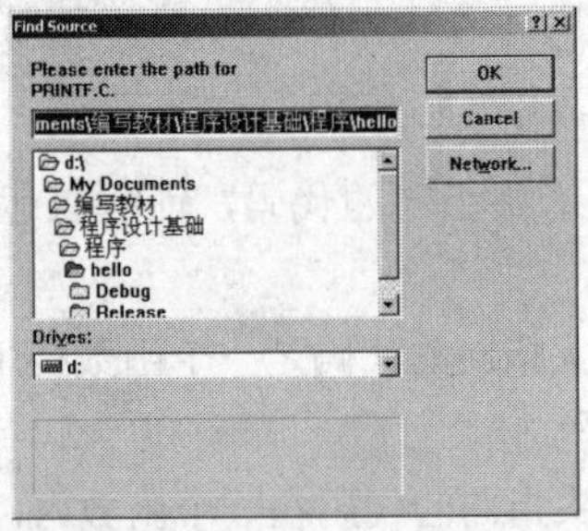

图 2.12　Find Source 窗口

以上只是调试器进行调试的一些基本方法，VC6 还提供了强大的调试器可以用来进行调试断言、异常以及远程调试等。读者可以在实践中认真体会和学习。

2.4 练习题

简答题

（1）请简要描述 C 语言的发展历史。

（2）给出一个由多文件组成的 C 语言源程序的结构图。

（3）C 语言的主要特点有哪些？

（4）如何使用 Visual C++ 6.0 开发控制台程序？

第3章 基本数据类型与数据运算

学习目标 理解C语言标识符的概念，理解并掌握基本数据类型及存储方式，掌握常量与变量的概念并能灵活运用，重点掌握各种运算符及表达式的使用方法。

数据有着不同的数据类型和存储方式，C 语言的数据类型可以分为基本数据类型和构造数据类型。C 语言中的数据包括常量和变量两类，常量的类型由其取值形式直接表明，变量的类型则必须在使用前明确地加以说明。

3.1 基本标识符

在 C 语言的程序中所使用的函数和变量等都应有唯一的名称，这样才能被识别和使用。用来标识函数、变量、符号常量、数组、类型、语句标号、文件等的有效字符序列称为标识符（identifier）。标识符的类型包括保留关键字、预定义标识符和用户自定义标识符。

3.1.1 保留关键字

在 C 语言中有一些标识符被称为保留关键字（共 32 个），系统已经预先定义了它们的具体含义。保留关键字具有特殊的用途，不允许用户再作它用。

- 标识数据类型：float，int，long，short，char，double，signed，unsigned，struct，union，enum，volatile，const，typedef。
- 标识流程控制：break，continue，else，for，return，goto，switch，void，while，do，case，default，if。
- 标识存储类型：auto，static，extern，register。
- 标识运算符：sizeof。

3.1.2 预定义标识符

除关键字外，还有一些具有特殊含义的标识符，它们总是以固定的形式用于专门的地方，系统也允许用户重新定义其作用，但此时这些标识符将失去系统本来规定的含义，建议用户一般不要把它们当作一般标识符使用。

- 编译预处理命令：define，include，if，else 等。
- 标准库函数名：abs，scanf，sqrt，strcmp，printf，gets 等。

3.1.3 用户自定义标识符

除了保留关键字和预定义标识符以外的标识符全称为用户自定义标识符。用户自定义标识符的命名规则如下。

- 以字母或下划线开头，且后跟字母、数字、下划线的组合。
- 不能包含某些特殊字符，如%、#、逗号、空格等。
- 不能包含空白字符（换行符、空格和制表符称为空白字符）。
- 要区分字母的大小写，如 SUN、SUn、Sun、sun 等都是不同的标识符。

自定义标识符不能与系统关键字、预定义标识符相同。并且标识符的命名不要超过 8 个字符。例如：Sn1，su2，sd_1，_xy2，Li456，stu789 都是合法的标识符。

2233un（数字开头），a1-b1（含有减号），q.s（含有点），K$P8（含有$号）都是不合法的标识符。

3.2 数据类型

C 语言提供了基本数据类型和构造数据类型两大类，如图 3.1 所示。基本数据类型是 C 语言内部预先定义的数据类型；构造数据类型是由用户基于基本数据类型按一定规则组成的。

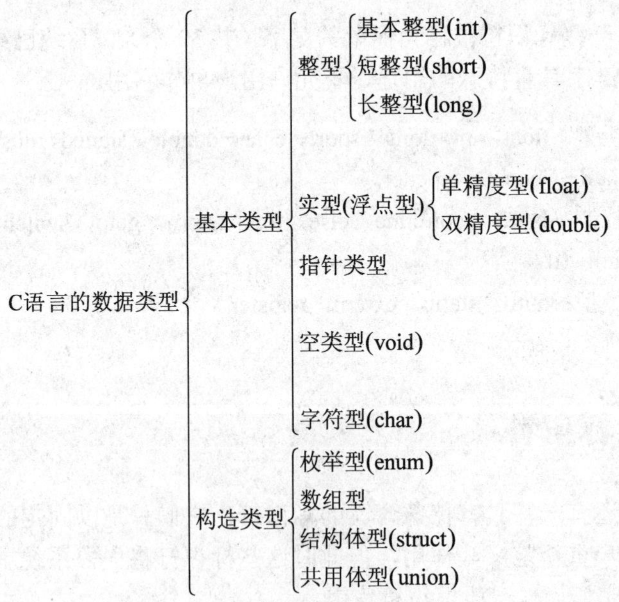

图 3.1 C 语言的数据类型

C 语言有 5 种基本数据类型：整型、实型、字符型、指针类型和空类型。整型分为基本整型、短整型和长整型，每种整型又可分为有符号整型和无符号整型；实型分为单精度浮点型和双精度浮点型，这两种类型的变量均可以存储实数；字符型变量可以存储单个字符，其值是该字符的 ASCII 码；void 是类型不确定的意思。

说明

有符号整数在计算机内是以二进制补码形式存储的，其最高位为符号位，“0”表示“正”，“1”表示“负”；无符号整数只能是正数，在计算机内是以绝对值形式存储的；指针类型用于表示数据在内存中存储的起始地址。

基本数据类型（void 类型除外）的前面可以有各种不同的修饰符。常见的修饰符有 4 种：signed（有符号）、unsigned（无符号）、long（长型符）、short（短型符）。修饰符 signed、unsigned、short 和 long 适用于字符类型和整数类型，而 long 还可用于 double。表 3.1 给出了所有根据 ANSI C 标准而组合的数据类型、长度和范围。

表 3.1　ANSI C 标准中的数据类型

数据类型	全称类型说明符（缩写标识符）	长度	范围
字符型	char	8	-128～127
无符号字符型	unsigned char	8	0～255
有符号字符型	signed char	8	-128～127
整型	int	32	-2147483648～2147483647
无符号整型	unsigned int（unsigned）	32	0～4294967295
有符号整型	signed int	32	-2147483648～2147483647
短整型	short int（short）	16	-32768～32767
无符号短整型	unsigned short int（unsigned short）	16	0～65535
有符号短整型	signed short int	16	-32768～32767
长整型	long int（long）	32	-2147483648～2147483647
有符号长整型	signed long int	32	-2147483648～2147483647
无符号长整型	unsigned long int（unsigned long）	32	0～4294967295
单精度型	float	32	约精确到 7 位数
双精度型	double	64	约精确到 15 位数

3.3 常量

常量是指在程序执行过程中其值保持不变的量。常量不需要类型说明就可以直接使用，它的类型是由常量本身隐含决定的。C 语言的常量按其表现形式可以分为直接常量和符号常量两种。

3.3.1 直接常量

直接常量就是用数字直接表示的常量，在程序中可以直接使用。

1 整型常量

整型常量可以用十进制、八进制、十六进制 3 种形式表示。凡以数字 0 开头，由 0～7 组成的序列均作为八进制数处理；凡以 0x（或 0X）开头，由数字、字符 a～f（或 A～F）组成的序列均作为十六进制数处理；其他情况下的数字序列均作为十进制数处理。

例 3.1 体会下列十进制整型常数分别用八进制、十六进制的表现形式。

十进制	八进制	十六进制	十进制	八进制	十六进制
236	0354	0xec 或 0XEC	666	01232	0x29a 或 0X29A
163	0243	0xa3 或 0XA3	126	0176	0x7e 或 0X7E
568	01070	0x238 或 0X238	863	01537	0x35f 或 0X35F

2 实型常量

实型常量又称浮点常量，是一个用十进制表示的符号实数，只有十进制一种表示方式，但可进一步分为十进制小数和十进制指数两种形式。指数形式实数的值包括整数部分、尾数部分和指数部分。体会下列一些实型常量的例子。

- 十进制小数表示法：-6.215，0.652，823.496，-10.12315，.35667。
- 十进制指数表示法：-.2956E-12，.3296E8，6345e-2，-12.3e-5，62E-5，.56e3。

说明

① 所有的实型常量均视为双精度类型。

② 实型常量的整数部分为0时可以省略。

③ 注意字母 E（或 e）的前后都必须有数字，且 E（或 e）后面的指数必须为整数。例如，e6，12.2e，13.15，e，.e9 等都是不合法的指数形式。

3 字符常量

字符常量是指用一对单引号括起来的一个字符。如，‘a’、‘9’、‘!’。字符常量中的单引号仅起定界作用，并不表示字符本身。单引号括起来的字符不能是单引号和反斜杠，它们要通过转义字符表示。在 C 语言中，字符是按其所对应的 ASCII 码值来存储的，一个字符占一个字节，其对应关系见附录 A。

说明

① 字符数字（‘0’～‘9’）与数字（0~9）的含义及在计算机中的存储方式是截然不同的，前者是字符常量，存储的是相应的 ASCII 值，后者是整型常量，存储的是相应的二进制数。

② 由于 C 语言中字符常量是按短整数（short 型）存储的，所以字符常量可以像整数一样在程序中参与相关的运算。例如，

```
'A'+32;          /*执行结果 65+32=97*/
'9'-2;           /*执行结果 57-2=55*/
```

4 字符串常量

字符串常量是指用一对双引号括起来的一串字符。双引号仅起定界作用，双引号括起来的字符串中不能含双引号和反斜杠，要通过转义字符表示。例如，“Good”，“Boy”，“YES　or　NO”，“666-888”，“YY”等均为字符串常量。字符串常量在内存中存储时，系统自动在字符串的末尾加一个“串结束标志”（即 ASCII 码值为 0 的字符 NULL），常用‘\0’表示。因此，含有 n 个字符的字符串常量，在内存中占有 n+1 个字节的存储空间。

例如，字符串“Good!”有 5 个字符，作为字符串常量“Good!”存储于内存中时，共占 6 个字节，系统自动在后面加上 NULL 字符，其存储形式如图 3.2 所示。

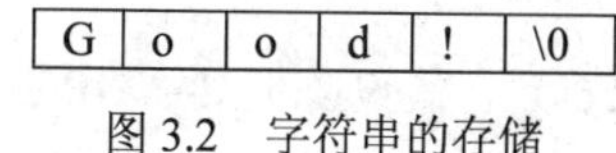

G	o	o	d	!	\0

图 3.2　字符串的存储

说明

① “ ”和“”是不同的。前者是一个空字符串常量“ ”，它实际上包含了一个空字符'\0'，在内存中占用一个字节的存储空间。而后者“”则是非法的用法。

② ‘X’与“X”是不同的。前者是一个字符常量，在内存中只占一个字节的空间；而后者是一个字符串常量，它由字符‘X’和‘\0’组成，在内存中占两个字节的空间。

5 转义字符

通常使用转义字符表示 ASCII 码字符集中不可打印的控制字符和特定功能的字符，转义字符用反斜杠后面跟一个字符或一个八进制或一个十六进制数表示，如表 3.2 所示。

表 3.2　C 语言中常用的转义字符

转义字符	意义	ASCII 码值（十进制）	转义字符	意义	ASCII 码值（十进制）
\\	反斜杠字符	92	\b	退格(BS)	8
\?	问号字符	63	\n	换行(LF)	10
\'	单引号字符	39	\r	回车(CR)	13
\"	双引号字符	34	\0	空字符(NULL)	0
\xhh	任意字符	2 位十六进制数	\ddd	任意字符	3 位八进制数

说明

① 字符常量中的单引号、双引号、反斜杠，必须使用转义字符来表示（即在这些字符前加上反斜杠）。

② 转义字符中只能使用小写字母，每个转义字符只能看作一个字符。

3.3.2　符号常量

符号常量就是用一个标识符来表示的常量，一般使用大写英文字母表示，符号常量在使用前必须先用预处理命令#define 进行定义。

格式：#define　<符号常量名>　<常量>

功能：用符号常量名来代替常量。例如，

```
#define  PI  3.14
#define  TRUE  1
#define  FALSE  0
#define  ADD  '+'
```

说明

PI、TRUE、FLASE、ADD 为符号常量，其值分别为 3.14，1，0，'+'。

例 3.2　已知 8G 的 U 盘单价为 56 元，假设陈明要买 100 个这类 U 盘，请利用符号常量来计算他需要付多少钱？

```
#include <stdio.h>
#define PRICE 56
void main()
{
    int n, sum;
    n=100;
    sum=n*PRICE;
    printf("陈明一共要付的钱为：%d", sum);
}
```

说明

符号常量的值在其作用域内不能改变，也不能被重新赋值。

3.4 变量

变量是指那些在程序执行过程中其值可以改变的量，变量在内存中要占用一定的存储空间来存放变量的值，变量都有名字和数据类型，变量的数据类型决定了它能够存储的数据以及所能进行的操作。

3.4.1 变量名

变量名必须为合法的标识符，它占据一定数量的存储单元，其单元个数根据变量类型的不同而不同（详见表 3.1）。变量的命名规则与用户自定义标识符的命名规则相同。

3.4.2 变量的定义格式

在 C 语言中，变量在使用前必须先定义，以确定其数据类型和存储类型，进而确定该变量所能进行的运算。变量的定义使变量名与相应内存单元联系起来，如果要引用此存储

单元，使用变量名就可以了。

格式：[<存储类型>]<数据类型><变量名 1>[[=<初值 1>]],…<变量名 n>[[=<初值 n>]];

功能：定义变量名所指定的变量，并可以赋初值。例如：

```
static int x=97;            /*定义 x 为整型的静态变量,并赋初值 97*/
int x,y;                    /*定义 x,y 为整型变量*/
char c='a';                 /*定义 c 为字符型变量,并赋初值'a'*/
```

3.4.3 变量的值

某些变量在定义的同时必须对它们进行初始化，以确保它们在程序运行时有确定的值。变量的初始化通常在变量定义时通过赋值语句来实现。例如，

```
int i=623,k=500;            /*定义整型变量 i、k,并赋初值*/
char a='p',b=88;            /*定义字符型变量 a、b,并赋初值*/
float s=25.623;             /*定义浮点型变量 s,并赋初值*/
int a=33, b=33, c=33;       /*定义整型变量 a、b、c,并赋同一个初值 33*/
```

说明

对多个变量赋同一个初值时，不能写成如此形式：int a=b=c=33。

3.4.4 变量的类型

C 语言规定程序中用到的变量都必须指定其类型。详细分类情况见表 3.1。

1 整型变量

整型变量分为基本整型（int 型）、短整型（short int 型）和长整型（long int 型）3 大类。其中每一类又分为无符号和有符号两种情况。例如，

```
int c,d;               /*定义 c,d 为基本整型变量*/
unsigned x1;           /*定义 x1 为无符号整型变量*/
```

2 实型变量

实型变量分为单精度型（float 型）、双精度型（double 型）和长双精度型（long double 型）。例如，

```
float  x,y;          /*定义 x,y 为单精度实数*/
double z,w;          /*定义 z,w 为双精度实数*/
```

3 字符型变量

字符型变量只能用来存放一个字符，而在一个字符型变量中不可以存放字符串。例如，

```
char c1,c2;          /*c1、c2 被定义为字符型变量*/
c1='H';              /*因 c1 为字符型变量,不能将字符串赋值给它,只能是单个字符*/
c2=65;               /*因整型与字符型通用,故可将 65 赋值给 c2*/
```

例 3.3 将大写字母‘A’和‘B’转换为小写字母‘a’和‘b’。

```
#include <stdio.h>
void main()
{
    char c1,c2;
    c1='A';
    c2='B';
    c1=c1+32;                    /*'a'='A'+32*/
    c2=c2+32;                    /*'b'='B'+32*/
    printf("%c,%c",c1,c2);       /*输出字符 c1 和 c2 的值为 a 和 b*/
}
```

说明

C 语言中没有字符串变量，字符串要用字符数组来存储（详见第 6 章）。

3.5 基本数据类型的转换

因为字符型数据和一定范围内的整型数据可以通用，所以字符型数据既可以按字符处理，也可以按整数处理（也就是说，字符型数据与一定范围内的整型数据可以通用）。除此之外，不同类型的数据在进行混合运算时，往往需要把表示范围小的类型的数据转换到表示范围大的类型的数据。

数据类型转换有两种方式：自动类型转换和强制类型转换。但是，无论是自动类型转换还是强制类型转换，都仅仅是为了本次运算或赋值的需要而对变量的数据长度进行一次性的、临时性的转换，并没有改变变量本身的数据类型。

3.5.1 自动类型转换

C 语言允许在整型、单精度浮点型和双精度浮点型数据之间进行混合运算，其转换规则如图 3.3 所示。图中横向箭头体现了“必定转换”原则，表示 float 型向 double 型的转换和 char/short 型向 int 型的转换是必须要进行的；纵向箭头体现了当运算对象为不同类型时的“就高不就低”的转换原则。

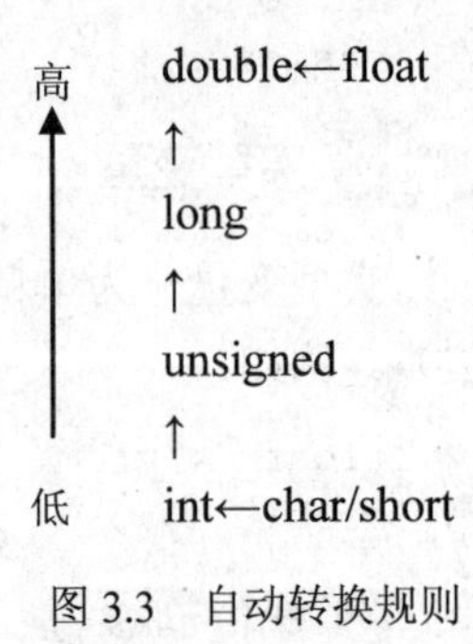

图 3.3 自动转换规则

例如，100-‘a’+6.3；这个表达式的运算过程是：第一步，计算 100-‘a’，先将字符数据‘a’转换为 int 型数据 97，运算结果为 3；第二步，计算 3+6.3，由于实型常量 6.3 本身是 double 型，只需将 int 型的 3 转换为 double 型，最后结果 9.3 为 double 型。

3.5.2 强制类型转换

利用强制类型转换运算符可以将一个表达式转换成所需的数据类型。

格式：（类型说明符）表达式

功能：将表达式的值强制转换为“类型说明符”所指定的数据类型。

例如，(double)x 将变量 x 转换成 double 型，(int)(x+y) 将 x+y 的和值转换成 int 型。

说明

① 不能将(int)(x+y)写成(int)x+y，因为后者是将 x 进行了强制类型转换后再与 y 相加。
② 强制类型转换一般用于自动类型转换不能达到目的的时候。

例如，m 和 n 是两个 int 型变量，则 m/n 的结果是一个舍去了小数部分的整型数，这个整数很可能存在较大的误差。如果想得到较为精确的结果，则可将 m/n 改写为 m/(float)n 或(float)m/n 或(float)m/(float)n，但不可以写成(float)(m/n)，因为后者可能达不到目的。

3.6 运算符和表达式

3.6.1 运算符和表达式概述

C 语言拥有丰富的运算符和表达式，C 语言中的运算符如图 3.4 所示。

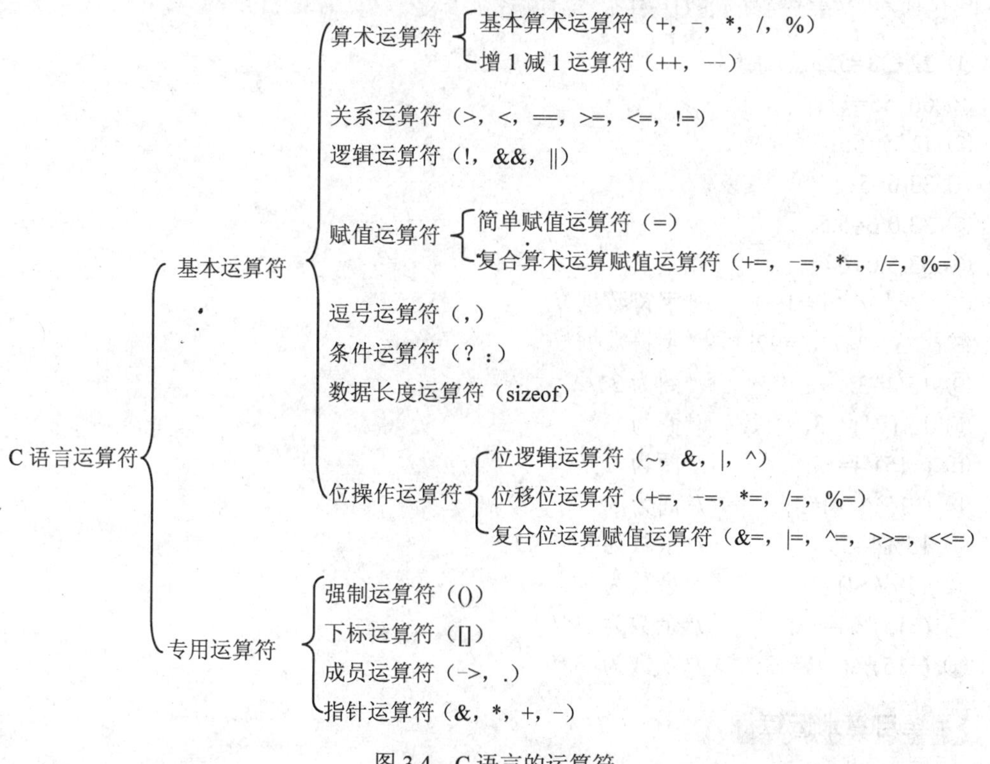

图 3.4　C 语言的运算符

由图 3.4 可以看出 C 语言的运算符可分为算术运算符、关系运算符、逻辑运算符、位操作运算符、赋值运算符、条件运算符、逗号运算符、指针运算符和求字节数运算符等。

运算符和运算对象（操作数）按一定的规则结合在一起就构成了表达式，表达式中的操作数可以是常量、变量或表达式。表达式是有类型的，表达式的类型是由表达式最终计算出的值的类型决定的。C 语言的运算符按其在运算表达式中与运算对象的关系可分为单目运算符、双目运算符和三目运算符，它们分别对一个、两个或 3 个运算对象进行处理。

3.6.2 算术运算符与算术表达式

1 双目算术运算符

双目算术运算符包括加法（+）、减法（-）、乘法（*）、除法（/）、求余(%)（又称模运算）。双目算术运算符具有左结合性。对于除法运算来讲，当参与运算的量均为整型时，结果为整型，自动舍去小数。当参与运算的量中只要有一个为实型数据，则结果为双精度实型。对于求余运算来讲，要求参与运算的量均为整型数据、字符型数据或枚举型数据。求余运算的结果等于两数相除后的余数，且符号与被除数的符号相同。

说明

① 结合性是指在一个运算对象两侧的运算符的优先级别相同时进行运算的顺序。

② 所有算术运算符都可以对字符型数据进行运算。

例 3.4 体会下列各运算符的作用。

```
① 22+33=55;
② 66-55=11;
③ 11*5=55;
④ 33/6=5;
⑤ 33.0/6=5.5;
⑥ 33/5.0=6.6;
⑦ 'e' / 'a'=1;        /*字符数据*/
⑧ 'a' % 'c'=97;       /*字符数据*/
⑨ 15/4=3;             /*商为 3*/
⑩ 15/(-4)=-3;         /*商为-3*/
⑪ (-15)/4=-3;         /*商为-3*/
⑫ (-15)/(-4)=3;       /*商为 3*/
⑬ 15%4=3;             /*余数为 3*/
⑭ 15%(-4)=3;          /*余数为 3*/
⑮ (-15)%4=-3;         /*余数为-3*/
⑯ (-15)%(-4)=-3;      /*余数为-3*/
```

2 单目算术运算符

自增、自减运算符为单目算术运算符，即对一个运算对象施加运算，运算结果仍赋予该对象。参与运算的对象必须是变量，具有右结合性。详见表 3.3 所示。

表 3.3 自增、自减运算符

运算符	名称	例子	等价于
++	自增 1	X++或++X	X=X+1
--	自减 1	X--或--X	X=X-1

说明

① 自增或自减运算符只能运用于简单变量。常量和表达式是不能做这两种运算的。例如，369++、（x+y）++都是不合法的。

② ++x 和 x++是有区别的。前者是在使用变量 x 之前先自身加 1，再使用 x；而后者是在使用变量 x 之后，再自身加 1。

③ --x 和 x--是有区别的。前者是在使用变量 x 之前先自身减 1，再使用 x；而后者是在使用变量 x 之后，再自身减 1。

例 3.5 体会下列表达式中的自增、自减运算符的运算过程。

表达式	计算过程	结果（设 n1=5）	表达式	计算过程	结果（设 n1=5）
n2 = ++n1	n1 = n1+1 n2 = n1	n1 = 6 n2 = 6	n2 = --n1	n1 = n1-1 n2 = n1	n1 = 4 n2 = 4
n2 = n1++	n2 = n1 n1 = n1+1	n2 = 5 n1 = 6	n2 = n1--	n2 = n1 n1 = n1-1	n2 = 5 n1 = 4

例 3.6 体会下列程序段中的自增、自减运算符的应用。

程序段 1：

```
int  x=3,y;
y=(x++)+(x++)+(x++)+(x++);
printf("\nx=%d,y=%d",x,y);
```

程序段 2：

```
int  x,y,a,b,c, d;
x=3;
a=x++;
b=x++;
c=x++;
d=x++;
y=a+b+c+d;
printf("\nx=%d,d=%d",x,y);
```

程序段 1 的运行结果是：x=7，y=18。程序段 2 的运行结果是：x=7，y=18。

3 算术表达式

用括号、算术运算符和运算对象连接起来的符合 C 语法规则的式子称为算术表达式。它的运算对象可以是常量、变量和函数等。

例如，x-22*(a+66)/8+‘a’，(int)a+8-9，cos(x)/2 等都是合法的算术表达式；而 cos60（60 应放在括号内）+s*e^6（e^6 写法不对），88+|x|（|x|应使用绝对值函数），123x+66（乘法

应使用*连接）等都是非法的算术表达式。

3.6.3 赋值运算符与赋值表达式

1 赋值运算符

（1）简单赋值运算符

等号“=”就是简单赋值运算符，它是一个双目运算符，具有右结合性。赋值号的左边只能是变量，而不允许是算术表达式或常量。

格式：<变量名>=<表达式>

功能：将表达式的值赋给变量名。例如，

```
x=36;                  /*把常量 36 赋给变量 x*/
y=(x+123)*z;           /*把一个表达式的值赋给变量 y*/
88+m=99;               /*该表达式是不合法的*/
```

说明

当赋值运算符两侧的运算对象的数据类型不同时，在赋值兼容的前提下，系统自动进行类型转换，即把赋值运算符右边的数据类型转换为赋值运算符左边的数据类型。否则就是赋值不兼容，此时应做强制类型转换，不然将出错。

例 3.7 体会下列赋值语句的用法。

```
#include<stdio.h>
void main()
{
    int a;
    float b;
    a=(int)7.86;      /*赋值不兼容,必须进行强制类型转换,此时 a 的值为 7*/
    b=88;             /*整型数据 88 直接赋值给 float 型变量 b,b 的值为 88.0*/
}
```

（2）复合赋值运算符

在简单赋值运算符（“=”）的前面加上一个双目运算符（算术运算符或位运算符）后就构成了复合赋值运算符。

格式：<变量名><双目运算符>=<表达式>

功能：等价于<变量名>=<变量名><双目运算符><表达式>。例如，

```
a+=22;        /*相当于 a=a+22*/
x%=y-33;      /*相当于 x=x%(y-33)，不能理解为 x=x%y-33*/
s*=66+77;     /*相当于 s=s*(66+77)，不能理解为 s=s*66+77*/
```

说明

当复合赋值运算符右侧是一个表达式时，编译系统自动给该表达式加括号（即先计算这个表达式的值，再进行复合赋值运算）。

2 赋值表达式

格式：<变量名><赋值运算符|复合赋值运算符><表达式>

功能：赋值表达式的值就是变量的最终值。

例 3.8　理解赋值运算符和赋值表达式。

```
#include<stdio.h>
void main()
{
    int  a,b,c,x,y,z,m,n;
    printf("\na=66 is %d",a=66);
    printf("\na=b=c=88 is %d",a=b=c=88);          /*相当于 a=(b=(c=88))*/
    printf("\na=99+(c=88) is %d",a=99+(c=88));
    printf("\na=(b=88)+(c=99) is %d", a=88+(c=99));
    printf("\na=(b=66)/(c=22) is %d", a=(b=66)/(c=22));
    printf("\na+=a-=a*a is %d",a+=a-=a*a);        /*相当于 a=(a+(a=a-a*a))*/
    printf("\nx=33+(y=22) is %d", x=33+(y=22));
    printf("\na=b=c=369 is %d", a=b=c=369);
    printf("\na=%d,b=%d,c=%d",a,b,c);
    printf("\nx=200+(y+=100) is %d",x=200+(y+=100));
    printf("\nx=%d,y=%d",x,y);
    printf("\nz=(m=200)/(n=30) is %d",z=(m=200)/(n=30));
    printf("\nz=%d,m=%d,n=%d",z,m,n);
}
```

说明

赋值表达式与赋值语句的不同之处在于前者末尾无“;”，而后者末尾有“;”。

3.6.4　关系运算符与关系表达式

1 关系运算符

C 语言中的关系运算符均为双目运算符：>（大于），<（小于），>=（大于等于），<=（小于等于），==（等于），!=（不等于），其中前 4 个的优先级相同且高于后两个的优先级（后两个的优先级相同）。关系运算的结果为逻辑值；如果比较后关系式成立，则称之为“真”（结果为非 0）；如果比较后关系式不成立，则称之为“假”（结果为 0）。

2 关系表达式

关系表达式就是用关系运算符将两个任意类型的表达式连接起来的符合 C 语法规则的式子，其结果为逻辑值。

例 3.9　体会下列关系表达式的运算结果。

```
#include<stdio.h>
void main()
{
    int  x=23,y=56,z=89;
    int  t1,t2,t3;
```

```
    t1=x<z;
    t2=y==x;
    t3=y==x-z;
    printf("t1=%d,t2=%d,t3=%d\n",t1,t2,t3);
}
```

说明

“==”为关系运算符中的相等运算符，“=”为赋值运算符。

3.6.5 逻辑运算符与逻辑表达式

1 逻辑运算符

C 语言中的逻辑运算符有：与、或、非，如表 3.4 所示。

表 3.4 逻辑运算符

运算符	含义	表达式举例
&&	与	(x>y)&&(a<10)
||	或	(x==y)||(y>=0)
!	非	!(a>b)

逻辑运算符用于对几个关系运算表达式的运算结果进行组合，做出综合的判断。逻辑运算的结果为逻辑值。如果A代表一个关系表达式的运算结果，B代表另一个关系表达式的运算结果，则 A 和 B 的各种逻辑运算的真值关系如表 3.5 所示。

表 3.5 逻辑运算真值表

A	B	A&&B	A||B	!A	!B	A	B	A&&B	A||B	!A	!B
真	真	真	真	假	假	假	真	假	真	真	假
真	假	假	真	假	真	假	假	假	假	真	真

2 逻辑表达式

由逻辑运算符连接运算对象所构成的符合 C 语言语法规则的式子称为逻辑表达式。由于C语言中并没有逻辑类型的数据，只是用非 0 表示“真”，用 0 表示“假”，所以逻辑表达式中的操作对象可以是任意合法的表达式或常量。

例 3.10 体会下列各辑运算符的运用。

① (a=100)&&(50)　　//&&连接了一个算术表达式和一个逻辑常量 50（真）
② !6　　//!连接了一个逻辑常量 6（真）
③ 99||0　　//||连接了两个逻辑常量 99（真）和 0（假）
④ a&&b&&c　　/*如果 a 为 0，则不论 b，c 的取值如何，结果均为 0；只有 a 不为 0，才去判断 b，只有 a、b 都不为 0，才再判断 c*/
⑤ a||b||c　　/*如果 a 为非 0，则不论 b，c 的取值如何，结果均为 1；只有 a

为 0，才去判断 b；只有 a、b 均为 0，才去判断 c*/

⑥ 在数学上形式为 20≤X≤50 的式子，在 C 语言中不可以写成 20<=X<=50，而只能写成 20<=X && X<=50。

3.6.6 条件运算符与条件表达式

条件运算符是 C 语言中唯一的一个三目运算符，它由两个符号“?”和“:”组成。由条件运算符把 3 个运算对象连接在一起形成的式子称为条件表达式。

格式：表达式 1? 表达式 2：表达式 3

功能：根据表达式 1 的真假来决定整个条件表达式的取值。

“表达式 1”是一个关系表达式或由逻辑运算符连接起来的组合关系表达式，“表达式 2”和“表达式 3”分别代表条件表达式可取的两个值。当“表达式 1”的运算结果为真时，“表达式 2”的值就是条件表达式的值；当“表达式 1”的运算结果为假时，“表达式 3”的值就是条件表达式的值。

例如，x>2?60:50 表示当 x>2 成立时，条件表达式的值为 60，否则条件表达式的值为 50。

说明

条件表达式常用来求两个变量中的最大值或最小值，如，max=a>b?a:b或in=a<b?a:b。

3.6.7 逗号运算符与逗号表达式

逗号运算符“,”是一种特殊的运算符，也称为顺序求值运算符，它的作用就是把多个表达式连接起来。用逗号运算符连接起来的式子称为逗号表达式。

格式：表达式 1，表达式 2，…，表达式 n

功能：按照从左到右的顺序逐个求解表达式，而整个逗号表达式的值就是表达式 n 的值。

说明

① 逗号运算符具有左结合性。

② 逗号运算符和那些在同时定义的几个变量（或函数调用的几个参数）之间起分隔作用的逗号是两个完全不同的概念。例如，

```
int x,y,z;             /*此处的","为分隔符*/
int x=(11,22,33);      /*此处的","为逗号运算符*/
```

例 3.11 理解下列各逗号表达式。

① x=8*3,12+68,3*4+5

先计算第一个表达式 8*3，把 24 赋值给 x，然后计算第二个表达式 12+68 得 90，再计算第三个表达式 3*4+5 得 17。整个逗号表达式的值即为 17，而 x 的值为 24。

② x=6*2,x+8,x-6,x*2

先计算 6*2，把 12 赋值给 x，然后计算 x+8 得 20，再计算 x-6 得 6，最后再计算 x*2

得 24。整个逗号表达式的值即为 24，而 x 的值为 12。

③ 逗号表达式经常用于循环控制语句 for 中。例如：

for(i=0,j=0;i<100;i++,j++)，在 i++和 j++之间的就是一个逗号运算符，这个表达式的作用是每循环一次，逗号运算符两边的变量 i 和 j 均增加 1。

3.6.8 位运算符与位运算表达式

前面介绍的各种运算都是以字节为最基本的运算单位进行的，但是在很多系统程序中，却常常要求对位（bit）进行运算或处理。位运算适用于整型、字符型等数据对象，当操作数为负数时是用补码来表示的；这使得 C 语言也能像汇编语言一样用来编写系统程序。C 语言提供了 6 种位运算符：～（按位求反），<<（按位左移），>>（按位右移），&（按位与），^（按位异或），|（按位或），优先级从前到后为“高→低”（其中<<和>>优先级相同）。由位运算符连接运算对象所构成的符合 C 语言语法规则的式子称为位表达式。

1 按位与运算

格式：操作数 1 & 操作数 2

功能：对参与运算的两个操作数各自对应的二进制位做与运算。

说明

① 按位与运算符“&”为双目运算符。

② 只有对应的两个二进制位均为 1 时，结果位才为 1，否则为 0。例如，

```
18&6=2
```

其运算过程如下：

```
  0000000000010010
& 0000000000000110
------------------
  0000000000000010
```

例 3.12 体会按位与运算的结果。

```
#include<stdio.h>
void main()
{
    int a=18,b=6,c;
    c=a&b;
    printf("a=%d,b=%d,c=%d",a,b,c);
}
```

2 按位或运算

格式：操作数 1 | 操作数 2

功能：对参与运算的两个操作数各自对应的二进制位做或运算。

说明

① 按位或运算符“|”是双目运算符。

② 只要对应的两个二进制位中有一个为 1 时，结果位就为 1，否则为 0。例如，

```
18|6=22
```

其运算过程如下：

```
  0000000000010010
| 0000000000000110
------------------
  0000000000010110
```

例 3.13 体会按位或运算的结果。

```
#include<stdio.h>
void main()
{
    int a=18,b=6,c;
    c=a|b;
    printf("a=%d,b=%d,c=%d ",a,b,c);
}
```

3 按位异或运算

格式：操作数 1 ^ 操作数 2

功能：对参与运算的两个操作数各自对应的二进制位做异或运算。

说明

① 按位异或运算符“^”是双目运算符。

② 只要对应的两个二进制位相异时，结果就为1，否则为0。例如，

```
18^6=20
```

其运算过程如下：

```
  0000000000010010
^ 0000000000000110
------------------
  0000000000010100
```

例 3.14 体会按位异或运算的结果。

```
#include<stdio.h>
void main()
{
    int a=18,b=6,c;
    c=a^b;
    printf("a=%d,b=%d,c=%d ",a,b,c);
}
```

4 按位取反运算

格式：～操作数

功能：对参与运算的数据的各二进制位按位取反。

说明

① 按位取反运算符“～”为单目运算符，具有右结合性。

② 按位取反运算不能理解为简单的加“-”号，其结果有时不可显示。例如，

```
~18=-19
```

其运算过程如下：

```
~ 0000000000010010
-----------------
  1111111111101101
```

例 3.15 体会按位取反运算的结果。

```
#include<stdio.h>
void main()
{
    char a='1',b='*';
    printf("a=%d,b=%c",~a,~b);
}
```

5 按位左移运算

格式：操作数<<左移位数

功能：把“<<”号左边的操作数的各二进制位全部左移若干位（由“左移位数”指定），高位（左边）丢弃，低位（右边）补 0。

说明

① 左移运算符“<<”为双目运算符。

② 将操作数左移 *n* 位相当于该数乘以 2*n*。例如，4<<3＝32，即相当于 4 乘以 8。

例 3.16 假设以一个字节存放一个无符号整型变量 A。若 A 为 64，左移一位时溢出的是 0，而左移 2 位时，溢出的是 1，就不再具有乘以 2 的关系，详细情况如表 3.6 所示。

表 3.6 左移运算

A 的值	A 的二进制形式	A<<1 后的值	A<<2 后的值
64	01000000(64)	10000000(128)	00000000(0)

6 按位右移运算

格式：操作数>>右移位数

功能：把“>>”号左边的操作数的各二进制位全部右移若干位（由“右移位数”指定），低位（右边）丢弃，高位（左边）补 0。

说明

① 按位右移运算符“>>”是双目运算符。

② 将操作数右移 *n* 位相当于该数除以 2^n。例如，60>>2＝15，即相当于 60 除以 4。

例 3.17 假设以一个字节存放一个无符号整型变量 A。若 A 为 62，右移一位时溢出的是 0，而右移 2 位时，溢出的是 1，就不再具有除以 2 的关系，详细情况如表 3.7 所示。

表 3.7 右移运算

A 的值	A 的二进制形式	A>>1 后的值	A>>2 后的值
62	00111110	00011111(31)	00001111(15)

例 3.18 体会移位运算符的使用。

```
#include <stdio.h>
void main()
{
    int a=123,b=-123;
    printf("a<<3=%d,a>>3=%d\n",a<<3,a>>3);
    printf("b<<3=%d,b>>3=%d\n",b<<3,b>>3);
}
```

7 位运算的复合赋值运算

类似于算术运算的复合赋值运算符，位运算符和赋值运算符也可以构成“复合赋值运算符”，如表 3.8 所示。

表 3.8 位运算的复合赋值运算符

运算符	名称	例子	等价式子
&=	与赋值	x&=y	x=x&y
|=	或赋值	x|=y	x=x|y
^=	异或赋值	x^=y	x=x^y
>>=	右移赋值	x>>=y	x=x>>y
<<=	左移赋值	x<<=y	x=x<<y

3.6.9 取长度运算符

取长度运算符是单目运算符，其运算对象可以是任何数据类型名、常量或变量。

格式：sizeof(类型名|表达式)

功能：取出“类型名”或“表达式”的长度。

例 3.19 体会取长度运算符的使用方法。

```
#include<stdio.h>
void main()
{
    int a=66;
    float b=6.6;
    char c='6';
    printf("a1=%d,a2=%d\n",sizeof(a),sizeof(short(a)));
    printf("a3=%d,a4=%d\n",sizeof(long(a)),sizeof(unsigned int(a)));
    printf("a5=%d,a6=%d\n",sizeof(unsigned short(a)),sizeof(unsigned long
          (a)));
```

```
    printf("b1=%d,b2=%d\n",sizeof(b),sizeof(double(b)));
    printf("c=%d\n",sizeof(c));
}
```

3.6.10 运算符的优先级和结合性

1 运算符的优先级

在复杂表达式中，通过运算符的优先级确定各种运算符的执行顺序。C 语言中的运算符优先级共分为 15 级，1 级最高，15 级最低，如表 3.9 所示。在进行表达式运算时，优先级较高的先于优先级较低的进行运算。而在一个操作数两侧的运算符优先级相同时，则按运算符的结合性所规定的结合方向处理。

表 3.9 运算符的优先级

运算符	运算符含义	要求操作数的个数	结合方向	优先级
() [] → .	括号 下标运算符 指向结构体成员运算符 结构体成员运算符		自左向右	1
! ~ ++,-- - * & Sizeof	逻辑非运算符 按位取反运算符 自增,自减运算符 负号运算符 地址运算符（取内容） 地址运算符（取地址） 字节长度运算符	1（单目运算符）	自右向左	2
*,/,%	乘、除、求余运算符	2（双目运算符）	自左向右	3
+,-	加、减法运算符	2（双目运算符）	自左向右	4
<<,>>	左、右移位运算符	2（双目运算符）	自左向右	5
<,<=,>,>=	关系运算符	2（双目运算符）	自左向右	6
==,!=	等于、不等于运算符	2（双目运算符）	自左向右	7
&	按位与运算符	2（双目运算符）	自左向右	8
^	按位异或运算符	2（双目运算符）	自左向右	9
		按位或运算符	2（双目运算符）	自左向右	10
&&	逻辑与运算符	2（双目运算符）	自左向右	11
||	逻辑或运算符	2（双目运算符）	自左向右	12
? :	条件运算符	3（三目运算符）	自右向左	13
=,+=,-=,*=,/+,&= >>=,<<=,&=,|=	（复合）赋值运算符	2（双目运算符）	自右向左	14
,	逗号运算符		自左向右	15

2 运算符的结合性

在 C 语言中，各运算符的结合性分为两种：左结合性和右结合性。例如，算术表达式：x−y+z，首先 y 应先与“−”号结合，执行 x−y 运算，然后再执行+z 的运算。这种自左至右的结合方式就称为“左结合性”；赋值运算表达式：x=y=z，则应先执行 y=z，再执行 x=(y=z)运算，这种自右至左的结合方向就称为“右结合性”。

说明

① “赋值、单目和三目”3 类运算符的结合方向为自右向左，其他均为自左向右。
② 同一优先级的运算顺序由结合方向决定。
③ 运算符“+”，“−”，“*”，“&”都具有双重含义，请参照表 3.9 理解。

3.7 应用举例

例 3.20　理解下列各错误常量的写法。

① 089123：非法十进制（因为以 0 开头），又非八进制（因为有数字 8、9）。
② 0x12mn：非法十六进制（因为有非法字母 m、n）。
③ 123abc：非法十进制（含有字母 abc），又非十六进制（不是以 0x 开头）。

例 3.21　写出下列各数学式子的 C 语言表达式形式。

① $\sin 80^{\circ} \Rightarrow$ sin(80*3.1415926/180)
② $\arccos(x+y) \Rightarrow$ acos(x+y)
③ $tg(arctg(66 \div 98) - arctg(33 \div 68)) \Rightarrow$ tan(atan((double)66/98)−atan((double)33/68))
④ $x^{y} - e^{22} \Rightarrow$ pow(x,y)−exp(22)
⑤ $\sqrt{3.1415926} \Rightarrow$ sqrt(3.1415926)
⑥ $(1+r \div n)^{n} - 1 \Rightarrow$ pow((1+r/n),n)−1
⑦ $\ln((a-1) \div (b-1)) \Rightarrow$ log((a−1.0) / (b−1.0))
⑧ $(\sin x)^{3.6} \Rightarrow$ pow(sin(x),3.6)，x为弧度

例 3.22　理解下列为变量进行初始化的例子。

① int i=369,k=800;　/*定义整型变量 i、k，并赋初值*/
② char b='A',c=26;　/*定义字符型变量 b、c，并赋初值*/
③ double f1=68.6;　/*定义双精度浮点型变量 f1，并赋初值*/
④ static int size=8;　/*定义静态变量 size，并赋初值*/
⑤ int m=k/b;　　　/*定义变量 m，用表达式 k/b 给它赋初值，此时的 k,b 必须已有值*/
⑥ int a1=66,a2=66,a3=66;　/*定义整型变量 a1、a2、a3，并赋相同初值 66*/

例 3.23　理解下列复合赋值运算符使用的例子。

设变量定义如下：

int k1=10,k2=10,k3=10,k4=10,k5=10,k6=10,k7=10;

则：

① k1+=k2 运算后，k1 的值为 20，k2 的值不变，表达式值为 20。

② k1-=k2 运算后，k1 的值为 0，k2 的值不变，表达式值为 0。

③ k1*=k2 运算后，k1 的值为 100，k2 的值不变，表达式值为 100。

④ k1/=k2 运算后，k1 的值为 1，k2 的值不变，表达式值为 1。

⑤ k4+=k5-=k6*=k7/=2 运算后，k4、k5、k6、k7 的值依次为-30、-40、50、5。

例 3.24 理解下列算术、关系、逻辑、赋值等运算符混合使用的例子。

```
#include <stdio.h>
void main()
{
    int  a,b,c,d;
    a=11<22&&33||44>88<66-!99;
    b=!(11<22&&33)||44>!(88<66-!99);
    c=11<22%3&&33||44!=88<66-!99;
    d=11<22%3&&33||44!=88<66-!99==0;
    printf("a=%d,b=%d,c=%d,d=%d\n",a,b,c,d);
}
```

例 3.25 理解下列算术运算符的优先级和结合性的例子。

```
#include <stdio.h>
void main()
{
    int x,y=66;
    float f=12.3;
    x=(int)f+++88+--y*66;
    printf("x=%d,y=%d,f=%f\n",x,y,f);
}
```

3.8 练习题

1. 写出下列程序的输出结果

(1)
```
#include <stdio.h>
void main()
{
    int a=200;
    printf("%d,%o,%x\n",a,a,a);
}
```

(2)
```
#include <stdio.h>
void main()
{
    char a='a';
    printf("%d,%o,%x,%c\n",a,a,a,a);
}
```

(3)
```
#include <stdio.h>
void main()
```

```
{
    int a=10;
    float x=(float)3.1416;
    printf("%d,%6d\n",a,a);
    printf("%f,%e\n",567.8,567.8);
    printf("%14f,%14e,%g,%12g\n",x,x,x,x);
}
```

（4）
```
#include <stdio.h>
void main()
{
    char ch1='a',ch2='b',ch3='c',ch4='\0304',ch5='\0123';
    printf("a%cb%c\t%c\tabc\n",ch1,ch2,ch3);
    printf("%c,%c\n",ch4,ch5);
}
```

2．编程题

（1）某位老师的工资为 2600 元，分别按十进制、八进制和十六进制输出其值。

（2）从键盘输入某位老师的工资，分别按小数形式和指数形式输出该老师的工资值。

（3）定义 char 型变量 ch1 和 ch2 值分别为‘A’和‘a’，依次按字符、十进制、八进制和十六进制整数的形式输出它们的值，要求每个变量各占一行。

（4）从键盘输入长方体的长、宽、高，计算长方体的表面积和体积。

（5）从键盘输入圆的半径，计算圆的面积和周长。

（6）从键盘输入三角形的三条边 a,b,c，如果可以构成三角形，试求其面积。

（7）从键盘输入 3 个顶点的坐标(x1,y1)、(x2,y2)、(x3,y3)，如果可以构成三角形，试求其面积。

第4章 常用库函数

学习目标 理解C语言中常用库函数的定义格式，掌握并能灵活运用常用的输入/输出函数、字符串操作函数、数学运算函数。

C 语言作为函数式语言，其函数通常分为标准库函数和用户自定义函数，其中，标准库函数是由编译系统提供，供用户直接使用，一般用“# include”将与该库函数相关的头文件包含进来。用户自定义函数的详细情况见第 7 章。

ANSI C 标准库函数大致分为以下几类：输入/输出函数、数学函数、字符串函数、分类函数、诊断函数、时间日期函数和其他函数。

4.1 输出函数

4.1.1 printf 函数

printf 函数是格式输出函数，其函数原型包含在头文件“stdio.h”中。

1 printf 函数的一般格式

格式：printf(“格式控制”，输出表列);

功能：按“格式控制”中的格式说明符依次输出“输出表列”中的各项，普通字符原样输出。

例 4.1 printf()应用举例。

```
void main( )
{
    int x=26;
    float y=6.9;
    char ch1='a';
    printf("x 的值为%d,y=%f",x,y);//
    printf("ch1 的十进制表示为%d,ch1=%c\n",ch1,ch1); //'\n'为转义字符,起换行的作用
}
```

说明

① 格式控制是用双引号括起来的字符串，用于说明输出的数据类型及格式，由格式说明符和普通字符两部分组成。上例 printf 语句中带“﹏”的为普通字符，带“＝”的为格式字符。

② 输出表列是与格式控制中说明的格式说明符相对应的要输出的数据表。输出项可以是常量、变量、表达式；当有多个输出项时，各项之间用逗号分隔。上例输出语句中带“……”

的为输出表列。

③ 原则上，输出表列中变量的个数与类型应与格式说明符中指定的数据的个数和类型一致，且从左到右一一对应。若类型不一致，以格式说明符中指定的格式为准（若个数不一致，可能出现意料不到的结果）。

2 格式字符串

在C语言中printf函数格式说明的一般形式为：

%	±	m	.	n	h/l	格式字符
↓	↓	↓		↓	↓	↓
开始符	标志字符	宽度指示符		精度指示符	长度修正符	格式转换字符

说明

① 格式字符。格式字符用来控制输出数据的类型，在格式控制字符串中不能省略，其常用符号和含义如表4.1所示。

表4.1 printf函数格式字符

格式字符	含义
d,i	按带符号的十进制形式输出整数（正数不输出符号）
o	按八进制无符号形式输出整数（不输出前导符0）
x,X	按十六进制无符号形式输出整数（不输出前导符0x）。用x则输出十六进制数的a～f时，按小写形式输出；用X时，则按大写字母输出
u	按无符号十进制形式输出整数
c	按字符形式输出，只输出一个字符
s	输出字符串
f	按小数形式输出单、双精度数，隐含输出6位小数
e,E	按指数“e”或“E”形式输出实数（如1.2e+02或1.2E+02）
g,G	选用%f或%e格式中输出宽度较短的一种格式，不输出无意义的0。用G时，若以指数形式输出，则指数以大写表示

② 标志字符。标志字符包括+、-、#三种，具体含义如表4.2所示。

表4.2 printf标志字符

字符	含义
-	输出结果左对齐，右边填空格；缺省则输出结果右对齐，左边填空格或零
+	输出值为正时冠以“+”号，为负时冠以“-”号
#	八进制输出时加前缀0；十六进制输出时加前缀0x

例如，
```
printf("%6d\n",123);              //结果为□□□123
printf("%-6d\n",123);             //结果为123□□□
printf("%+d,%+d\n",123,-123);     //结果为+123,-123
```

```
printf("%#o,%#x\n",10,18);        //结果为012,0x12
```

③ 宽度指标符。用来设置输出数据项的最小宽度，通常用十进制整数来表示输出的位数。如果输出数据项所需实际位数多于指定宽度，则按实际位数输出，如果实际位数少于指定的宽度则用空格填补。示例如表 4.3 所示。

表 4.3　示例程序

输出语句	输出结果
printf("%d\n",123);	123（按实际需要宽度输出）
printf("%6d\n",123);	□□□123（输出右对齐，左边填空格）
printf("%f\n",123.56);	123.560000（按实际需要宽度输出）
printf("%12f\n",123.56);	□□123.560000（输出右对齐，左边填空格）
printf("%g\n",123.56);	123.56（%f 格式比采用%e 格式输出宽度小）
printf("%8g\n",123.56);	□□123.56（输出右对齐，左边填空格）

④ 精度指示符。以“.”开头，用十进制整数指定精度。对于 float 或 double 类型的浮点数可以用“m.n”的形式在指定宽度的同时来指定其精度。其中，“m”用以指定输出数据所占总的宽度，“n”为小数位数。示例如表 4.4 所示。

表 4.4　示例程序

输出语句	输出结果
printf("%.5d\n",123);	00123（数字前补 0）
printf("%.0d\n",123);	123
printf("%8.3f\n",123.56);	□123.560
printf("%8.1f\n",123.56);	□□□123.6
printf("%8.0f\n",123.56);	□□□□□124
printf("%.5s\n","abcdefgh");	abcde（截去超过的部分）
printf("%5s\n","abcdefgh");	abcdefgh（宽度不够，按实际宽度输出）

⑤ 长度修正符。常用的长度修改符为 h 和 l 两种，h 表示输出项按短整型输出，l 表示输出项按长整型输出。

3 应用举例

例 4.2　分析程序的执行结果。

```
#include "stdio.h"
void main( )
{
    int a=16; char e='A';
    unsigned b;
    long c;
    float d;
    b=65535;
    c=123456;
    d=123.45;
```

```
    printf("a=%d,%4d,%-6d,c=%ld\n",a,a,a,c);
    printf("%o,%x,%u,%d\n",b,b,b,b);
    printf("%f,%e,%13.3e,%g\n",d,d,d,d);
    printf("%c,%s,%7.3s\n",e,"China","Beijing");
}
```

程序执行结果：

```
a=16,□□16,16□□□□,c=-123456
177777,ffff,65535,65535
123.49997,1.234500e+002,□□□1.234e+002,123.45
A,China,□□□□Bei
```

说明

① 65535 是 unsigned 型数据最大值，故 b 的值在内在中存放形式是 16 个 1，八进制格式输出 177777，十六进制输出 ffff，u 格式输出 65535，d 格式输出 65535。

② 变量 d 的值为 123.45，按%f 格式输出时，小数位默认为 6 位，所以右补 4 个 0，即 123.450000；%e 格式输出 1.234500e+002。

③ %g 格式实际是选择%f 和%e 格式中宽度较小者且不输出其中无意义 0。

④ 最后一行按%c 格式输出字符'A'，按%s 格式输出完整字符串"China"；用%7.3s 格式输出"Beijing"，这里的"7"指输出宽度，".3"表示输出"Beijing"的前 3 个字符。

4.1.2 putchar 函数

putchar 函数是一个标准库函数，其函数原型包含在头文件“stdio.h”中，用于输出一个字符。

格式：putchar(ch)

功能：把 ch 的值输出到显示器上，这里的 ch 可以是字符型或整型变量或常量，也可以是一个转义字符。

例 4.3 putchar()函数应用举例。

```
#include <stdio.h>
void main( )
{
    char a,b,c,d;
    a='g';
    b='o';
    c=111;
    d='d';
    putchar(a);
    putchar(b);
    putchar(c);
    putchar(d);
}  //输出结果是：good
```

说明

putchar( )函数只能用于输出单个字符。

4.1.3 puts 函数

puts 函数是一个标准库函数，其函数原型包含在头文件“stdio.h”中，用于输出一个字符串。

格式：puts(str);

功能：在屏幕上输出字符串 str。该函数没有返回值。

例 4.4 体会字符串输出函数的功能。

```
#include "stdio.h"
void main()
{
    char x[]="abc123xyz";       //定义字符数组 x,并赋初值为 abc123xyz
    puts(x);                    //输出结果 abc123xyz
}
```

4.2 输入函数

4.2.1 scanf 函数

scanf 函数是格式输入函数，其函数原型包含在头文件“stdio.h”中。

1 scanf 函数的一般格式

格式：scanf(“格式控制”，地址表列);

功能：按“格式控制”中规定的格式，在键盘上输入各地址表列的数据，在输入数据时普通字符要原样输入。

例 4.5 scanf()函数应用举例。

```
void main( )
{
    int a;
    float b;
    char  c;
    scanf("a=%d,b=%f,c=%c",&a,&b,&c);      //输入:a=3,b=4,c=k<Enter>
    printf("a=%d,b=%f,c=%c\n",a,b,c);      //输出:a=3,b=4.000000,c=k
}
```

说明

① 格式控制是用双引号括起来的字符串，用于说明输出的数据类型及格式，由格式说明符和普通字符两部分组成。上例 scanf 语句中带“﹏”的为普通字符，带“＝”的为格式字符。

② 地址表列是与格式控制中说明的格式说明符相对应的数据的地址序列。当有多个输出项时，各项之间用逗号分隔。上例 scanf 语句中带“＿”的为地址表列。

③ 原则上，地址表列中变量的个数与类型应与格式说明符中指定的数据的个数和类型一致，且从左到右一一对应。若类型不一致，以格式说明符中指定的格式为准（若个数不一致，可能出现意料不到的结果）。

2 格式字符

在 C 语言中 printf 函数格式说明的一般形式如下。

%	*	m	h/l	格式字符
↓	↓	↓	↓	↓
开始符	赋值抑制符	宽度指示符	长度修正符	格式转换字符

说明

① 格式字符：表示输入数据的类型，其字符和含义如表 4.5 所示。

表 4.5　scanf 格式字符

格式字符	说明
d,i	输入有符号的十进制整数
u	输入无符号的十进制整数
o	输入无符号的八进制整数
x,X	输入无符号的十六进制整数（大小写作用相同）
c	输入单个字符
s	输入字符串，将字符串送到一个字符数组中，在输入时以非空白字符开始，以第一个空白字符结束。字符串以串结束标志'\0'作为其最后一个字符
f	输入实数，可以用小数形式或指数形式输入
e,E,g,G	与 f 作用相同，e 与 f,g 可以互相替换

② 抑制字符“*”：表示该输入项读入后不赋予相应的变量，即跳过该输入值。例如：

```
scanf("%d%*d%d",&x,&y);    //输入 10□12□15 后，x 为 10，y 为 15，12 被跳过
```

③ 宽度指示符：用十进制整数指定输入数据的宽度。例如：

```
scanf("3d",&x);            //输入 662345 后，x 为 662，其余部分被截去
scanf("%4d%4d",&x,&y);     //输入 662345 后，x 为 6623，y 为 45
```

④ 长度修正符：分为 l 和 h 两种，l 用于输入长整型或浮点型数据等；h 用于输入短整型数据。

3 使用 scanf 函数注意事项

① scanf 函数中的“格式控制”后面应当是变量地址，而不应是变量名。

② scanf 函数没有计算功能，因此输入的数据只能是常量，而不能是表达式。

③ 在输入多个整型数据或实型数据时，如果相邻两个格式指示符之间不指定数据分隔符（如逗号、冒号等），则相应的两个输入数据之间可以用一个或若干个空格、Enter 键（↙）或制表符（Tab）作为间隔。但在输入多个字符型数据时，数据之间分隔符作为有效字符。

例如：

```
scanf("%c%c%c",&x,&y,&z);        //若输入 a□b□c↙，则 x 为'a'，y 为'□'，z 为'b'
```

④ 输入格式中，除格式说明符之外的普通字符应原样输入。例如：

```
scanf("x=%d,y=%d,z=%d",&x,&y,&z);    //应使用 x=12,y=34,z=56↙输入
```

⑤ 输入实型数据时，不能规定精度，例如：

```
scanf("%7.2f",&f);                   //是不合法的输入格式
```

⑥ 在输入数据时，遇到空格符、换行符或制表符（Tab），或遇到按给定的宽度结束，或是遇到非法字符输入情况，则认为是该数据输入结束。

例 4.6　体会格式输入/输出函数的功能。

```
#include "stdio.h"
void main()
{
    int x;
    char y;
    scanf("%d",&x);
    scanf("%c",&y);
    printf("x=%d\n",x);
    printf("y=%c\n",y);
}       //若输入 3a，则输出 x=3,y=a
```

4.2.2 getchar 函数

getchar 函数是一个标准库函数，它的函数原型包含在头文件“stdio.h”中，用于输入一个字符。

格式：getchar( );

功能：从键盘输入一个字符。该函数没有参数，但括号不能省略。

例 4.7　getchar( )函数应用举例。

```
# include <stdio.h>
void main( )
{
    char c;
    c=getchar( );          //接收用户从键盘上输入的一个字符
    putchar(c);            //输出字符型变量 c 的值
}                          //若输入 h ↙，则输出 h
```

说明

getchar( )函数只能用于单个字符的输入，且一次只能输入一个字符。

4.2.3 gets 函数

gets 函数是一个标准库函数，它的函数原型包含在头文件“stdio.h”中，用于输入一个

字符串。

格式：gets(str);

功能：接收从键盘输入的一个字符串，存放在字符数组 str 中。函数的返回值是字符数组的起始地址。

例 4.8　体会字符串输入/输出函数的功能。

```
#include "stdio.h"
void main()
{
    char x[5];          //定义一个字符数组 x，长度是 5
    gets(x);            //将从键盘输入的"good"读到字符数组 x 中。
    puts(x);            //输出数组 x 中的值
}                       //若输入 good↙，输出结果为：good
```

4.3　字符串函数

所有字符串操作函数的函数原型都包含在头文件“string.h”中。

4.3.1　strcat 函数

格式：char *strcat(char * str1, char * str2)

功能：将以 str2 为首地址的字符串连接到字符串 str1 的后面，自动覆盖 str1 串的结束标志'\0'。

说明

① 参数 str2 既可以为字符数组名、指向字符数组的指针变量，也可以为字符串常量。
② str1 要有足够的空间来存储连接结果，以确保两个字符串连接后不出现超界现象。
③ 连接时取消 str1 后的'\0'，只在连接后的新串尾部加一个'\0'。
④ 该函数的返回值为 str1 串的首地址。

4.3.2　strcpy 函数

格式：char *strcpy(char *str1, char *str2)

功能：将字符串 str2 复制到字符串 str1 中，返回指向 str1 的指针。

说明

① 参数 str2 既可以为字符数组名、指向字符数组的指针变量，也可以为字符串常量。
② str1 串所在的字符数组要留有足够的空间，以确保复制字符串后不出现超界现象。
③ 复制后，str1 原来内容被覆盖。
④ 不能如此复制字符串：char str1[]="abc"; char str2[]=str1;

4.3.3 strcmp 函数

格式：int strcmp(char *str1, char *str2)

功能：比较两个字符串的大小，将以 str1 和 str2 为首地址的两个字符串按 ASCII 码的大小进行比较，比较的结果由函数的返回值决定。即当 str1 字符串与 str2 字符串相等时，函数的返回值为 0；当 str1 字符串>str2 字符串时，函数的返回值>0；当 str1 字符串<str2 字符串时，函数的返回值<0。

说明

① 两个参数 str1 和 str2 既可以为字符数组名、指向字符数组的指针变量，也可以为字符串常量。

② 两个字符串不能直接用关系运算符进行比较，必须用 strcmp 函数进行比较。

③ 字符串之间比较的规则是：从第一个字符开始，依次对 str1 和 str2 为首地址的两个字符串中对应位置上的字符按 ASCII 码的大小进行比较，直至出现第一个不同的字符（包括'\0'）时，由这两个不同字符的大小决定其所在串的大小。

④ 两个字符串比较结果的函数返回值等于第一个不同字符的 ASCII 代码之差。

⑤ 对两个字符串比较，不能写成以下形式：

```
if(str1==str2), if(str1>str2),if(str1<str2)
```

4.3.4 strlen 函数

格式：unsigned int strlen(char *str)

功能：求字符串 str 的实际长度（从首地址到'\0'之间的字符个数，不包含'\0'），并将其作为函数值返回。

说明

① 参数 str 可以是字符数组、字符指针或串常量。

② strlen 函数在测试一个字符串的长度时，遇到符合转义字符'\ddd'的格式时，系统将按'\ddd'处理。

4.3.5 strlwr 函数

格式：char *strlwr(char *str)

功能：把字符串中的所有字母都变成小写。

说明

参数 str 可以是字符数组、字符指针或串常量。函数返回值为字符串的首地址。

4.3.6　strupr 函数

格式：char *strupr(char *str)

功能：把字符串 str 中的所有字母都变成大写。

说明

参数 str 可以是字符数组、字符指针或串常量。函数返回值为字符串的首地址。

例 4.9　字符串函数综合应用。

```
#include "stdio.h"
void  main()
{
    int t;
    char a[15]= "abcd",b[5]= "efg",c[8]= "cdmmn" ;
    char x[]="i\tam\thappy\n", y[]="da\126";
    char m[]="I\tAM\tHAPPY\n",n[]="DA\126";
    strcat(a,b);                        //将 a,b 数组中的字符串连接并放入数组 a 中
    puts(a);                            //输出 abcdefg
    strcpy(a,b);                        //将数组 b 中的字符串复制到 a 数组中
    puts(a);                            //输出 efg
    strcpy(a, "sed");                   //将字符串"sed"复制到 a 数组中
    puts(a);                            //输出 sed
    t=strcmp(a,c);                      //比较 a,c 数组中的字符串
    printf("t=%d\n",t);                 //输出 t=1
    t=strcmp(c,b);                      //比较 c,b 数组中的字符串
    printf("t=%d\n",t);                 //输出 t=-1
    printf("%d\n",strlen(x));           //输出 11
    printf("%d\n",strlen(y));           //输出 3
    printf("%d\n",strlen("china"));     //输出 5
    strlwr(m);                          //将数组 m 中的字符串转换为小写
    strlwr(n);                          //将数组 n 中的字符串转换为小写
    puts(m);                            //输出 i    am    happy
    puts(n);                            //输出 dav
    strupr(x);                          //将数组 x 中的字符串转为大写
    strupr(y);                          //将数组 y 中的字符串转为大写
    puts(x);                            //输出 I    AM    HAPPY
    puts(y);                            //输出 DAV
}
```

4.4　数学函数

数学运算函数可分为求绝对值函数、指数函数、对数函数、三角函数、其他函数等。

数学函数都定义在“math.h”头文件中，返回值为计算结果。下面介绍一些基本的数学运算函数的功能及用法。

1 abs 函数

格式：int abs(int i)
功能：返回整数的绝对值。

2 fabs 函数

格式：double fabs(double x)
功能：返回浮点数的绝对值。

3 sqrt 函数

格式：double sqrt(double x)
功能：计算平方根，返回 x 的平方根，x 应大于等于 0。

4 fmod 函数

格式：double fmod(double x, double y)
功能：计算 x 对 y 的模，返回 x/y 的余数。

5 exp 函数

格式：double exp(double x)
功能：返回指数函数 e^x 的值。

6 pow 函数

格式：double pow(double x, double y)
功能：返回指数函数（x 的 y 次方）的值。

7 log 函数

格式：double log(double x)
功能：返回自然对数函数 ln(x)（即 $\log_e x$）的值。

8 log10 函数

格式：double log10(double x)
功能：返回以 10 为底的对数函数（即 $\log_{10} x$）的值。

9 sin 函数

格式：double sin(double x)
功能：正弦函数，返回 x 的正弦（即 sin(x)）的值，x 的单位为弧度。

10 asin 函数

格式：double asin(double x)

功能：反正弦函数，返回 x 的反正弦（即 $\sin^{-1}(x)$）的值，x 应在-1～1 范围内。

11 cos 函数

格式：double cos(double x)

功能：余弦函数，返回 x 的余弦（即 cos(x)）的值，x 的单位为弧度。

12 acos 函数

格式：double acos(double x)

功能：反余弦函数，返回 x 的反余弦（即 $\cos^{-1}(x)$）的值，x 应在-1～1 范围内。

13 tan 函数

格式：double tan(double x);

功能：正切函数，返回 x 的正切（即 tan(x)）的值，x 的单位为弧度。

14 atan 函数

格式：double atan(double x);

功能：反正切函数，返回 x 的反正切（即 $\tan^{-1}(x)$）的值。

函数的具体应用如下例所示。

例 4.10　体会数学函数的使用方法。

```
#include <stdio.h>
#include <math.h>
int  main(void)
{
    int x=-877,x1;
    double y=-325.637,y1;
    double z,w=6.0;
    double s,s1=3.0,s2=2.0;
    double q,q1=6.532;
    double k,k1=756.628;
    double m,n=0.8;
    double i=9.0,b;
    double p=87.65,y0,y2;
    double s3=15.0,s4=6.0,c;
    x1=abs(x);
    y1=fabs(y);
    printf("%d,%d\n",x,x1);                  //输出-877,877
    printf("%f,%f\n",y,y1);                  //输出-325.637000,325.637000
    z=exp(w);
    printf("(e^%lf)=%f\n",w,z);              //输出(e^6.000000)=403.428793
    s=pow(s1,s2);
    printf("%f^%f=%f\n",s1,s2,s);            //输出 3.000000^2.000000=9.000000
    q=log(q1);
    printf("log%f=%f\n",q1,q);               //输出 log6.532000=1.876713
```

```
    k=log10(k1);
    printf("the common log of %f is %f\n",k);
                                   //输出 the common log of 2.878882 is 0.000000
    m=sin(n);
    printf("sin%f 是%f\n",n,m);       //输出 sin0.800000 是 0.717356
    m=asin(n);
    printf("arcsin%f 是%f\n",n,m);    //输出 arcsin0.800000 是 0.927295
    m=cos(n);
    printf("cos%f 是%f\n",n,m);       //输出 cos0.800000 是 0.696707
    m=acos(n);
    printf("arccos%f 是%f\n",n,m);    //输出 arccos0.800000 是 0.643501
    m=tan(n);
    printf("tan%f 是%f\n",n,m);       //输出 tan0.800000 是 1.029639
    m=atan(n);
    printf("arctan%f 是%f\n",n,m);    //输出 arctan0.800000 是 0.674741
    b=sqrt(i);
    printf("%f 的平方根是:%f\n",i,b); //输出 9.000000 的平方根是 3.000000
    y0=ceil(p);
    printf("不小于%f 的最小整数是%6.2f\n",p,y0);
                                      //输出不小于 87.650000 的最小整数是 88.00
    y2=floor(p);
    printf("不大于%f 的最大整数是%6.2f\n",p,y2);
                                      //输出不大于 87.650000 的最大整数是 87.00
    c=fmod(s3,s4);
    printf("s3/s4=%f\n",c);           //输出 s3/s4=3.000000
    return 0;
}
```

4.5 应用举例

例 4.11 从键盘输入一个字母，若为大写则转换为小写，若为小写则转换为大写并输出。

```
#include "string.h"
#include "stdio.h"
void main()
{
    char z,x;
    scanf("%c",&z);
    if(z>='a'&&z<='z')
        x=(z+'A'-'a');
    else
        x=(z+'a'-'A');
    printf("%c\n",x);
}                            //若输入 E↙，则输出 e；若输入 e↙，则输出 E
```

例 4.12 从键盘输入圆半径 r 的值，求圆周长、圆面积的值并输出。

```
#include "stdio.h"
void main()
{
    float x,y,r,p=3.1415926;
    scanf("%f",&r);
    x=2*p*r;
```

```
    y=p*r*r;
    printf("周长 x=%f\n 面积 y=%f\n",x,y);
}
```

例 4.13　从键盘输入两个字符串，体会字符串操作函数的使用。

```
#include "string.h"
#include "stdio.h"
void  main()
{
    char x[25],y[15];
    int z,w;
    scanf("%s",x);
    scanf("%s",y);
    printf("%s\n%s\n",x,y);
    strcat(x,y);
    printf("%s\n",x);
    strcmp(x,y);
    printf("%s\n",x);
    strupr(y);
    printf("%s\n",y);
    z=strcmp(x,y);
    printf("%d\n",z);
    w=strlen(x);
    printf("%d\n",w);
}
```

若输入：

```
abc defg
```

输出：

```
abc
defg
abcdefg
abcdefg
DEFG
1
7
```

4.6　练习题

1. 选择题

（1）以下程序的输出结果是（　　）。

A. 17，021，0x11　　　　B. 17，17，17

C. 17，0x11，021　　　　D. 17，21，11

```
void main( )
  { int k=17;
   printf(" %d,%o,%x\n ",k,k,k);
  }
```

（2）下列程序执行后的输出结果是（小数点后只写一位）（　　）。

A．6 6 6.0 6.0　　B．6 6 6.7 6.7

C．6 6 6.0 6.7　　D．6 6 6.7 6.0

```
void  main()
{ double d;float f;long l; int i;
  i=f=l=d=20/3;
  printf("%d %ld %f %f \n",i,l,f,d);
}
```

（3）下列程序执行后的输出结果是（　　）。

A．G　　B．H

C．I　　D．J

```
void  main( )
{ int x='f'; printf("%c \n",'A'+(x-'a'+1)); }
```

（4）下列程序执行后的输出结果是（　　）。

A．-32767　　B．FFFE

C．-65535　　D．-32768

```
void  main( )
{ int x=0xFFFF; printf("%d \n", x--); }
```

（5）语句 printf("a\bre\'hi\'y\\\bou\n")；的输出结果是（　　）（说明'\b'是退格符）。

A．a\bre\'hi\'y\\\bou　　B．a\bre\'hi\'y\bou

C．re'hi'you　　D．abre'hi'y\bou

（6）若变量已正确说明为 float 类型，要通过语句 scanf("%f %f %f "，&a，&b，&c);给 a 赋予 10.0，b 赋予 22.0，c 赋予 33.0，不正确的输入形式是（　　）。

A．10<回车>22<回车>　33<回车>　　B．10.0，22.0，33.0<回车>

C．10.0<回车>22.0　33.0<回车>　　D．10　22<回车> 33<回车>

（7）若 a 为 int 类型，且 a=125，执行下列语句后的输出是（　　）。

```
printf("%d,%o,%x\n",a,a+1,a+2)
```

A．125，175，7D　　B．125，176，7F

C．125，176，7D　　D．125，175，2F

（8）x、y、z 被定义为 int 型变量，若从键盘给 x、y、z 输入数据，正确的输入语句是（　　）。

A．INPUT x、y、z;　　B．scanf("%d%d%d",&x,&y,&z);

C．scanf("%d%d%d",x,y,z);　　D．read("%d%d%d",&x,&y,&z);

（9）以下程序段的输出结果是（　　）。

```
int a=1234;
printf("%2d\n", a);
```

A．12　　B．34

C．1234　　D．提示出错、无结果

（10）若有说明语句：int a，b，c，*d=&c；，则能正确从键盘读入三个整数分别赋给变量 a、b、c 的语句是（　　）。

A．scanf("%d%d%d",&a,&b,d);

B．scanf("%d%d%d",&a,&b,& d);

C．scanf("%d%d%d",a,b,d);

D．scanf("%d%d%d",a,b,*d);

2．填空题

（1）以下程序的输出结果是______。

```
void main( )
{int a=177;
 printf("%o\n",a);
}
```

（2）以下程序的输出结果是______。

```
void main( )
{int a=0;
 a+=(a=8);
 printf("%d\n",a);
}
```

（3）以下程序的输出结果是______。

```
void main( )
{int a=5, b=4, c=3, d;
 d=(a>b>c);
 printf("%d\n",d);
}
```

（4）以下程序的输出结果是______。

```
void main( )
{ int a=1, b=2;
a=a+b; b=a-b; a=a-b;
printf("%d, %d\n", a, b );
}
```

3．编程题

（1）用 scanf 函数读入华氏温度 F，用 printf 函数输出摄氏度 C。公式为 C=(F-32)*5/9。

（2）从键盘上输入两个字符串 S1 和 S2，使用库函数实现两个字符串的连接，并计算连结后字符串的长度，然后从屏幕上输出结果。

（3）从键盘输入两个双精度数赋值给变量 x 和 y，使用库函数计算并输出 x 的 y 次方的值。

第5章 C程序设计的基本结构

学习目标 理解C语言的语句分类及其使用方法；掌握顺序、选择、循环结构及其嵌套，培养良好的编程风格。

5.1 基本语句

程序是由若干条语句构成的，利用 C 语言编写程序，必须学习和掌握 C 语言各类语句的语法、要求、功能、使用方法和技巧等内容。

C 语言的语句用来向计算机系统发出操作指令，以告诉计算机系统所执行的任务。一条语句经编译后将会产生若干条机器指令。每条基本语句后面都要以“;”作为结束符。C 语言的语句分为以下 5 类。

1 表达式语句

表达式语句由一个表达式加一个分号构成。表达式能构成语句是 C 语言的一个重要特色。

格式：表达式;

功能：计算“表达式”的值。例如，

```
x=y+z+3;            //赋值语句
x+y;                //加法运算语句，计算结果不能保留，无实际意义
i++                 //自增 1 表达式
x=3                 //赋值表达式
```

2 函数调用语句

此类语句由一个函数调用加一个分号构成。

格式：函数名[实参列表];

功能：调用函数，以完成函数所规定的功能。例如，

```
printf("This is a C statement");
```

说明

“函数调用语句”属于表达式语句，因为函数调用也属于表达式的一种。

3 控制语句

控制语句用于控制程序流程，实现程序执行流程的转移。C 语言包括以下 9 种控制语句。

- if ()…else…　　　　（条件语句）

- switch （多分支选择语句）
- for()… （循环语句）
- do…while() （循环语句）
- while()… （循环语句）
- break （终止执行 switch 或循环的语句）
- continue （结束本次循环的语句）
- goto （无条件转向语句）
- return （从函数返回语句）

上述语句中的“( )”表示其中是一个判定条件，“…”表示内嵌的语句。

4 空语句

空语句仅由一个分号组成。
格式：;
功能：不执行任何操作。例如，

```
while(getchar( )!='\n'); //表示从键盘输入的字符不是回车则重新输入
for( ; ; ;)              //会形成死循环。空语句不执行任何操作，但会影响程序的运行
```

5 复合语句

复合语句是用“{ }”将两个或者两个以上的语句括起来所构成的语句。
格式：{
　　语句 1;
　　语句 2;
　　…
　　语句 *n*;
}
功能：顺次执行语句 1 到语句 *n*。例如，

```
{
   b=sqrt(64);
   a=b/100;
   printf("%d,%d",a,b);
}      //{ }中内容为复合语句，并且是顺序执行其中的各条语句
```

说明

① 在程序中，复合语句与单条语句的地位相同。
② 复合语句必须用一对“{}”括起来。
③ 复合语句中的最后一条语句后跟的分号不能省略。

5.2 顺序结构

顺序结构程序设计是最简单、最基础的一种设计，也是进行复杂程序设计的基础。顺序结构程序中的语句是按照编写时的顺序自上而下、一条接一条地执行的。

例 5.1 输入三角形的三条边长，求三角形面积。

分析：假设输入的三条边长为 *a*，*b*，*c*（且能构成三角形）。根据海伦公式，三角形的面积为 $area=\sqrt{s(s-a)(s-b)(s-c)}$，其中 $s=(a+b+c)/2$。

程序的算法描述如图 5.1 所示。

输入a、b、c
计算s
计算area
输出area

图 5.1 例 5.1 的 N-S 图

```
#include <stdio.h>
#include <math.h>
void main()
{
    float a,b,c,s,area;                          //定义程序中使用的变量
    printf("请输入 a,b,c 的值\n");               //提示信息
    scanf("%f,%f,%f",&a,&b,&c);                  //输入 a,b,c 的具体值
    s=1.0/2*(a+b+c);                             //计算 s 的值
    area=sqrt(s*(s-a)*(s-b)*(s-c));              //计算三角形的面积
    printf("a=%7.2f,b=%7.2f,c=%7.2f,s =%7.2f\n",a,b,c,s);
    printf("area=%7.2f\n",area);                 //输出面积的值
}
```

说明

三角形的三条边均定义为float型，故第7行语句应用“s=1.0/2*(a+b+c);”而不能用“s=1/2*(a+b+c);”。

例 5.2 将小写字母转换为相应的大写字母。

分析：假设输入 3 个小写字母，输出其对应的 ASCII 码和大写字母。经查阅 ASCII 码表可以发现，小写字母和大写字母的 ASCII 码相差 32。

程序的算法描述如图 5.2 所示。

输入要转换的小写字母
将输入的值减去 32
输出转换后的大写字母

图 5.2 例 5.2 的 N-S 图

```
#include <stdio.h>
void main()
{
    char a,b,c;
    printf("请输入三个小写字母:");
    scanf("%c %c %c",&a,&b,&c);
    printf("转换前的小写字母为:%c,%c,%c\n",a,b,c);
    a=a-32;
    b=b-32;
    c=c-32;
    printf("转换后的大写字母为:%c,%c,%c\n",a,b,c);
}
```

5.3 选择结构

用顺序结构只能解决一些简单的问题。但往往会遇到要求计算机进行判断的情况（即给出一个条件，让计算机判断是否满足条件，并按照不同的情况进行处理），这种问题属于选择结构。选择结构程序设计的关键在于构造合适的条件和程序流程，根据不同的程序流程选择适当的分支语句。C语言提供了“if 语句”和“switch语句”两种选择结构控制语句。

5.3.1　if 语句

if 语句用于判定所给定的条件是否满足，程序根据判定的结果决定所执行的操作。

1　if 语句的三种形式

格式 1：

if (表达式)

语句

功能：如果"表达式"为真，则执行其后的"语句"，否则不执行语句。N-S 图如图 5.3 所示。例如：

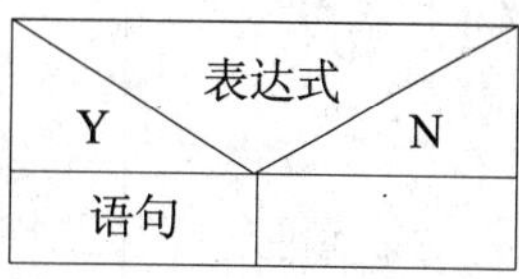

图 5.3　if 语句的 N-S 图

```
if (a<b)  min=a;
```

格式 2：

if (表达式)

　　语句 1

else

　　语句 2

功能：如果"表达式"为真，则执行"语句 1"；否则执行"语句 2"。N-S 图如图 5.4 所示。例如，取 a、b 中的较小者，则语句如下。

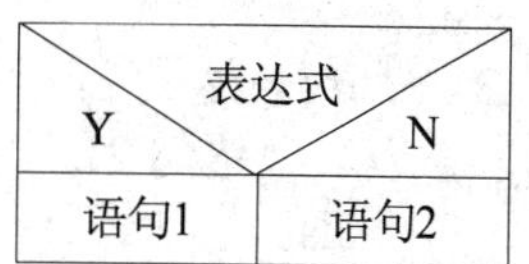

图 5.4　if...else 语句的 N-S 图

```
if (a<b)
   min=a;
else
   min=b;
```

2　if 语句的嵌套

如果 if 语句中的执行语句又是一个 if 语句，就构成了 if 语句的嵌套情形。

格式 1：嵌套在 if 子句中

if (表达式 1)

　　if (表达式 2)

　　　　…

　　　　if (表达式 *n*)

　　　　　　语句 *n*1

　　　　else

　　　　　　语句 *n*2

　　　　…

　　else

　　　　语句 22

　　else

　　　　语句 12

功能：依次判断表达式的值，如果所有的表达式均为真，则执行最内层的 if 语句。当出现某个值为假时，则执行与本 if 语句对应的 else 语句，然后跳到整个 if 语句之外继续执行程序。N-S 图如图 5.5 所示。

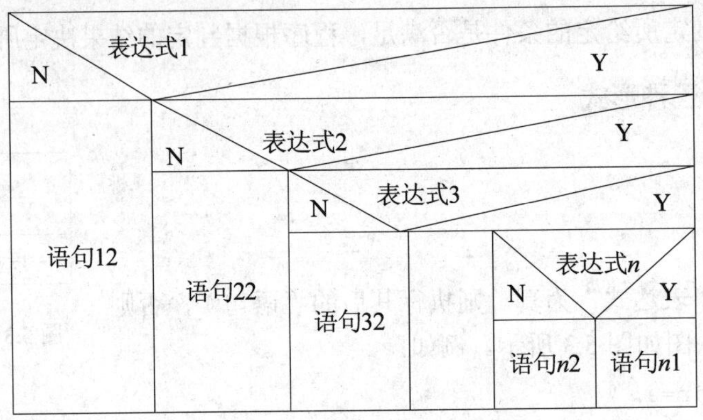

图 5.5　嵌套在 if 子句中的 N-S 图

格式 2：嵌套在 else 子句中

```
if (表达式 1)
    语句 11
else
    if (表达式 2)
        语句 21
    else
        …
        if (表达式 n)
            语句 n1
        else
            语句 n2
```

功能：依次判断表达式的值，当出现某个值为真时，则执行对应语句，然后跳到整个 if 语句之外继续执行程序。如果所有的表达式均为假，则执行语句 *n*2。然后继续执行后续程序。N-S 图如图 5.6 所示。

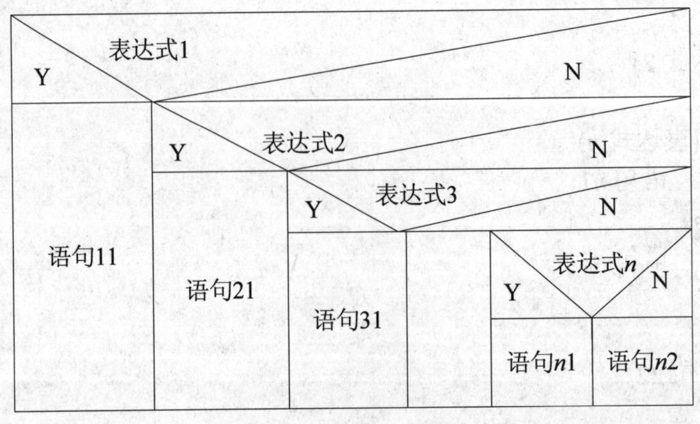

图 5.6　嵌套在 else 子句中的 N-S 图

例 5.3　根据员工考核成绩分出优秀、良好、中等、及格和不及格。

程序的算法描述如图 5.7 所示。

```
#include <stdio.h>
void main()
{
    int  g;
    printf("请输入考核成绩 g:");
    scanf("%d",&g);
    if(g>=90) printf("优秀\n");
    else if(g>=80) printf("良好\n");
    else if(g>=70) printf("中等\n");
    else if(g>=60) printf("及格\n");
    else printf("不及格\n");
}
```

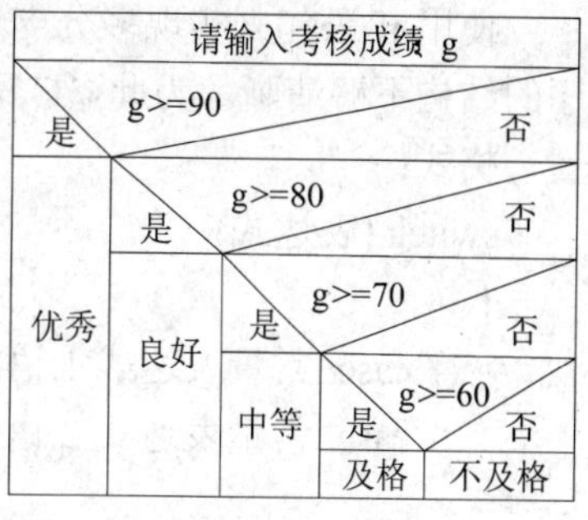

图 5.7　例 5.3 的 N-S 图

说明

通常情况下人们也使用混合嵌套的 if 语句来构成多重嵌套。

例 5.4　输入三角形的三条边 *a*、*b*、*c*，判断它们是否能构成三角形，若能构成三角形，则进一步判断此三角形的类型（等边三角形、等腰三角形、直角三角形或一般三角形）。

分析：作为三角形的三条边，其任意两边之和都应大于第三边，为了判断输入的三条边 *a*、*b*、*c* 能否构成三角形，只需判断表达式 $a+b>c$、$a+c>b$ 和 $b+c>a$ 是否同时满足即可。然后再在三角形的基础上判断三角形的类型。

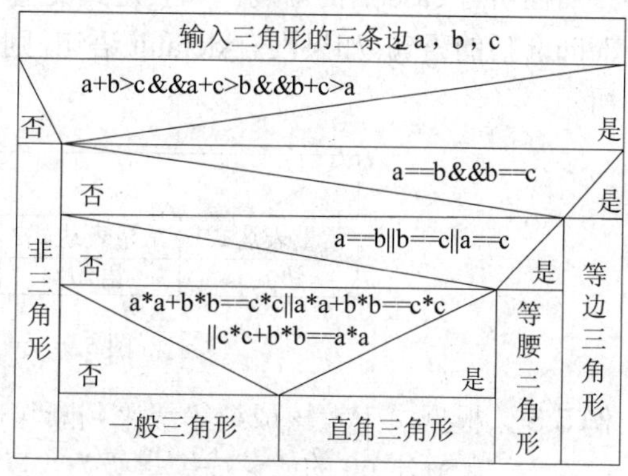

图 5.8　例 5.4 的 N-S 图

程序的算法描述如图 5.8 所示。

```
#include <stdio.h>
void main()
{
    int a,b,c;
    scanf("%d%d%d",&a,&b,&c);
    printf("边长 a=%d,b=%d,c=%d\n",a,b,c);
    if(a+b>c&&a+c>b&&b+c>a)          //判断能否构成三角形
     if(a==b&&b==c)                  //判断是否为等边三角形
       printf("等边三角形");
     else if(a==b||b==c||a==c)       //判断是否为等腰三角形
       printf("等腰三角形");
     else if((a*a+b*b==c*c)||(a*a+c*c==b*b)||(c*c+b*b==a*a))
                                     //判断是否为直角三角形
       printf("直角三角形");
       else  printf("一般三角形");
      else printf("不是三角形");
}
```

5.3.2 switch 语句

使用 if 语句来实现多分支选择结构，需要使用 if 语句的嵌套结构，但这种结构使得程序的结构不够清晰。为此，C 语言提供了一个专门的多分支选择的语句：switch 语句。

格式：

```
switch (表达式)
{
    case 常量表达式 1:语句 1
    case 常量表达式 2:语句 2
    …
    case 常量表达式 n:语句 n
    default: 语句 n+1
}
```

功能：计算“表达式”的值，并逐个与其后的“常量表达式”进行比较。当“表达式”的值与某个“常量表达式”的值相等时，将执行其后的语句，然后不再进行判断，继续执行后面所有 case 后的语句。如表达式的值与所有 case 后的常量表达式均不相同时，则执行 default 后的语句。如果没有 default 语句，则直接执行 switch 语句后面的语句。N-S 图如图 5.9 所示。

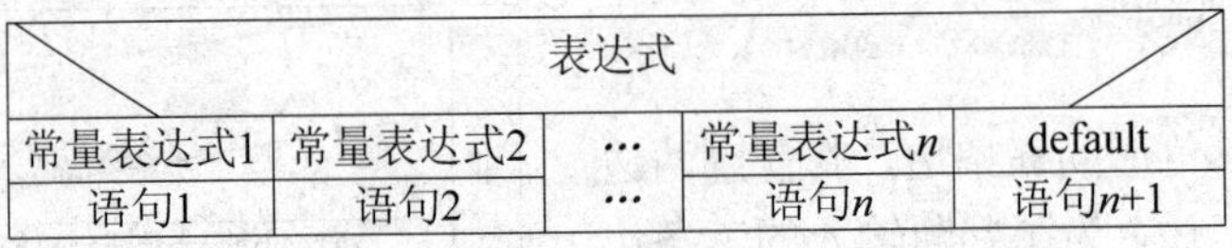

表达式				
常量表达式1	常量表达式2	…	常量表达式n	default
语句1	语句2	…	语句n	语句n+1

图 5.9 switch 语句的 N-S 图

例 5.5 根据员工考核成绩等级来判断相应等级，若等级为“A、B、C”则表示成绩是大于等于 60 的；若成绩等级为“D”则表示成绩是小于 60 的。

```
#include <stdio.h>
void main()
{ char mark;
  scanf("%c",&mark);
  switch (mark)
  {
    case 'A':
    case 'B':
    case 'C': printf(">=60\n");break;
    case 'D': printf("<60\n");break;

    default: printf("error\n");
  }
}
```

说明

① 在 switch 语句中，“case 常量表达式”相当于一个语句标号，表达式的值和某标号相等则转向该标号执行，但不能在执行完该标号的语句后自动跳出整个 switch 语句，所以

会出现继续执行后面 case 语句的情况。为此，一般加“break”语句退出 switch 语句。

② 在 case 后是常量表达式并且其值不能相同，一定不要试图使用条件表达式或者逻辑表达式,否则会出现错误。

③ 在 case 后，允许有多个语句，可以不用“{}”括起来。

④ 调换各个 case 和 default 子句的先后顺序，不会影响程序的执行结果。

⑤ default 子句可以省略，此时当表达式的值与所有 case 后的常量表达式的值都不同时，退出 switch 语句，继续执行后续程序。

⑥ switch 后面括号中的“表达式”只能是整型、字符型、枚举类型，case 后的“常量表达式”的类型必须与之匹配。

例 5.6　计算器程序。从键盘接收两个运算数和一个四则运算符，计算并输出结果。

程序的算法描述如图 5.10 所示。

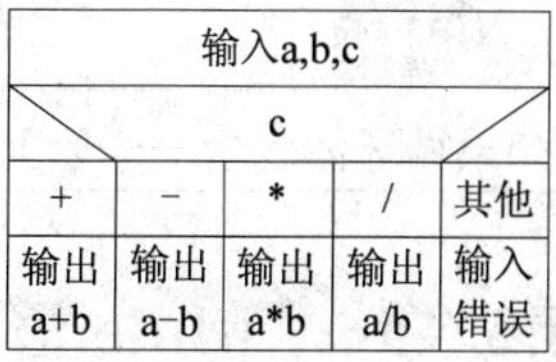

```
#include <stdio.h>
void main()
{
    float a,b;
    char c;
    printf("input expression: a+(-,*,/)b \n");
    scanf("%f%c%f",&a,&c,&b);
    switch(c)
    {
    case '+':
        printf("%f\n",a+b);break;    //如果是'+'则执行加运算
    case '-':
        printf("%f\n",a-b);break;    //如果是'-'则执行减运算
    case '*':
        printf("%f\n",a*b); break;   //如果是'*'则执行乘运算
    case '/':
        printf("%f\n",a/b); break;   //如果是'/'则执行除运算
    default:
        printf("input error\n");     //否则输入的字符 c 不是(+,-,*,/)
    }
}
```

输入a,b,c				
c				
+	−	*	/	其他
输出a+b	输出a−b	输出a*b	输出a/b	输入错误

图 5.10　例 5.6 的 N-S 图

5.4　循环结构

在给定条件成立时，反复执行某个程序段，直到条件不成立为止，这就是循环结构（也称为重复结构）。在循环结构中给定的条件称为循环条件，反复执行的程序段称为循环体，在循环中用于控制循环执行次数的变量称为循环变量。C语言提供了4种循环控制语句。

5.4.1　while 语句

格式： while (表达式)
　　语句

功能：当表达式的值为真时，执行循环体。其中，“表达式”是循环条件，“语句”为循环体。N-S 图如图 5.11 所示。

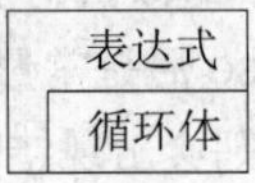

表达式
循环体

图 5.11　while 语句的 N-S 图

例 5.7　统计从键盘上输入的一行字符的个数。

代码如下：

```
#include<stdio.h>
void main()
{
    int n=0;
    printf("请输入一串字符:\n");
    while (getchar()!='\n')n++;   //循环条件为 getchar()!='\n',循环体为 n++
    printf("输入字符的总个数为: %d",n);
}
```

说明

如果循环体包含一个以上的语句，必须用“{}”括起来构成复合语句。

5.4.2　do…while 语句

格式：do {

　　　　语句

　　}while(表达式);

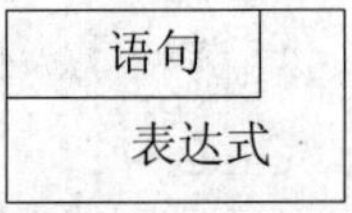

功能：先执行一次循环体中的“语句”，再判别“表达式”的值，如果为真则继续执行循环体，否则终止循环。N-S 图如图 5.12 所示。

语句
表达式

图 5.12　do…while 语句的 N-S 图

例 5.8　要求用户输入一系列整数，并求出所有偶数的和，直到输入 0 为止。

程序的算法描述如图 5.13 所示。

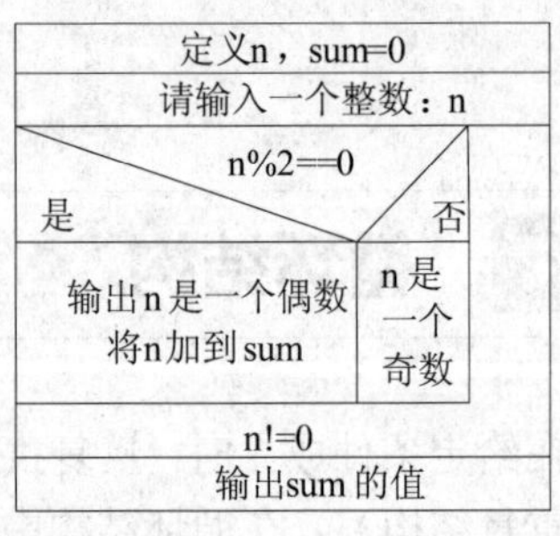

图 5.13　例 5.8 的 N-S 图

```
#include <stdio.h>
void main()
{
    int sum=0,n;
    do
    {
        printf("请输入一个整数");
        scanf("%d",&n);
        if (n%2==0)          //判断是否是偶数,若是则
                               输出,并进行累加
        {
            printf("n=%d 是一个偶数! \n",n);
            sum+=n;
        }
        else printf("n=%d 是一个奇数!\n",n);
    }while(n!=0);            //直到用户输入 0 结束
    printf("输入数据中所有偶数的和为: %d",sum);
}
```

说明

① do…while 语句的“表达式”后必须加分号。
② 如果循环体由多个语句组成，必须由“{}”括起来，组成一个复合语句。

5.4.3　for 语句

格式：

for (表达式 1;表达式 2;表达式 3)
　　语句

功能：① 首先计算表达式 1 的值；
　　　② 再计算表达式 2 的值，若值为真，则执行一次循环体，否则跳出循环；
　　　③ 计算表达式 3 的值，转回第②步重复执行。

说明

N-S图如图5.14所示，为了便于理解，常用图5.14（b）所示的形式表示。

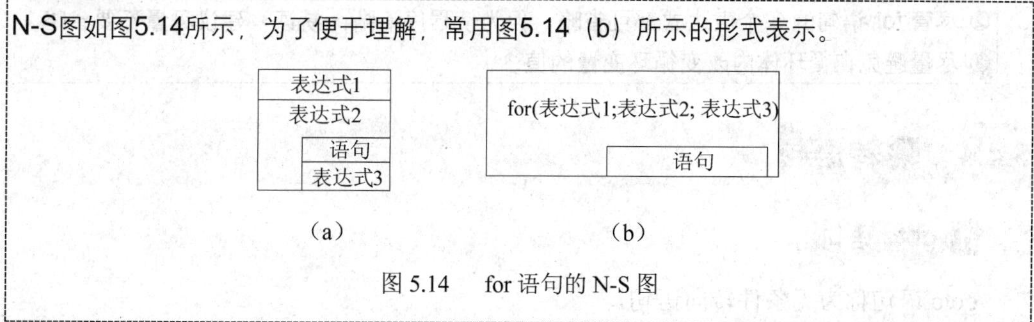

（a）　　（b）

图 5.14　for 语句的 N-S 图

例 5.9　用 for 语句计算 1 到 100 的和。

程序的算法描述如图 5.15 所示。代码如下：

```
#include <stdio.h>
void main()
{
    int sum=0,i;
    for (i=1;i<=100;i++)
        sum+=i;
    printf("sum=%d\n",sum);
}
```

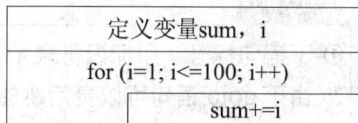

定义变量sum，i
for (i=1; i<=100; i++)
sum+=i

图 5.15　例 5.9 的 N-S 图

说明

① for 语句的各个表达式均可省略，但是分号不可缺少。以 5.9 程序为例，我们分 3 种情况讨论。

- 如果循环变量已经在 for 语句前赋初始值，那么“表达式 1”可以省略。例如，

```
int sum=0,i=1;
for (;i<=100;i++)//在 for 循环之前已经给循环变量 i 赋初值,所以可以省略表达式 1
sum+=i;
printf("sum=%d",sum);
```

- 如果省略“表达式 2”，会构成死循环。此时一般在循环体中加入 if（条件）break 语句来退出循环。例如，

```
int sum=0,i;
for (i=1;;i++)
{
    sum+=i;
    if (i==100) break;     //省略表达式 2,但是要在循环体中设置退出循环的条件
}
printf("sum=%d",sum);
```

- 若省略“表达式 3”，应在循环体中修改循环变量，以保证循环能正常结束。例如，

```
int sum=0,i;
for (i=1;i<=100;)
{
    sum+=i;
    i++;                        //省略表达式 3,需要在循环体中改变循环变量的值
}
printf("sum=%d",sum);
```

② 尽管 for 语句的 3 个表达式都可省略，但为使程序清晰、易读，建议尽量不要省略。
③ 尽量避免在循环体内改变循环变量的值。

5.4.4 跳转语句

1 goto 语句

goto 语句称为无条件转向语句。

格式： goto 语句标号;

功能： 无条件转移到“语句标号”指定的代码行执行。例如，

```
goto  label;
```

说明

① “语句标号”用标识符表示，其命名规则与变量名的命名规则相同。
② 由于 goto 语句可以灵活跳转，如果不加限制，会破坏结构化程序设计风格，而且经常带来错误或隐患，所以尽量不用 goto 语句。

2 break 语句

在 switch 语句中，我们已经使用了 break 语句，它可以使流程跳出 switch 结构，继续执行 switch 语句后的语句。除此之外，break 语句还可以用于从循环体内跳出，迫使所在循环立即终止，继续执行循环体后面的语句。例如，

```
while (表达式 1)
{
    语句 1
    if (表达式 2)
        break;          //如果表达式 2 成立,则退出 while 循环，不再执行语句 2
```

```
    语句 2
}
```

说明

① 在循环语句中，break 语句一般与 if 语句一起使用。
② break 语句不能用于循环语句和 switch 语句之外的其他任何语句之中。

例 5.10 计算半径 r=1 到 r=20 的圆面积，直到圆面积大于 200 为止。

程序算法描述如图 5.16 所示。

```
#define PI 3.1415926
#include <stdio.h>
void main()
{
    float area;
    int r;
    for (r=1;r<=20;r++)
    {
       area=PI*r*r;
       if (area>200)
          break;      //若面积大于 200 则退出整个循环
       printf("半径 r=%d，则面积=%.2f\n",r,area);
    }
}
```

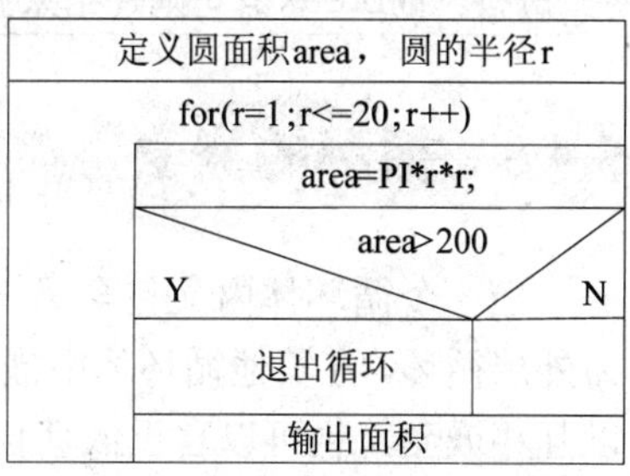

图 5.16 例 5.10 的 N-S 图

3 continue 语句

continue 语句是跳过循环体中剩余的语句而强制执行下一次循环，（即结束本次循环，跳过循环体中下面尚未执行的语句，接着进行下一次是否执行循环的判定）。例如，

```
while(表达式 1)
{
    语句 1
    if(表达式 2)  continue;
    语句 2
}
```

如果“表达式 2”的值为真，则“语句 2”不执行，直接判断“表达式 1”，进行下一次循环的判断。

说明

continue 语句只能用在循环语句中，一般都是与 if 语句一起使用。

例 5.11 输出 100 以内能被 7 整除的数。

程序的算法描述如图 5.17 所示。

```
#include <stdio.h>
void main()
{
    int n;
    for( n=7; n<=100; n++)
    {
```

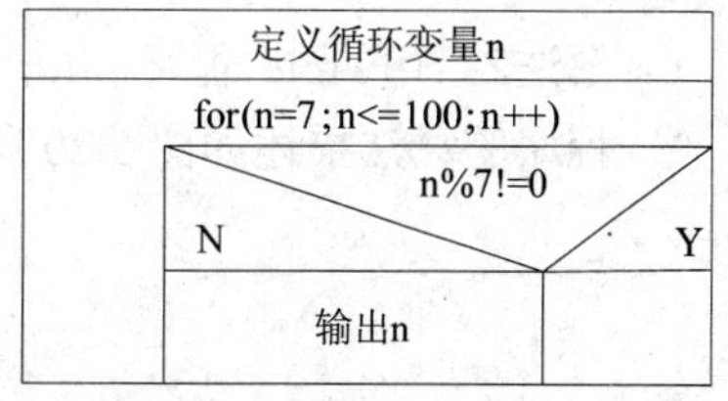

图 5.17 例 5.11 的 N-S 图

```
        if (n%7!=0)
            continue;      //如果不能被 7 整除,则进行下次循环
        printf("%d",n);
    }
}
```

说明

continue语句和break语句的区别是：continue语句只结束本次循环，而不是终止整个循环的执行；而break语句则是结束整个循环，不再进行条件判断。

5.4.5 循环的嵌套

当一个循环体内又包含另一个完整的循环时称为循环嵌套。其中嵌套其他循环体的称为外层循环，在其他循环体中嵌套的循环称为内层循环。C 语言提供的三种循环控制语句可以互相嵌套，也可以自己嵌套自己。

例 5.12 编程输出如图 5.18 形式的图形。

分析：根据图形的结构看出：每一行均有输出，共要输出 7 行，所以我们需要使用两层循环来实现。外层循环来控制输出的行数，内层循环控制每行输出的“空格数”和“*”个数。

```
   *
  ***
 *****
*******
 *****
  ***
   *
```

图 5.18 例 5.12 的图形

解法 1：用两层 for 循环实现

程序的算法描述如图 5.19 所示。

```
#include <stdio.h>
void main()
{ int   i,j,k;
  for(i=1;i<=4;i++)             //输出前 4 行
    {for(j=1;j<=4-i;j++)        //控制输出每一行的空格数
        printf(" ");
    for(k=1;k<=2*i-1;k++)       //控制输出每一行的*个数
        printf("*");
    printf("\n");
    }
    for(i=3;i>=1;i--)           //输出后 3 行
    {for(j=1;j<=4-i;j++)        //控制输出每一行的空格数
        printf(" ");
    for(k=1;k<=2*i-1;k++)       //控制输出每一行的*个数
        printf("*");
    printf("\n");
    }
}
```

解法2：用while 循环和for 循环共同实现

程序的算法描述如图 5.20 所示。

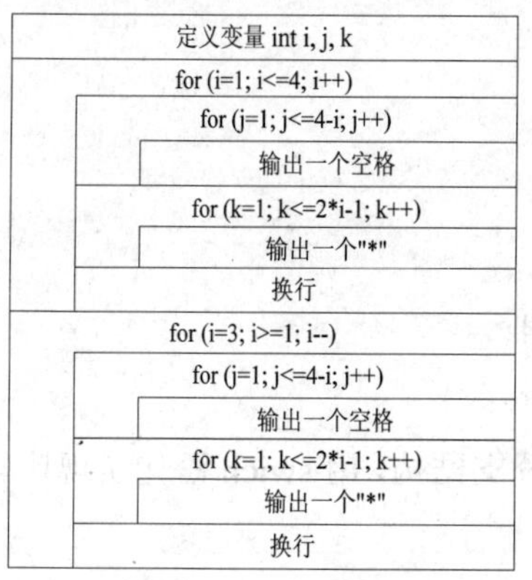

图 5.19　例 5.12 解法 1 的 N-S 图

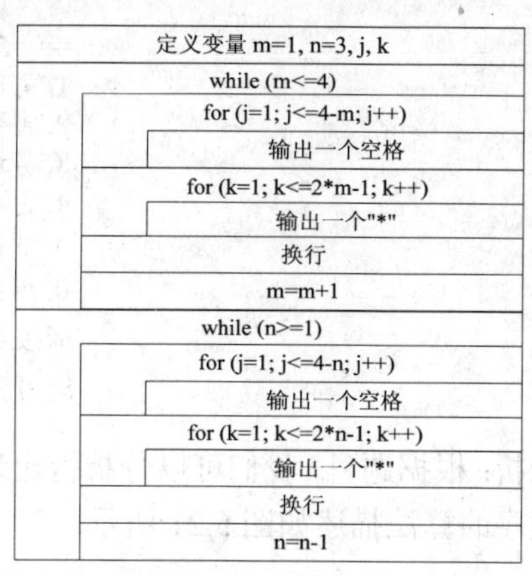

定义变量 m=1, n=3, j, k
while (m<=4)
for (j=1; j<=4-m; j++)
输出一个空格
for (k=1; k<=2*m-1; k++)
输出一个"*"
换行
m=m+1
while (n>=1)
for (j=1; j<=4-n; j++)
输出一个空格
for (k=1; k<=2*n-1; k++)
输出一个"*"
换行
n=n-1

图 5.20　例 5.12 解法 2 的 N-S 图

```
#include <stdio.h>
void main()
{
    int  m=1,n=3,j,k;
    while(m<=4)                        //输出前 4 行
    {
        for(j=1;j<=4-m;j++)            //输出每一行的空格数
            printf(" ");
        for(k=1;k<=2*m-1;k++)          //输出每一行的*数
            printf("*");
        printf("\n");
        m++;
    }
    while(n>=1)                        //输出后 3 行
    {  for(j=1;j<=4-n;j++)             //输出每一行的空格数
          printf(" ");
      for(k=1;k<=2*n-1;k++)            //输出每一行的*个数
          printf("*");
      printf("\n");
      n--;
    }
}
```

5.5 应用举例

C 语言提供了顺序、分支和循环三种控制结构，在遇到一个问题时，应当使用哪一种呢？在很多情况下，需要多种控制结构结合来实现。但需要特别注意的是：在一个大型软件开发过程中，程序的执行效率也是衡量程序质量的一个重要指标，所以读者在保证程序正确性的同时，应尽可能提高程序执行效率。

例 5.13　模拟自动饮料机。按屏幕所提示的功能，输入所选择的合法数字，输出可获得的相应饮料名称。

屏幕的输出为：

```
====自动饮料机====
1.可口可乐
2.雪碧
3.芬达
4.百事可乐
5.非常可乐
0.退出
请按 1 到 5 选择饮料:
您可获得一听:
```

分析：根据题目，我们可以分析得出这是一个多分支结构，用 swich 语句实现比较合适。程序的算法描述如图 5.21 所示。

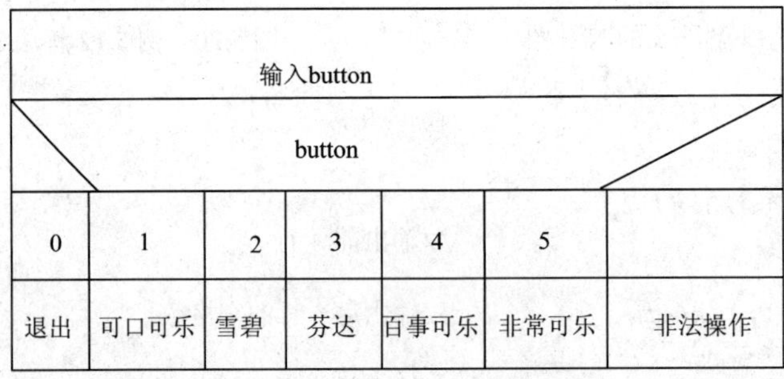

图 5.21　例 5.13 的 N-S 图

```
#include <stdio.h>
void main()
{
    int button;
    printf(" ===自动饮料机===\n");
    printf(" 1.可口可乐\n");
    printf(" 2.雪碧\n");
    printf(" 3.芬达\n");
    printf(" 4.百事可乐\n");
    printf(" 5.非常可乐\n");
    printf(" 0.退出\n");
    printf(" 请按 1 到 5 选择饮料:\n");
    scanf("%d",&button);
    switch(button)
    {
        case 1:printf("\n 您可获得一听可口可乐\n");break;
        case 2:printf("\n 您可获得一听雪碧\n");break;
        case 3:printf("\n 您可获得一听芬达\n");break;
        case 4:printf("\n 您可获得一听百事可乐\n");break;
        case 5:printf("\n 您可获得一听非常可乐\n");break;
        case 0:printf("\n 退出, 谢谢光临\n");break;
        default:printf("\n 非法操作,请重新选择\n");break;
    }
}
```

例 5.14　输出九九乘法表。

分析：九九乘法表的基本输出形式有 4 种(◣◢◥◤)。

（1）假设要输出“◣”形式的九九乘法表，则需要用两层 for 循环。其中，外层循环控制输出的行数，内层循环控制每行输出的表达式。

程序的算法描述如图 5.22 所示。

```
#include <stdio.h>
void main( )
{
    int  i,j;
    for(i=1;i<=9;i++)
    {
        for(j=1;j<=i;j++)
        printf("%d*%d=%-3d",i,j,i*j);
        printf("\n");
    }
}
```

（2）假设要输出“◥”形式的九九乘法表，同样需要用两层 for 循环，其中外层循环控制输出的行数，内层循环控制每行输出的表达式。

程序的算法描述如图 5.23 所示。

```
#include <stdio.h>
void main( )
{
    int  i,j;
    for(i=9;i>0;i--)
    {
        for(j=9;j>i;j--)
        printf("%7c",' ');
        for(j=1;j<=i;j++)
        printf("%d*%d=%-3d",i,j,i*j);
        printf("\n");
    }
}
```

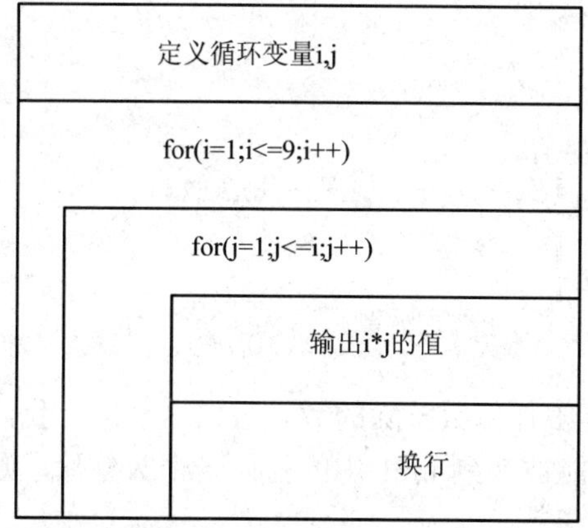

图 5.22　例 5.14（1）的 N-S 图

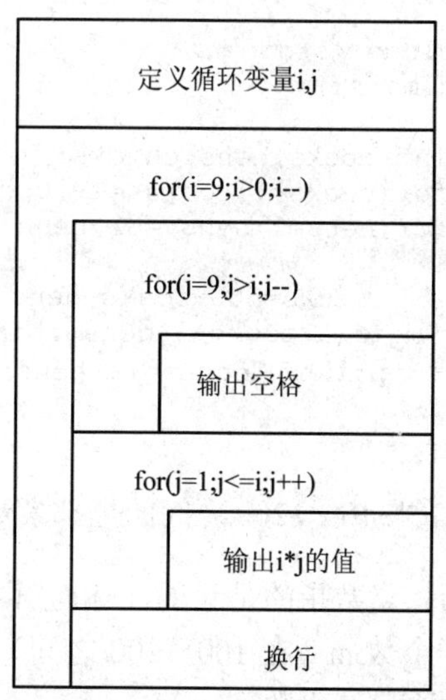

图 5.23　例 5.14（2）的 N-S 图

例 5.15 假设公鸡 5 元一只，母鸡 3 元一只，小鸡 1 元三只，要求用 100 元钱买 100 只鸡；请列出所有购买的方法，要求每种鸡至少有一只。

分析：这是一个典型的不定方程问题。假设 cocks 代表公鸡数，hens 代表母鸡数，chicks 代表小鸡数，则有不定解方程组：

$$\begin{cases} cocks+hens+chicks=100 \\ 5*cocks+3*hens+chicks/3=100 \end{cases}$$

根据上述不定解方程组，可以得到这 3 个变量的取值条件：cocks 取 1 到 19 之间的整数；Hens 取 1 到 33 之间的整数；chicks 取 1 到 100 之间的整数。所以，这是一个循环结构，用 for 循环的嵌套较为合适。

程序的算法描述如图 5.24 所示。

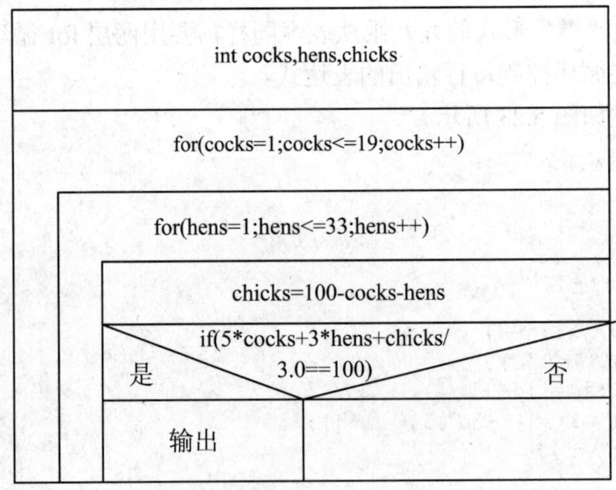

图 5.24 例 5.15 的 N-S 图

```
#include <stdio.h>
void main()
{
   int cocks,hens,chicks;
   for(cocks=1;cocks<=19;cocks++)
   for(hens=1;hens<=33;hens++)
   {
      chicks=100-cocks-hens;
      if(5*cocks+3*hens+chicks/3.0==100)
      printf("cocks=%d,hens=%d,chicks=%d\n",cocks,hens,chicks);
   }
}
```

例 5.16 求 100～200 之间的全部素数。

分析：素数指的是除了 1 和它本身之外不能被任何数整除的数。根据这一点，我们可以假设一个数 m（在 100～200 之间），如果 m 能被 2 到 m-1 中的任何一个数整除，则不是素数，否则是素数。

程序的算法描述如图 5.25 所示。

```
#include <stdio.h>
void main()
```

```
{
    int m,k,i,n=0;
    for(m=101;m<=200;m=m+2)
    {
        k=m-1;
        for(i=2;i<=k;i++)
        if(m%i==0)break;
        if(i>=k+1)
        {
            printf("%d,",m);
            n=n+1;
        }
        if(n%5==0)printf("\n");
    }
    printf("\n");
}
```

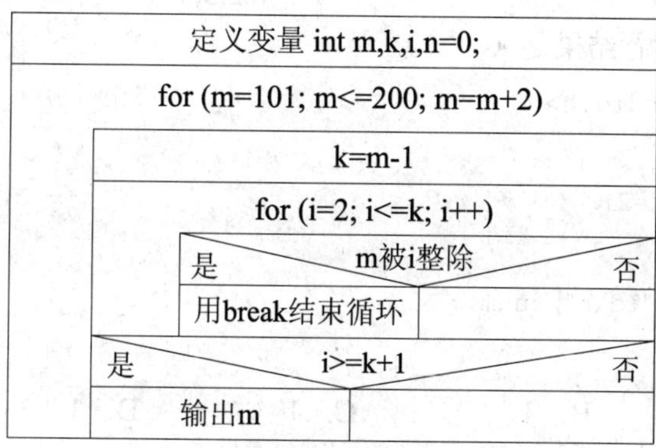

图 5.25　例 5.16 的 N-S 图

5.6　练习题

1. 选择题

（1）根据如下程序段，下面描述中正确的是（　　）。

```
int  k=10;
while  (k=0)  k= k-1;
```

A．while 循环执行 10 次　　B．循环是无限循环

C．循环体语句一次也不执行　　D．循环体语句执行一次

（2）下面程序段的运行结果是（　　）。

```
int   n=0;
while(n++<=2);
printf("%d",n);
```

A．2　　B．3

C．4　　D．有语法错

（3）下面程序的运行结果是（　　）。

```
#include <stdio.h>
void main()
{
    int a=0,b=0,c=0,i;
    for(i=0;i<4;i++)
    switch(i)
      {
        case 0: a=i++;
        case 1: b=i++;
        case 2: c=i++;
        case 3: i++;
      }
    printf("%d,%d,%d,%d\n",a,b,c,i);
}
```

A. 0,1,3,4　　　　B. 1,2,3,4

C. 0,1,2,5　　　　D. 0,2,3,4

（4）下面程序的运行结果是（　　）。

```
#include <stdio.h>
void main()
{ int  num=0;
  while(num<=2)
  {
    num++;
    printf ("%d\n", num);
  }
}
```

A. 1
2
3
4　　B. 1
2
3　　C. 1
2　　D. 1

2. 填空题

（1）下面程序的功能是_____。

```
#include <stdio.h>
void main()
{
    int n;
    for(n=100;n<=200;n++)
    {
        if(n%3==0) continue;
        printf("%d ",n);
    }
}
```

（2）下面程序的功能是输出以下形式的金字塔图案，请补充完整。

```
   *
  ***
 *****
*******
```

```
#include <stdio.h>
void main()
{
    int i,j;
    for (i=1;i<=4;i++)
    {
        for (j=1;j<=____;j++)
            printf(" ");
```

```
        for (j=1;j<=____;j++)
            printf("*");
        printf("\n");
    }
}
```

（3）下面程序执行后的结果是_____。

```
#include <stdio.h>
void main()
{
    int a=1,b=0;
    switch(a)
    {
       case 1 :
         switch(b)
         {
            case 0 :printf("**0**");break;
            case 1 :printf("**1**");break;
         }
      case 2 : printf("**2**");break;
    }
}
```

（4）如果 a=1,b=3,c=5,d=4，则下面程序执行后 x 的结果是_____。

```
#include <stdio.h>
void main()
{
    if(a<b)
       if(c<d) x=1;
       else if(a<c)
             if(b<d)  x=2;
                  else  x=3;
                  else  x=6;
                  else  x=7;
}
```

3．简答题

（1）C 语言的语句都有哪些种类？

（2）描述 break 语句和 contnue 语句的功能及区别。

4．编程题

（1）假设某个超市为了招揽顾客，规定按照客户购物的额度给用户一定的优惠。规定为如下。

① 购物款大于 500 并且小于等于 1000 的，购物为九五折。

② 购物款大于 1000 并且小于等于 1500 的，购物为九折。

③ 购物款大于 1500 并且小于等于 2000 的，购物为八五折。

④ 购物款超过 2000 的，购物为八折。

请设计一个程序，根据某客户购物的额度，计算他应付的钱数。

（2）从键盘输入 100 个字符，分别统计其中的大写字母，小写字母，数字字符或是其他字符各有多少个？

（3）根据例 5.14，请编程输出“◢”和“◤”形式的九九乘法表。

（4）某厂对产品进行分级，产品性能在 90 分以上，则该产品定为 A 级产品；性能在 80 到 89 分之间，该产品定为 B 级产品；性能在 60 到 79 之间，该产品定为 C 级产品；性能在 60 分以下，该产品定为 D 级产品。编写一程序，实现对该厂产品的分级评定。

（5）从键盘输入一批字符（以@结束），按要求加密并输出。加密规则如下。

① 所有字母均转换为小写。

② 若是字母 a 到 y，则转化为下一个字母。

③ 若是 z，则转化为 a。

④ 其他字符，保持不变。

（6）对于分段函数：

$$f(x)=\begin{cases} x & x \leqslant 5 \\ x^2+6 & 5<x<10 \\ \sqrt{x}-x-1 & x \geqslant 10 \end{cases}$$

设计一个程序，对于输入的 x 值求 $f(x)$，要求程序用 switch 语句实现。

第6章 数　组

学习目标　掌握数组的概念及其在内存中的存储结构；熟练掌握一维数组、二维数组、字符数组的定义、初始化和使用方法；理解字符串与字符数组的区别和联系；熟练使用数组编程解决实际问题。

在实际应用中，经常需要对批量数据进行处理，如对一组数据进行排序、求平均值，在一组数据中查找某一个数值，矩阵运算等。

为解决上述问题，C语言引入了一种构造数据类型——数组。借助数组，可以用名字相同、下标不同的若干变量表示同种类型的大批数据，例如，可以用pay[1]表示第1位教师的工资，pay[2]表示第二位教师的工资，依次类推。

6.1　一维数组

6.1.1　一维数组的定义

格式：类型说明符 数组名[常量表达式]

功能：定义一维数组。

说明

① “类型说明符”声明一维数组元素的类型。

② 数组名必须为合法的标识符。

③ “常量表达式”声明一维数组的长度，常量表达式用方括弧括起来，不能用圆括弧“()”。例如，

```
int  a[10];                    /*定义了一个含10个整型元素的数组a */
float b[20];                   /*定义了一个含20个实型元素的数组b */
```

④ 相同类型的数组、变量可以共用一个类型说明符说明，它们之间用逗号隔开。例如，

```
int a[10] ,n;                  /*定义了具有10个元素的整型数组a和一个整型变量n*/
```

⑤ 若某一维数组有n个元素，则该数组下标的下界始终为0，上界是n-1。例如，一维数组“float a[3]”中的第一个元素为a[0]，最后一个元素为a[2]。

⑥ 数组长度必须是常量表达式（常量或符号常量），其值必须为正，不能为变量。例如，

```
#define N 5;  int a[N];   /*定义了一个含有5个整型元素的数组a*/
```

但如果使用下面的定义过程

```
int n=5;  int a[n];
```

则是错误的。

6.1.2　一维数组的存储

一维数组的各个元素按顺序存储在一片连续的内存存储单元中。数组名是一个地址常量，其值为数组存储区域的起始地址。例如，一维数组“float a[10]”，该数组每个元素在内存中占 4 个字节，假设数组的起始地址为 1001，则该一维数组在内存中的存储情况如图 6.1 所示。

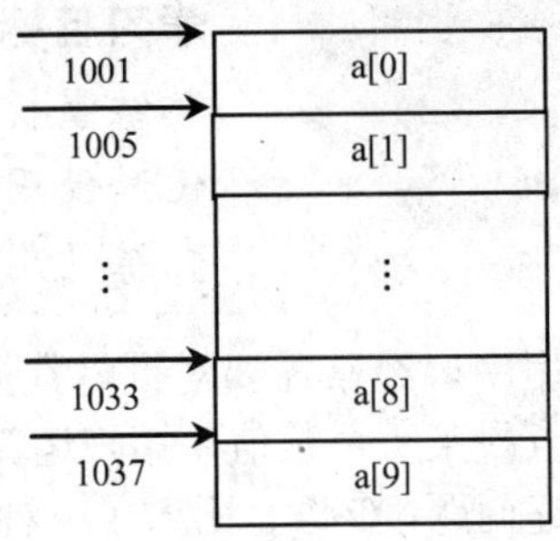

图 6.1　一维数组 a 的存储结构

6.1.3　一维数组元素的引用

格式：数组名[下标]

功能：引用指定下标的数组元素。

说明

① “下标”应为整型数据，若为浮点数，则系统将自动取整。

② 数组同变量一样，必须先定义后引用。

③ 数组元素可以看作是同一个类型的单个变量，因此对变量可以进行的操作同样适用于数组元素。也就是数组元素可以像与之类型相同的变量一样使用。

④ 因为 C 编译系统不对数组下标进行检查，所以引用数组元素时，下标不能越界，否则结果难以预料。例如，

```
int a[10];
int i,sum=0;
for(i=0;i<10;i++) scanf("%d",&a[i]);//i 的取值应为 0≤i<10
for(i=0;i<10;i++) sum+=a[i];        //i 的取值应为 0≤i<10
printf("the sum is: %d\n",sum);
```

例 6.1　读入某学校 20 位教师的工资，然后进行公布。

程序的算法描述如图 6.2 所示，代码如下：

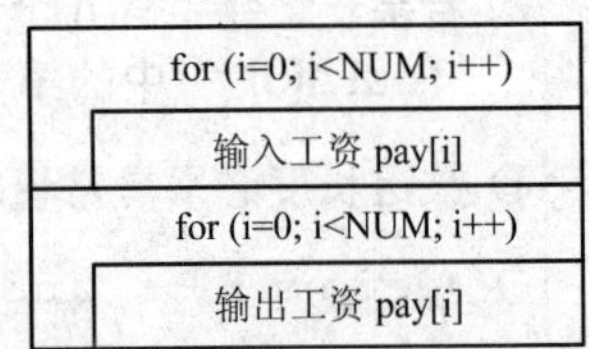

图 6.2　例 6.1 主函数 N-S 图

```
#define NUM 20     /*使用符号常量定义教师人数可以方便人
数变化*/
void main()
{
   int i,pay[NUM];
   /*依次读入 20 位教师的工资*/
   for (i=0;i<NUM;i++)
  {
     printf("请输入第%d 位教师的工资:",i+1);
     scanf("%d",&pay[i]);
```

```
    }
    /*公布20位教师的工资*/
    printf("\n教师工资公布如下:\n");
    for (i=0;i<NUM;i++)
    {
        printf("第%d位教师的工资为:%5d\n ",i+1,pay[i]);
        if ((i+1)%5==0) printf("\n");//每输出5人工资换一次行
    }
}
```

说明

不可通过数组名对数组进行整体输入、输出或赋值，如以下程序段有错。

```
int a[3];
a={1,2,3};
printf("%d%d%d",a);
```

6.1.4 一维数组的初始化

数组元素和变量一样，可以在定义的同时赋予初值，称为数组的初始化。对一维数组进行初始化，可以用以下几种形式。

（1）对数组的所有元素均赋予初值，数组的长度可以省略。

例如，int a[6]={1,2,3,4,5,6};也可写为 int a[ ]={1,2,3,4,5,6};

a 数组初始化后，a[0]=1，a[1]=2，a[2]=3，a[3]=4，a[4]=5，a[5]=6。

又如，char s[5]={ 'A', 'B', 'C', 'D', 'E'}; 或 char s[ ]={ 'A', 'B', 'C', 'D', 'E'};

s 数组初始化后，s[0]= 'A'，s[1]= 'B'，s[2]= 'C'，s[3]= 'D'，s[4]= 'E'。

（2）对数组的部分元素赋予初值。

例如，int b[10]={1,2,3};

b 数组初始化后，b[0]=1，b[1]=2，b[2]=3，其余各元素均为 0。

（3）对数组的所有元素均赋予 0 值。

例如，int c[10]={0};　　或 int c[10]={0,0,0,0,0,0,0,0,0,0};

说明

① 对数组的部分元素赋初值时，这些元素只能是从首元素开始的若干连续元素，如以下两条语句都不对：

```
int a[5]={,2,3};
int b[5]={1, ,3};
```

② 花括号中元素的个数不能大于数组长度。例如，不能使用 int a[3]={1,2,3,4};

③ 如果有 int a[3]={8*6}; 则 a[0]=48，a[1]=0，a[2]=0。

6.1.5 一维数组的应用

1 根据需求对数据进行统计

为了满足实际工作的需要，对一组数据的某些特征进行统计是一项经常遇到的基本操作。例如，统计一段文本中某个字符出现的频率；统计教师的平均工资等都属于统计操作。统计操作的结果往往是通过对所有数据进行扫描、判断或综合加工得到的。在 C 程序中，参与统计操作的批量数据可以用一维数组来组织，具体统计过程可以通过逻辑判断、累计、算术运算等基本操作手段实现。

例 6.2 幼儿园对小朋友进行阶段性体重测量，给出 10 个儿童的体重，要求计算并打印出平均体重，以便根据儿童体重增长情况，改进饮食。

程序的算法描述如图 6.3 所示，代码如下：

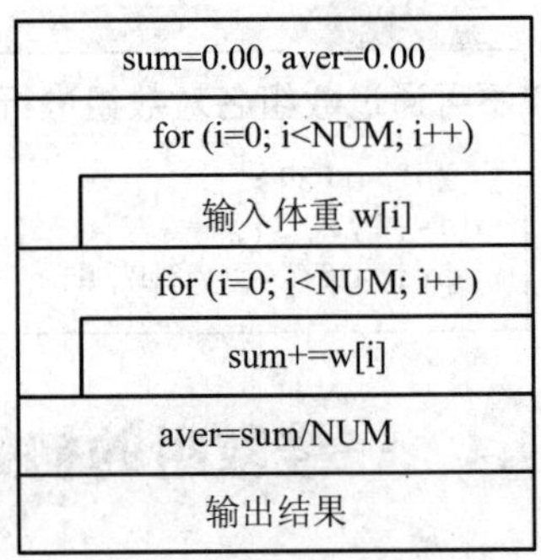

图 6.3 例 6.2 主函数 N-S 图

```
#include <stdio.h>
#define NUM 10        /*儿童数量*/
void main()
{
    float w[NUM];    /*定义一个整型数组存放体重*/
    float sum=0.00,aver=0.00;
    int i;
    for( i=0; i<NUM; i++ )
        scanf( "%f", &w[i] );
    for( i=0; i<NUM; i++ )
        sum =sum + w[i]; /*累加求和*/
        aver = sum/NUM;
    printf("儿童的平均体重为：%f\n",aver);
}
```

如果要为该程序增加一个功能，即凡是儿童体重小于 aver 者，打印一个儿童需要提高饮食营养的通知。要解决这个问题，可以在程序后面增加一个 for 循环，循环体内用一个判断语句，进行逐个儿童体重判断，即：

```
for( i=0; i<NUM; i++ )
        if( w[i] < aver )
printf( "第%d 个儿童需要提高饮食营养\n", i+1 );
```

说明

如果在输入某个儿童体重时，发现有体重小于9kg者，打印一个通知，通知该儿童需要提高饮食营养，具有此功能的程序留给读者自己思考解决。

例 6.3 在一段文本中，可能会出现各式各样的字符。编写一个程序，从键盘读入一行文本，完成统计每个英文字母出现次数的操作。

程序的算法描述如图 6.4 所示，代码如下：

```
#include <stdio.h>
#define NUM  26                          /*累加器数目*/
void main( )
{
    int  letter[NUM] = {0};              /*存放 26 个累加器的一维数组*/
    char ch;                             /*存放输入的字符*/
    int i;
    printf("\nEnter text line\n");
    while ((ch=getchar()) != '\n')     /*通过键盘读入文本字符*/
    {
```

```
        if ('A'<=ch && ch<='Z')          /* 检测是否为大写字母 */
        {
            letter[ch-'A'] = letter[ch-'A']+1;
        }
        else
        {
            if ('a'<=ch && ch<='z')      /* 检测是否为小写字母 */
            letter[ch-'a'] = letter[ch-'a']+1;
        }
    }
    /* 输出每个英文字母出现的次数 */
    for (i=0; i<NUM; i++)
    {
       printf("\n\'%c\':%d", 'A'+i, letter[i]);
    }
}
```

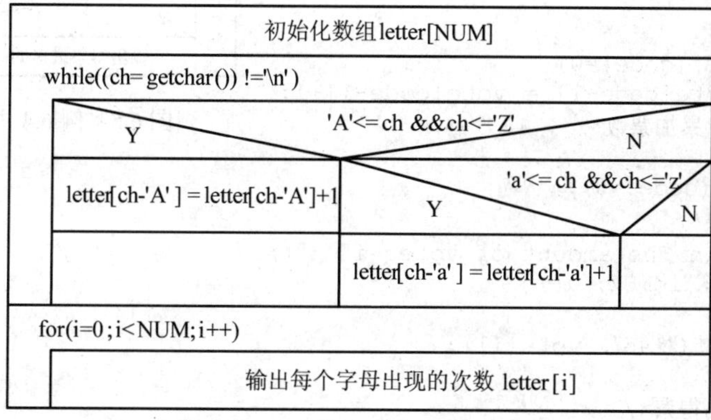

图 6.4　例 6.3 主函数 N-S 图

说明

在程序中使用了两个表达式('A'<=ch && ch<='z')、('a'<=ch && ch<='z')判断ch是否为英文字母。实际上，在C语言的函数库中提供了一个专门用于判断是否为英文字母的标准函数，它的调用格式为isalpha(c)，c是一个字符。当c为英文字母时，函数返回非0；否则函数返回0。这个函数的原型声明在“ctype.h”中。

2 按照条件对数据进行筛选

在遇到的许多问题中，经常需要从众多的数据中挑选出满足一定条件的数据，这就是数据的筛选操作。在 C 程序中，参与筛选操作的批量数据可以采用一个一维数组存放，筛选的条件用逻辑表达式表示。

例 6.4　某公司计划由职工们推选一名办公室主任。假设有 10 名候选人准备参与竞选。希望编写一个程序，输入一组选举人的投票信息，统计每个候选人的得票数目及选举结果。

程序的算法描述如图 6.5 所示，代码如下：

```
#include <stdio.h>
#define NUM 10                    /*候选人人数*/
```

```
void main( )
{
   int vote[NUM] = {0};    /*用于存放每位候选人得票数量的数组，初始化为 0*/
   int code, i, winner;
   /*职工投票*/
   printf("\nEnter  your  selection<0 end>:\n");
   do
   {
      scanf("%d", &code);
      if (code<0 || code>NUM)    /*检验输入的编码是否有效*/
      {
         printf("\nInvalid vote.");
      }
      else
      {
         if (code!=0)
         vote[code-1] = vote[code-1]+1;
         /*累加票数*/
      }
   } while (code!=0);
   /*输出选票*/
   printf("\n The amount of votes is :");
   for (i=0; i<NUM; i++)
   {
      printf("%4d", vote[i]);
   }
   /*计算最高得票*/
   winner = 0;
   for (i=1; i<NUM; i++)
   {
      if (vote[i]>vote[winner])
      winner = i;
   }
   /*输出得票最高的所有候选人*/
   printf("\nThe winner :");
   for (i=winner; i<NUM; i++)
   {
      if (vote[i]==vote[winner])
      printf("%3d",i+1);
   }
}
```

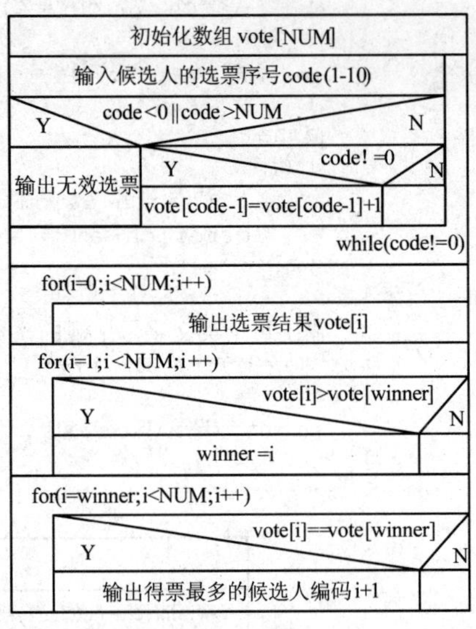

图 6.5　例 6.4 主函数 N-S 图

说明

在计算最高得票数量时，程序中利用winner变量记录了第一位得票数量最多的候选人下标，因此，在筛选得票数量与最高得票数量相同的候选人时，不需要从头开始，而从winner开始，这样可以提高程序的执行效率。

3 排序问题

将一组无序的数据按升序或降序排列是一种经常需要进行的操作。例如，在管理教师工资的应用程序中，可以用一个数列表示一个学校的教师工资，并按照从高到低的顺序重新排列，以便确定教师工资之间的差距。

例 6.5　对某学校输入的 20 位教师的工资按由大到小的顺序排序，并进行输出。

解法 1：用选择法排序

选择法排序的思路是：将 n 个数依次比较，保存最大数的下标位置，然后将最大数和第 1 个数组元素换位；接着再将 $n-1$ 个数依次比较，保存次大数的下标位置，然后将次大数和第 2 个数组元素换位；按此规律，直至比较换位完毕。

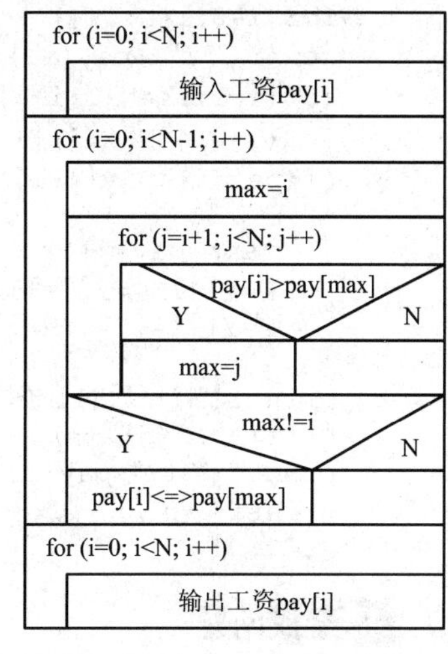

图 6.6　例 6.5 解法 1 主函数 N-S 图

算法的程序描述如图 6.6 所示，代码如下：

```
#include <stdio.h>
#define N 20                    /*教师人数*/
void main( )
{
    float pay[N],temp;
    int i,j, max ;
    printf("输入待排序工资：\n");
    for(i=0;i<N;i++)
        scanf("%f",&pay[i]);
    for(i=0;i<N-1;i++)          /*共进行 N-1 趟*/
    {
        max=i;
        for(j=i+1;j<N;j++)
        if(pay[j]>pay[max])     /*用 pay[j]<pay[max]可以实现由小到大排序*/
        max=j;                  /*寻找该趟中的最大元素,将其标号赋值给变量 max*/
        if(max!=i)
        {
            temp=pay[i];
            pay[i]=pay[max];
            pay[max]=temp;      /*当该趟首元素不是最大时,将最大元素与首元素互换*/
        }
    }
    printf("排序后的工资序列为：\n");
    for(i=0;i<N;i++)
    printf("%f ",pay[i]);
    printf("\n");
}
```

说明

用选择法对 N 个数排序，最坏情况下需要进行 $n(n-1)/2$ 次比较操作和 $3(n-1)$次互换操作。

解法 2：用冒泡法排序

冒泡排序的思路：对于 N 个数组成的序列，执行 $N-1$ 趟排序，在每一趟排序时，对于尚需处理的元素，从首元素开始执行相邻元素的两两比较，若不满足顺序要求则进行交换。如此，则每趟排序都会使当前“最小”的数“沉到末尾”，大的数逐步“上升”，执行 $N-1$ 趟则排序完毕。

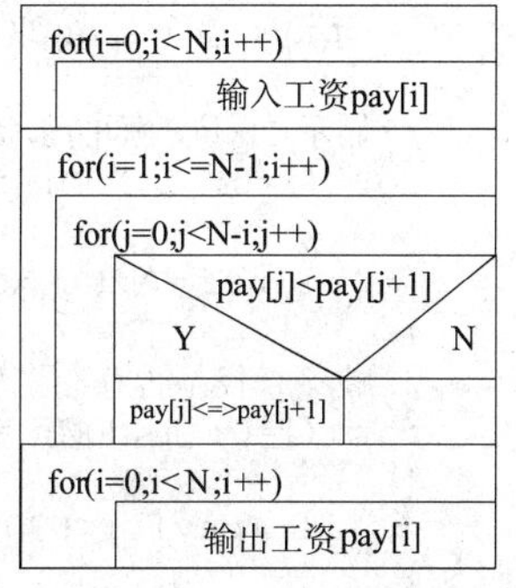

图 6.7　例 6.5 解法 2 主函数 N-S 图

算法的程序描述如图 6.7 所示，代码如下：

```
#include <stdio.h>
#define N 20
```

```
void main( )
{
    float pay[N],temp;
    int i,j;
    printf("输入待排序工资：\n");
    for(i=0;i<N;i++)
    scanf("%f",&pay[i]);
    for(i=1;i<=N-1;i++)        /*以下进行第 i 趟排序*/
    for(j=0;j<N-i;j++)         /*以下比较 pay[j]与 pay[j+1],不满足要求则交换顺序*/
    if(pay[j]<pay[j+1])        /*用 pay[j]>pay[j+1]可以实现由小到大排序*/
    {
        temp=pay[j];
        pay[j]=pay[j+1];
        pay[j+1]=temp;
    }
    printf("排序后的工资序列为：\n");
    for(i=0;i<N;i++)
    printf("%f ",pay[i]);
    printf("\n");
}
```

4 查找问题

所谓查找，是指根据某个给定的条件，在一组数中搜索是否存在满足该条件的数据的过程。如果存在，则表示查找成功，给出成功的标志；否则表示查找不成功，给出失败的标志。在程序中，查找操作的结果经常被用来作为是否执行某项后续操作的决策依据。

（1）顺序查找

例 6.6 已知某学校 10 位教师的工资皆在 2000 元以下。请编写一个程序，查看在这个学校中是否存在工资低于 600 元的教师。

程序的算法描述如图 6.8 所示，代码如下：

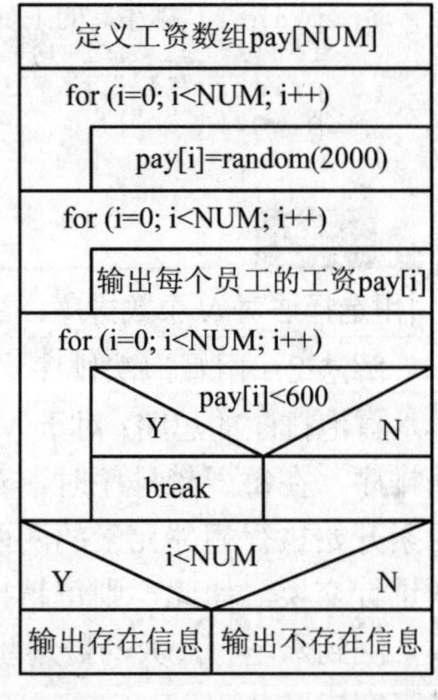

图 6.8 例 6.6 主函数 N-S 图

```
#include <stdio.h>
#include <stdlib.h>
#define NUM 10   /*教师人数*/
main( )
{
    int pay[NUM];
    int i;
    /*随机产生 10 位教师工资*/
     for (i=0; i<NUM; i++)
    {
        pay[i] = rand()%2000;
    }
    /*显示 10 位教师的工资*/
    for (i=0; i<NUM; i++)
    {
        printf("\nNo.%d: %d", i+1, pay[i]);
    }
    /*顺序查找是否存在工资低于 600 的教师*/
    for (i=0; i<NUM; i++)
    {
        if (pay[i]<600)  break;
    }
    /*输出查找结果*/
```

```
    if (i<NUM)
    printf("\n 存在工资低于 600 的教师.");
    else
    printf("不存在工资低于 600 的教师.");
}
```

说明

为避免每次运行该程序时都要通过键盘输入10个整型数值，在这个程序中，每位教师的工资是通过标准函数rand()随机产生的。rand()的原型声明在stdlib.h中。

（2）折半查找

例 6.7 已知 10 位教师的工资已按由小到大的顺序排列好，输入一位教师的工资，用折半查找法找出它在教师工资序列中的位置。

算法设计思想：比较待查找数据与数组中间位置元素的大小，两者相等则找到，程序结束；否则，若前者大于后者则说明待查找数据有可能在数组的后半部分，反之则说明待查找数据有可能在前半部分，当然也可能不在数组中。但无论哪种情况，查找范围都将缩小一半。

程序的算法描述如图 6.9 所示，代码如下：

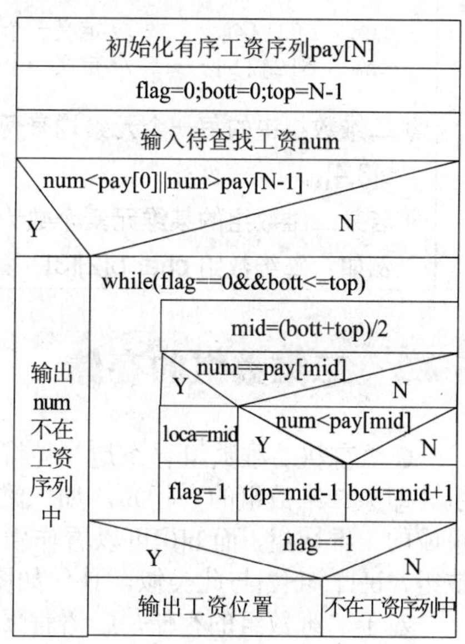

图 6.9 例 6.7 主函数 N-S 图

```
#include<stdio.h>
#define N 10
void main()
{
    int pay[N]={500,800,900,1000,1050,1123,
    1156,1345,1579,1823};
    int num,flag=0,bott=0,top=N-1,loca,mid;
    printf("请输入待查找的工资:\n");
    scanf("%d",&num);
    if(num<pay[0]||num>pay[N-1])
        printf("%d 不在工资列表中\n",num);
    else
    {
        while(flag==0&&bott<=top)
        /*flag 为 0 表示未找到,bott 代表查找区
         间的起始位置,top 代表查找区间的最末
         位置*/
        {
            mid=(bott+top)/2;
            /*mid 代表查找区间中间元素的位置*/
            if(num==pay[mid])
            {
                loca=mid;
                flag=1;
            }
            else if(num<pay[mid]) /*查找元素位于当前区间的前半部分*/
                top=mid-1;
            else                  /*查找元素位于当前区间的后半部分*/
                bott=mid+1;
        }
        if(flag==1)
```

```
            printf("工资列表中的pay[%d]=%d\n",loca,num);
        else
            printf("%d不在工资列表中\n",num);
    }
}
```

6.2 二维数组

6.2.1 二维数组的定义

格式：类型说明符 数组名[常量表达式 1] [常量表达式 2]

功能：定义二维数组。

说明

① “常量表达式 1”声明二维数组的行数，“常量表达式 2”声明二维数组的列数。两个下标之积是该数组具有的数组元素的个数。例如，

```
int  a[3][4];        /*定义一个 3 行 4 列的整型数组*/
char b[2][5];        /*定义一个 2 行 5 列的字符型数组*/
```

② 二维数组中的每一个元素均有两个下标，且必须分别放在“[ ]”内，即上例不能写成 int a[3,4]。

③ 若某二维数组的某维元素个数为 *n*，则该维下标的下界始终为 0，上界是 *n*–1。例如，二维数组 char b[2][3]，第一个元素为 b[0][0]，最后一个元素为 b[1][2]。

6.2.2 二维数组的存储

C 语言将二维数组看作是一种特殊的一维数组：该一维数组的每个元素又是一个一维数组（即原二维数组的一行）。如二维数组 float b[3][4]，它可以看作是由 b[0]、b[1]和 b[2]组成的一维数组，而 b[0]可以看作由首行元素 b[0][0]、b[0][1]、b[0][2]和 b[0][3]组成的一维数组，b[1]、b[2]与此类似，具体如图 6.10 所示。

对于二维数组的存储，C 语言采用“行优先”的形式存放，即先存放首行的各个元素，其次是第二行的各元素，依次类推。如二维数组“float b[3][4]”，设其在内存中的起始地址为 2001，则其存储结构如图 6.11 所示。

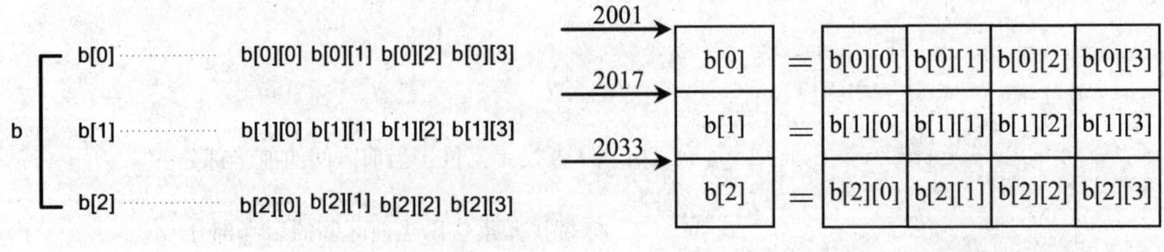

图 6.10 二维数组结构示意图　　图 6.11 二维数组 b 存储结构图

一般说来，C 语言中，多维数组的各个元素在内存中的存放规律是：第一维的下标变化

最慢，维数越靠后，下标变化越快。例如，三维数组 int a[2][2][2]各元素在内存中存放顺序为 a[0][0][0] → a[0][0][1] → a[0][1][0] → a[0][1][1] → a[1][0][0] → a[1][0][1] → a[1][1][0] → a[1][1][1]。

6.2.3 二维数组元素的引用

格式： 数组名[表达式 1] [表达式 2]

功能： 引用指定行标和列标的数组元素。例如，

```
int a[3][4];
    for(i=0;i<3;i++)
        for(j=0;j<4;j++)
            scanf("%d", &a[i][j]);
    for(i=0;i<=3;i++)              //错误，下标越界
    {
        for(j=0;j<4;j++)
            printf("%d  ", a[i][j]);
        printf("\n");
    }
```

6.2.4 二维数组的初始化

与一维数组类似，在定义二维数组的同时，也可以对其元素进行初始化。通常有以下几种方式：

（1）分行给二维数组所有元素赋初值。

例如，int a[2][4]={{1,2,3,4},{5,6,7,8}}；该语句执行后，a 数组各个元素值为：a[0][0]=1，a[0][1]=2，a[0][2]=3，a[0][3]=4，a[1][0]=5，a[1][1]=6，a[1][2]=7，a[1][3]=8。

（2）不分行给二维数组所有元素赋初值。

例如，int a[2][4]={1,2,3,4,5,6,7,8}；该语句执行后，a 数组各个元素值同上。

（3）对部分元素赋初值。

例如，int a[2][4]={{1,2},{5}}；该语句执行后，a 数组各个元素值为：a[0][0]=1，a[0][1]=2，a[1][0]=5，其余元素值均为 0。

（4）若对二维数组所有元素赋初值，则第一维的长度可以省略。此时第一维的长度由第二维长度（即列数）自动确定。

例如，int a[ ][5]={1,2,3,4,5,6,7,8,9,10}；或 int a[ ][5]={{1,2,3,4,5},{6,7,8,9,10}}；由列数 5 可自动确定第一维的长度是 2。

6.2.5 二维数组的应用

例 6.8 假设一个学院的某科室有 5 位教师，教师工资表由 4 项组成，要求输入各项金额，计算出每位教师的总工资，并以如表 6.1 的形式输出。

表 6.1 教师工资表

教工号	基本	出勤	绩效	奖金	总工资
11	1000	500	800	600	2900
12	1200	450	700	300	2650
13	1100	500	750	400	2750
14	1500	500	600	300	2900
15	2000	450	800	500	3750

分析：定义一个二维数组 a[5][6]来存放 5 位教师的相关信息。使用双重循环将每位教师各项工资读入并保存在二维数组中，计算出总工资后，最后将结果以表格形式输出。

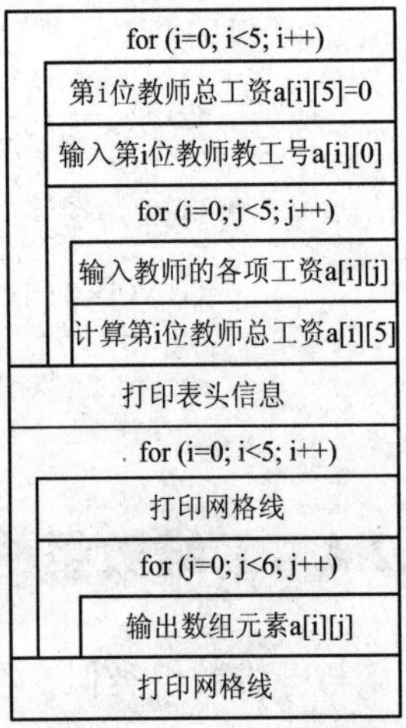

程序的算法描述如图 6.12 所示，代码如下：

```
#include <stdio.h>
void main()
{
    int a[5][6];
    int i,j;
    for(i=0;i<5;i++)
    {
        a[i][5]=0;  /*第 i 位教师的总工资赋初始值为 0*/
        scanf("%d",&a[i][0]); /*输入第 i 位教师的教工号*/
        for(j=1;j<5;j++)
        {
            scanf("%d",&a[i][j]);      /*输入第 i 位教师
的各项工资*/
            a[i][5]=a[i][5]+a[i][j]; /*计算第 i 位教师
的总工资*/
        }
    }
    printf("                  教师工资表\n");
    printf("-----------------------------------------\n");
    printf("教工号 基本 出勤 绩效 奖金 总工资 \n");
    for(i=0;i<5;i++)
    {
        printf(" -----------------------------------\n");
        for(j=0;j<6;j++)
        printf("%d\t",a[i][j]);
        printf("\n");
    }
    printf(" -----------------------------------\n");
}
```

for (i=0; i<5; i++)
第 i 位教师总工资a[i][5]=0
输入第i位教师教工号a[i][0]
for (j=0; j<5; j++)
输入教师的各项工资a[i][j]
计算第i位教师总工资a[i][5]
打印表头信息
for (i=0; i<5; i++)
打印网格线
for (j=0; j<6; j++)
输出数组元素a[i][j]
打印网格线

图 6.12 例 6.8 主函数 N-S 图

例 6.9 字模程序。

手机屏幕是如何显示英文字母或汉字的？这个小程序将要从原理上模拟这个过程。手机屏幕采用的字体称为“点阵”字体。所谓“点阵”，就是用一个个小点，通过“布阵”，组成一个字形。而这些点阵数据，就是一个二维数组中的元素。不同的手机，点阵的大小也不同。如果不支持中文，则最小只需 7×7；但若是要支持中文，则应不小于 9×9，否则许多汉字会缺横少竖。采用大点阵字体，则手机屏幕要么是面积更大，要么是分辨率更高（同一面积内可以显示更多点），并且手机的内部存储器也要更多。由于汉字数量众多，不像

英文只有26个字母，所以支持汉字的手机，比只能显示英文字母的手机，其所需存储器自然要多出一个很大的数量级。

图6.13为使用最小的7×7点阵表示的英文字母“A”，为了看的方便，我们用*来代替小黑点，并且画出了表格。

程序的算法描述如图6.14所示，代码如下：

```
#include <stdio.h>
void main()
{
    int A[7][7]={{0,0,0,0,0,0,0},{0,0,0,1,0,0,0},
                 {0,0,1,0,1,0,0},{0,1,1,1,1,1,0},
                 {1,0,0,0,0,0,1},{0,0,0,0,0,0,0},
                 {0,0,0,0,0,0,0}};
    int row,col;
    for(row=0;row<7;row++)
    {
        for(col=0; col<7;col++)
        {
            if(A[row][col]==0)
            printf(" ");
            else
            printf("*");
        }
        printf("\n");  /*换行*/
    }
}
```

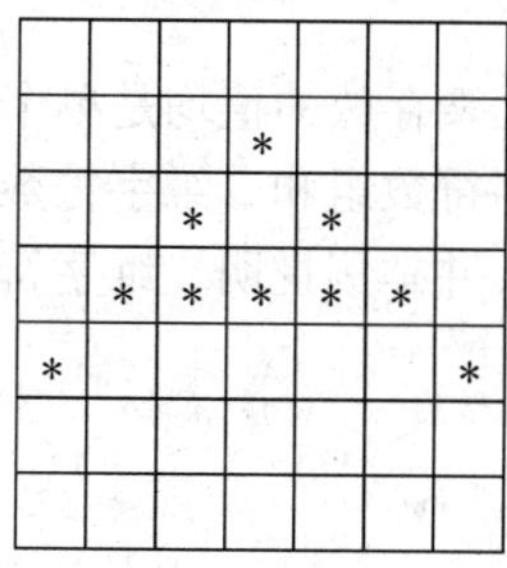

图6.13　字母A的点阵

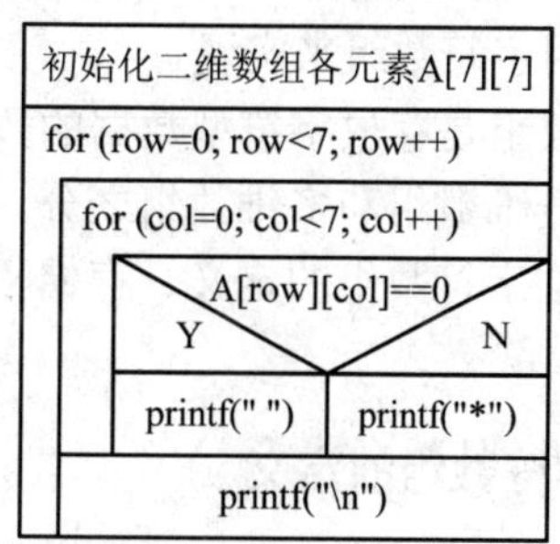

图6.14　例6.9主函数N-S图

说明

如果把上面的程序稍做修改，在元素值为0的地方打出“*”，而在元素值为1的地方打出空格，将会输出A的另一种效果。

6.3 字符串与字符数组

6.3.1 字符串

所谓字符串就是指用双引号括起来的若干有效字符序列。在C语言中，字符串可以包含字母、数字、转义字符等。

C 语言规定了一个“字符串结束标志”，以字符'\0'表示。'\0'是指 ASCII 代码为 0 的字符，它是一个不可显示的字符，也是一个“空操作”字符（即不进行任何操作，只作为一个标记）。C 语言中，系统自动地在每一个字符串的最后加入一个字符'\0'，作为字符串的结束标志。所以，字符串的结束标志'\0'也要占据一个字节。

例如，在字符数组 c 中存放字符串“China”，在内存单元中的存放形式如图 6.15 所示。

'C'	'h'	'i'	'n'	'a'	'\0'
c[0]	c[1]	c[2]	c[3]	c[4]	c[5]

图 6.15　字符串存储结构

程序中主要依靠检测'\0'的位置来判定字符串是否结束，而非根据数组的长度来判断字符串是否结束。例如，执行语句“printf("C Programming Language")”时，系统每输出一个字符都会检查内存数组中下一个字符是否为'\0'，一旦遇到'\0'就停止输出。

说明

字符串输出时不包括结束符'\0'。

6.3.2　字符数组

由于 C 语言没有提供字符串变量（即专门存放字符串的变量），所以，对字符串的处理常常采用字符数组来实现。

字符数组是存放字符型数据的数组，其中每个数组元素存放的值均是单个字符。字符数组也有一维数组和多维数组之分。比较常用的是一维字符数组和二维字符数组。下面主要介绍一维字符数组的定义、存储、初始化和引用方法，并举例说明二维字符数组的定义及用途。

1 字符数组的定义

字符数组的定义、初始化及引用同前面介绍的一维数组、二维数组类似，只是类型说明符为 char，对字符数组初始化或赋值时，数据使用字符常量或相应的 ASCII 码值。

格式：char 字符数组名[常量表达式 1] [常量表达式 2]…[常量表达式 *n*]

功能：定义字符数组。

只有一个常量表达式的数组称为一维字符数组，有两个常量表达式的数组称为二维字符数组，依此类推。例如，

```
char  c[10],str[5][10];  /*字符数组的定义*/
```

说明

① 字符型数据在内存中存放的是 ASCII 码，每个字符占一个字节的存储空间。

② C 语言允许使用整型数组来存放字符型数据。例如，

```
int a[5];
a[0]= 'a';
scanf("%c",&a[1]);
```

2 字符数组的存储

同数值型数组一样，系统在内存中为字符数组分配若干（和数组元素个数相同）连续的存储单元，每个存储单元为一个字节。

例如，char a[5]；假设 a[0]='A'；a[1]=' '； a[2]='B'；a[3]='o'； a[4]='y'；则数组 a 在内存中的存放形式如图 6.16 所示。

'A'		'B'	'o'	'y'
a[0]	a[1]	a[2]	a[3]	a[4]

图 6.16 字符数组存储结构

3 字符数组元素的引用

格式：字符数组名[下标 1][下标 2]…[下标 *n*]，例如，

```
char str[5];
str[0]= 'a';
str[1]=65;
str[2]=str[0]+str[1]+2;
scanf("%c", &str[3]);
scanf("%d", &str[4]);
printf("%c  %c  %c  %c  %c\n",str[0],str[1],str[2],str[3],str[4]);
printf("%d  %d  %d  %d  %d\n",str[0],str[1],str [2],str[3],str[4]);
```

说明

字符数组的元素可以当作整型数据使用。

4 字符数组的初始化

（1）以字符常量的形式对字符数组初始化

例如，char str1[]={'C', 'H', 'I', 'N', 'A'};或 char str1[5]={ 'C', 'H', 'I', 'N', 'A'};没有结束标志，如果要加结束标志，必须明确指定：char str1[]={'C', 'H', 'I', 'N', 'A', '\0'};

又如，char str2[100]= {'C', 'H', 'I', 'N', 'A'};还有 100−5=95 个字节暂时未使用，后面的元素自动置为空字符（也就是'\0'），相当于有字符串结束标志。

（2）以字符串（常量）的形式对字符数组初始化，例如，

```
char str1[]={"CHINA"};或 char str1[6]="CHINA";
char str2[80]={"CHINA"};或 char str2[80]="CHINA";
```

说明

① 以字符串常量形式对字符数组初始化，系统会自动在该字符串的最后加入字符串结束标志。

② 分析以下 3 条语句的区别与联系。

```
char str[]="ABC";
char str[]={'A','B','C'};
char str[4]={'A','B', 'C'};
```

5 字符数组的输入/输出

方式 1 逐个字符的输入和输出

采用"%c"格式符与一重循环配合来实现逐个字符的输入/输出。例如：

```
char s[7];
   int i;
   for(i=0;i<7;i++)
      scanf("%c",&s[i]);
   for(i=0;i<7;i++)
      printf("%c",s[i]);
   printf("\n");
```

方式 2 整个字符串的输入和输出

采用"%s"格式符来实现整个字符串的输入/输出。例如：

```
char s1[]="How are you!",s2[10];
scanf("%s",s2);
printf("%s\n",s1);
printf("%s\n",s2);
```

程序运行时若由键盘输入：

```
How do you do!
```

则输出结果为：

```
How are you!
How
```

说明

① 因为scanf以空格、Tab及回车符作为结束标志，所以程序运行时尽管从键盘输入How do you do！，但是s2字符数组只获得了How串。若想使字符串中包含空格，可以使用gets函数。

② 给出字符串的首地址，可实现字符串的整体输入/输出，字符串的结束则由'\0'控制（即字符串的输出遇到'\0'就结束）。而数组名本身就代表该数组的首地址，故程序中常用数组名来提供字符串的首地址。

③ 不能采用赋值语句将一个字符串直接赋给一个数组。例如，char c[10]; c[ ]= "good"; 是错误的。

④ 分析以下程序段的输出结果：

```
char str1[]={'A','B','C'};
char str2[]={'A','B','\0','C','\0','\0'};
printf("str1:\n%s",str1);
printf("str2:\n%s",str2);
```

6.3.3 字符串与字符数组的应用

例 6.10 由键盘任意输入一个字符串和一个字符，要求从该串中删除所指定的字符。

算法设计思想：使用两个字符数组 s,temp。其中 s 存放任意输入的一个字符串；temp 存放删除指定字符后的字符串。

程序的算法描述如图 6.17 所示，代码如下：

```
#include <stdio.h>
void main()
{
    char s[20],temp[20],x;
    int i,j;
    gets(s);
    printf("delete?");
    scanf("%c",&x);
    for(i=0,j=0;  i<strlen(s);  i++)
    {
        if(s[i]!=x)
        {
            temp[j]=s[i];
            j++;
        }
    }
    temp[j]='\0';
    strcpy(s,temp);
    puts(s);
}
```

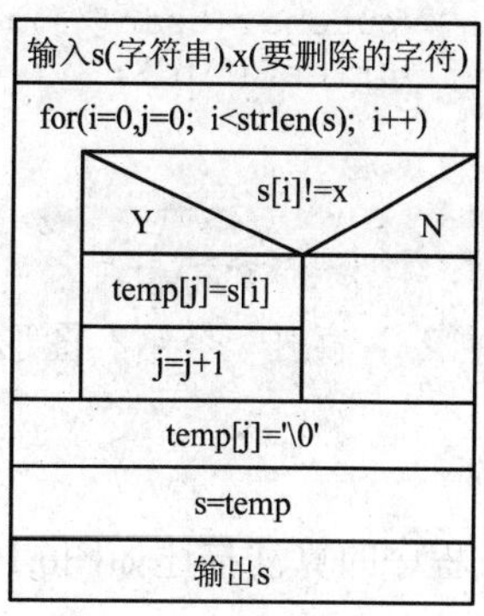
输入s(字符串),x(要删除的字符)
for(i=0,j=0; i<strlen(s); i++)
s[i]!=x
Y
N
temp[j]=s[i]
j=j+1
temp[j]='\0'
s=temp
输出s

图 6.17 例 6.10 主函数 N-S 图

运行程序

```
how do you do?
delete?o
hw d yu d?
```

例 6.11 有一行电文，已按下面规律译成密码：

```
A→Z   a→z
B→Y   b→y
C→X   c→x
…     …
```

即第一个字母变成第 26 个字母，第 i 个字母变成第(26-i+1)个字母。非字母字符不变。要求编程序将密码译回原文，并打印出密码和原文。

程序的算法描述如图 6.18 所示，代码如下：

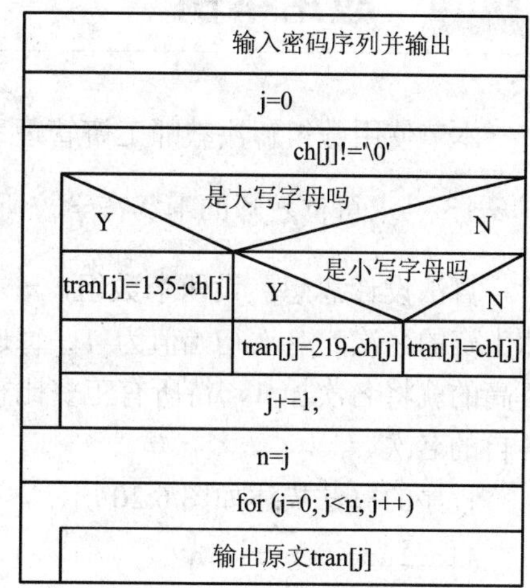
输入密码序列并输出
j=0
ch[j]!='\0'
是大写字母吗
Y
N
tran[j]=155-ch[j]
是小写字母吗
Y
N
tran[j]=219-ch[j]
tran[j]=ch[j]
j+=1;
n=j
for (j=0; j<n; j++)
输出原文tran[j]

图 6.18 例 6.11 主函数 N-S 图

```
#include<stdio.h>
void main()
{
    int j,n;
    char ch[80],tran[80];
    printf("\ninput cipher code:");
    gets(ch);
    printf("\n\ncipher code:%s",ch);
    j=0;
    while (ch[j]!='\0')
    {
        if((ch[j]>='A')&&(ch[j]<='Z'))
            tran[j]=155-ch[j];/*大写密码字母与原文字母 ASCII 值之和为 155*/
        else if ((ch[j]>='a')&&(ch[j]<='z'))
            tran[j]=219-ch[j]; /*小写密码字母与原文字母 ASCII 值之和为 219*/
        else
            tran[j]=ch[j];
        j+=1;
    }
    n=j;
```

```
    printf("\noringinal text:");
    for (j=0;j<n;j++)
    putchar(tran[j]);
    printf("\n");
}
```

例 6.12　输出一个钻石图形：

```
    *
   * *
  *   *
   * *
    *
```

程序的算法描述如图6.19所示，代码如下：

```
#include<stdio.h>
void main()
{
    char  diamond[5][5]={{' ',' ','*'},{' ', '*',' 
','*'},{'*' ,' ',' ',' ','*'},{' ', '*', ' ', '*'},{' ',' ','*'}};
    int i,j;
    for(i=0;i<5;i++)
    {
        for(j=0;j<5;j++)
            printf("%c",diamond[i][j]);
        printf("\n");
    }
}
```

初始化二维数组diamond		
for(i=0;i<5;i++)		
	for(j=0;j<5;j++)	
		输出元素diamond[i][j]
	换 行	

图 6.19　例 6.12 主函数 N-S 图

6.4　应用举例

本节使用数组解决教师工资管理系统中的部分问题。

例 6.13　求每位教师的工资在学校所有教师工资中的名次。

算法设计思想：设两个数组，一个数组用于存放教师的工资，另一个数组用于存放教师工资的名次。名次初始值为 1，每遇到一个比自己工资高的就将名次加 1，待所有工资比较完毕，就可得知各自的名次。

程序的算法描述如图 6.20 所示，代码如下：

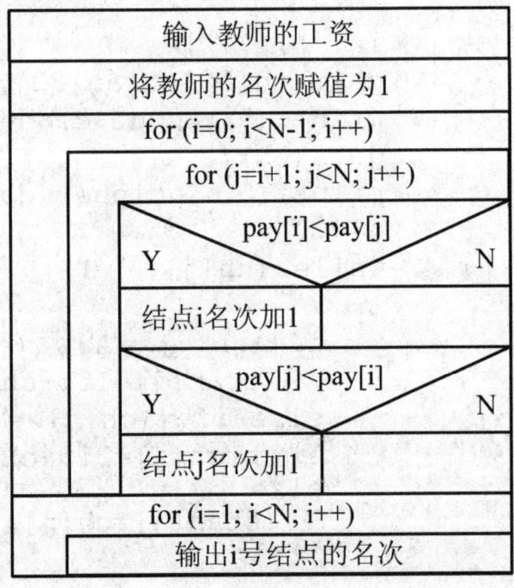
输入教师的工资
将教师的名次赋值为1
for (i=0; i<N-1; i++)
for (j=i+1; j<N; j++)
pay[i]<pay[j]
Y
N
结点i名次加1
pay[j]<pay[i]
Y
N
结点j名次加1
for (i=1; i<N; i++)
输出i号结点的名次

图 6.20　例 6.13 主函数 N-S 图

```
#include <stdio.h>
#define N 4
void main()
{
    int pay[N],order[N];
    int i,j;
    printf("输入%d 位教师的工资:\n",N);
    for(i=0;i<N;i++)
        scanf("%d",&pay[i]);
    for(i=0;i<N;i++)/*初始化各教师的名次为 1*/
        order[i]=1;
    for(i=0;i<N-1;i++)
```

```
            for(j=i+1;j<N;j++)
            {
                /*每遇到一个工资大于自身工资时,便将自身名次加 1*/
                if(pay[i]<pay[j])
                    order[i]++;
                if(pay[j]<pay[i])
                    order[j]++;
            }
        printf("各教师工资的名次依次为:\n");
        for(i=0;i<N;i++)
            printf("%d\n",order[i]);
    }
```

例 6.14　分别统计某年度教师月平均工资在 4000 元以上、3000～3999、2000～2999、1000～1999、1000 元以下各工资段的人数。

算法设计思想：假设共有 M 个教师，本年度教师的工资累计发了 N 个月，全体教师的工资可以存放到一个 M 行 N 列的二维数组中，该二维数组的一行对应一个教师，一列对应某月工资。同时，定义一维数组 count[5]，其中每个元素对应一个工资段，元素的值代表平均工资落在该工资段的人数，如 count[0]代表平均工资落在 4000 元以上的教师数，count[1]代表平均工资落在 3000～3999 之间的教师数等。首先初始化数组 count 各元素的值为 0，之后计算每位教师的平均工资，根据平均工资大小将 count 中相应元素的值增 1。

程序的算法描述如图 6.21 所示，代码如下：

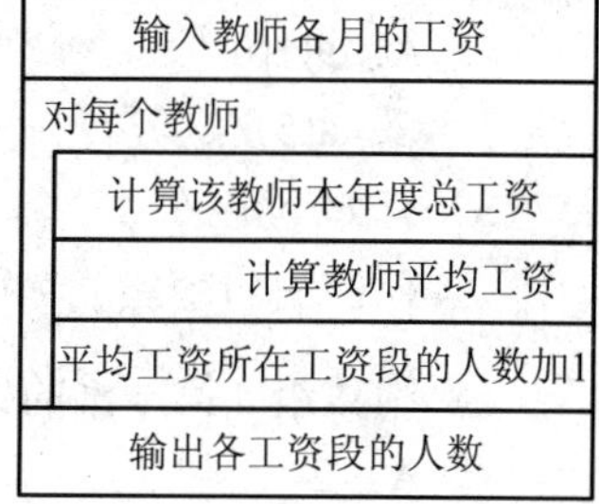
输入教师各月的工资
对每个教师
计算该教师本年度总工资
计算教师平均工资
平均工资所在工资段的人数加1
输出各工资段的人数

图 6.21　例 6.14 主函数 N-S 图

```
#include <stdio.h>
#define M 8
#define N 3
void main()
{
    int pay[M][N]={0},sum;
    float aver;
    int count[5]={0};
    int i,j;
    printf("请输入全体教师各月的工资:\n");
    for(i=0;i<M;i++)
        for(j=0;j<N;j++)
            scanf("%d",&pay[i][j]);
    for(i=0;i<M;i++)
    {    sum=0;
        for(j=0;j<N;j++)
             sum+=pay[i][j];
        aver=sum/N;
        if(aver>=4000)
            count[0]++;
        else if(aver>=3000&&aver<=3999)
            count[1]++;
        else if(aver>=2000&&aver<=2999)
            count[2]++;
        else if(aver>=1000&&aver<=1999)
            count[3]++;
        else if(aver>=0&&aver<=999)
            count[4]++;
        else
        {    printf("error");
            return;
        }
```

```
    }
    printf("各工资段的人数分别为:\n");
    for(i=0;i<5;i++)
        printf("%d\n",count[i]);
}
```

说明

用 switch 语句改写上例程序。

6.5 练习题

1．选择题

（1）下列数组定义合法的是（　　）。

A．int a[]={"book"};　　B．int a[]={0,1,2,3,4};

C．char　str="book";　　D．int a[2]={{1,2},{3,4}};

（2）若有定义：

```
int a[10];
```

对数组元素的正确引用是（　　）。

A．a[10]　　B．a[10-10]

C．a(5)　　D．a[3.5]

（3）有如下定义：

```
int a[][3]={1,2,3,4,5,6,7,8};
```

则数组 a 第一维的大小是（　　）。

A．2　　B．3

C．4　　D．不确定

（4）在执行 int a[][3]={{1,2},{3,4}}；语句后，a[1][2]的值是（　　）。

A．4　　B．1

C．2　　D．0

（5）不能把字符串"Language"赋值给数组 b 的语句是（　　）。

A．char b []={'L','a','n','g','u','a','g','e'};　　B．char b[9]="Language";

C．char b[9]={"Language"};　　D．char b[9];b="Language";

（6）若有定义和语句：

```
char s[10]="abcd"; printf("%s\n",s);
```

则结果是（以下 u 代表空格）（　　）。

A．输出 abcd　　B．输出 a

C．输出 abcd u u u u u　　D．编译不通过

（7）
```
char x[ ]= "abcdefg";
char y[ ]={ 'a','b','c','d','e','f',' '};
```

则正确的叙述是（　　）。

A. 数组 x 和数组 y 等价　　B. 数组 x 和数组 y 的长度相同

C. 数组 x 的长度大于数组 y 的长度　D. 数组 x 的长度小于数组 y 的长度

（8）以下程序的输出结果是（　　）。

```
void main( )
   {  int  i,k,a[10],p[3];
      k=5;
      for( i=0;i<10;i++)  a[i]=i;
      for( i=0;i<3;i++)   p[i]=a[i*(i+1)];
      for( i=0;i<3;i++)   k+=p[i]*2;
      printf("%d\n",k);
   }
```

A. 20　　B. 21

C. 22　　D. 23

（9）下面程序的运行结果是（　　）。

```
void main( )
   {  char  ch[7]={ "65AB21"};
      int  i,s=0;
      for(i=0;ch[i]>= '0' && ch[i]<= '9';i+=2)
          s=10*s+ch[i]- '0';
      printf("%d\n",s);
   }
```

A. 12ba56　　B. 6521

C. 6　　D. 62

（10）运行下面的程序。

```
#include <stdio.h>
#define N   6
void main( )
{   char  c[N];
    int i=0;
    for(  ; i<N;c[i]=getchar(),i++);
    for(i=0;i<N;i++)  putchar(c[i]); printf("\n");
}
```

如果从键盘上输入：

```
ab
c
def
```

则输出结果是（　　）。

A.	B.	C.	D.
a	a	ab	abcdef
b	b	c	
c	c	d	
d	d		
e			
f			

2. 程序填空题

（1）以下程序的功能是：从键盘上输入若干个教师的工资，计算出平均工资，并输出低于平均工资的教师工资，输入负数结束输入。

```
#include <stdio.h>
void main( )
{
    float  t[1000],sum=0.0,aver, pay;
    int    n=0, i;
    printf("Enter pay:\n");
    scanf("%f",&pay);
    while(pay>=0.0)
    {
        sum+=____________;
        t[n]=____________;
        n++;
        scanf("%f",&pay);
    }
    aver=________________;
    printf("Output:\n");
    printf("aver=%f\n",aver);
    for (i=0;i<n;i++)
        if (________________)
        printf ("%f\n",t[i]);
    }
```

（2）以下程序用来对从键盘上输入的两个字符串进行比较，然后输出两个字符串中第一个不相同字符的 ASCII 码之差。如，输入的两个字符串分别为 abcdefg 和 abceef，则输出为-1。

```
#include <stdio.h>
void main( )
{  char  str1[100],str2[100],c;
   int i,s;
   printf("\n Input string 1: \n");  gets( str1);
   printf("\n Input string 2: \n");  gets( str2);
   i=0;
   while(( str1[i]==str2[i]) && ( str1[i]!=________________))
       i++;
   s=________________;
   printf("%d\n",s);
}
```

3. 程序修改题

有如下程序段，该程序用来读入用户的名字并打印。假定名字的长度小于 10 个字符。这个程序运行时，有个潜在的错误, 哪行有错? 请把它找出来并修改。

```
1.#include <stdio.h>
2.void main()
3.{
4.    char name[10];
5.    int c, index = 0;
6.    while(( c = getchar() ) != '\n' )
7.    /* don't overfill the array */
8.    if ( index < 10 )
9.    name[index++] = c;
```

```
     /* assign string terminator */
   name[index] = '\0';
   printf("name = %s\n", name);
}
```

4．编程题

（1）输入 10 个整数存入 a 数组，要求逆序重新存放后再输出。

（2）输出杨辉三角形的前 10 行。

```
1
1   1
1   2   1
1   3   3   1
1   4   6   4   1
1   5   10  10  5  1
⋮   ⋮ ⋮   ⋮   ⋮  ⋮   ⋮   ⋮
```

（3）输入一个 4×3 的整数矩阵，输出其中最大值、最小值和它们的下标。

（4）输入一行字符，统计其中单词的个数，单词间以空格分开。

第 7 章

函　数

学习目标　掌握函数的声明、定义和调用方法；掌握嵌套函数调用的方法；了解函数递归调用的方法；熟练使用数组作为函数参数；深刻领会并掌握变量的作用域、可见性和生存期。

C 语言不仅提供了极为丰富的库函数，还允许用户定义自己的函数。本章将介绍自定义函数的声明、定义、调用方法，以及由此引出的其他概念——嵌套、递归、变量的作用域等。

7.1　函数的定义

7.1.1　函数定义格式

格式：[<数据类型>] <函数名>([<数据类型> <形参>[,<数据类型> <形参>,…]])

```
{
        [函数体]
}
```

功能：定义一个函数。

说明

① 通过函数定义，可以确定以下几点。

- 函数返回值类型。函数名前的数据类型规定了函数返回值类型。如果省略数据类型，则默认为 int 型。如果一个函数不需要返回值，则函数返回值类型应定义为 void。
- 函数名。除主函数必须命名为 main 之外，其他函数名由用户进行自定义，但必须是一个合法的标识符。
- 函数参数。函数定义中使用的参数（即形参）规定了调用函数时需要传递的数据及其类型。每个形参必须使用一个数据类型进行限定，每个形参的名字必须是一个合法的标识符，如果有多个形参，需要用“,”隔开。所有的形参必须放在“()”内。一个函数可以不接收任何参数（即构成无参函数），此时“()”不可以省略，形参表可以写为 void 或者空。例如，void main(void)或者 void main()。
- 函数体。函数体是函数实现某个功能的语句集合。每个函数的函数体必须使用“{}”括起来。如果一个函数的函数体为空（即不包含任何语句），则构成空函数。空函数不实现任何操作，没有任何功能，如 void dummy(){}。

② 在一个 C 程序中，所有函数在定义时都是互相独立和平行的，不允许函数的嵌套定义。例如，下面的函数就是错误的。

```
void Fun1()
{
```

```
        …
        int Fun2()
        {
            …
        }
}
```

③ 在同一个 C 程序中不可以定义同名函数。

7.1.2　函数返回值

函数的返回值是在函数体内由 return 语句获得的。

格式 1：return [<表达式>];

格式 2：return [(<表达式>)];

功能：计算表达式的值，返回给主调函数，并从函数退出，返回到主调函数继续执行。

说明

① 返回值可以是常数、变量或表达式，也可以是结构体或联合体，但不能是数组或函数。

② 一个函数中允许有多个 return 语句，但每次只有一个 return 语句被执行，因此只能返回一个函数值。

③ 函数值类型应该与函数定义中的函数类型保持一致。若不一致，则将表达式的类型自动转换成函数的类型后返回。

例 7.1　函数定义示例。

（1）输出九九乘法表的函数。该函数没有任何参数，因此该函数是无参函数。

程序的算法描述如图 7.1 所示，代码如下：

```
void Print9Table()
{
    int i,j;
    for (i=1;i<10;i++)
        printf("\t%d",i);
    putchar('\n');
    for (i=1;i<10;i++)
    {
        printf("%d\t",i);
        for (j=1;j<10;j++)
            printf("%d\t",i*j);
        putchar('\n');
    }
}
```

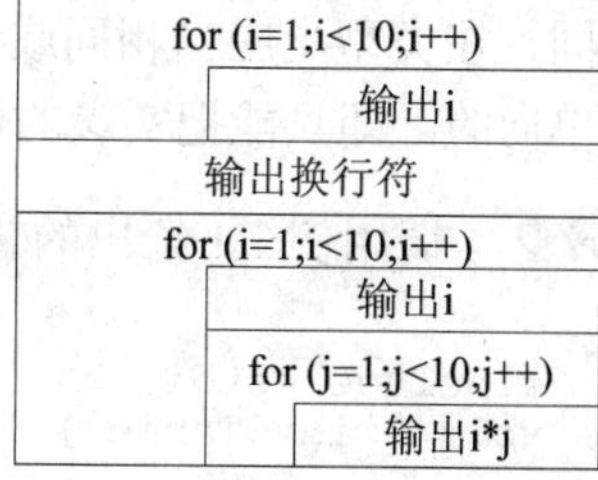
for (i=1;i<10;i++)
输出i
输出换行符
for (i=1;i<10;i++)
输出i
for (j=1;j<10;j++)
输出i*j

图 7.1　九九乘法表的 N-S 图

（2）计算两个正整数的最大公约数。此函数需要两个参数，分别表示两个正整数，属于有参函数。

程序的算法描述如图 7.2 所示。代码如下：

```
int gcd(int x,int y)
{
    int temp=x>y?y:x;
    int i;
```

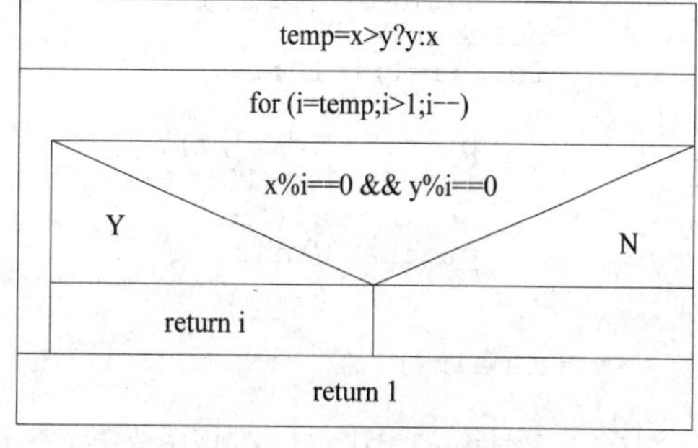
temp=x>y?y:x
for (i=temp;i>1;i--)
x%i==0 && y%i==0
Y
N
return i
return 1

图 7.2　例 7.1gcd 函数的 N-S 图

```
    for (i=temp;i>1;i--)
        if (x%i==0 && y%i==0)
            return i;
    return 1;
}
```

7.2 函数的调用

7.2.1 不需要进行声明的函数调用

如果被调函数在主调函数之前定义，则可以直接调用，不需要声明。

格式：<函数名>([<实参 1>[,<实参 2>,…]])

功能：调用函数名指定的函数。例如：

① `printf("Programming is fun!\n");` //函数语句

② `m=max(3,4);` //函数表达式

③ `printf("%d",max(3,4));` //函数参数

说明

① 将调用其他函数的函数称为主调函数，被其他函数调用的函数称为被调函数。

② 如果被调函数是无参函数，那么调用时不必指定实参，但是“()”不能省略。

发生函数调用时，主调函数把实参的值传递给被调函数的形参，从而实现了主调函数向被调函数的数据传送。函数的形参只有在函数内部才有效，主调函数中不能使用被调函数的形参。实参可以是任意合法的且调用时有确定值的表达式。实参和形参在数量上必须相同，在类型上应当相同或者赋值兼容，出现次序必须一致。函数调用过程中的参数传递是单向的，即只能把实参的值传递给形参，而不能把形参的值传递给实参。

例 7.2 调用例 7.1 给出的输出九九乘法表的函数。

```
#include <stdio.h>
void Print9Table()
{
    int i,j;
    for (i=1;i<10;i++)
        printf("\t%d",i);
    putchar('\n');
    for (i=1;i<10;i++)
    {
        printf("%d\t",i);
        for (j=1;j<10;j++)
            printf("%d\t",i*j);
        putchar('\n');
    }
}
void main()
{
    Print9Table();//该函数是无参函数，可以直接调用
}
```

例 7.3 调用例 7.1 给出的求解两个正整数的最大公约数的函数。

```
#include <stdio.h>
int gcd(int x,int y)
{
   int temp=x>y?y:x;
   int i;
   for (i=temp;i>1;i--)
      if (x%i==0 && y%i==0)
         return i;
   return 1;
}
void main()
{
   int a,b;
   printf("please input two integers:");
   scanf("%d%d",&a,&b);
   printf("The greatest commond divisor of %d and %d is %d.\n",a,b,gcd(a,b));
}
```

例 7.4 试图修改形参的值，查看结果。

```
#include <stdio.h>
void fun1(int x,int y)
{
   printf("in fun1 before change: x=%d,y=%d\n",x,y);
   x=3;
   y=4;
   printf("in fun1 after change: x=%d,y=%d\n",x,y);
}
void main()
{
   int a=5,b=6;
   printf("in main function before change: a=%d,b=%d\n",a,b);
   fun1(a,b);
   printf("in main function after change: a=%d,b=%d\n",a,b);
}
```

运行情况：

```
in main function before change: a=5,b=6
in fun1 before change: x=5,y=6
in fun1 after change: x=3,y=4
in main function after change: a=5,b=6
```

该函数的执行步骤如下。

① 在主函数中通过赋值使 a=5，b=6。

② main 调用 fun1 函数，将实参 a 和 b 的值分别传递给 x 和 y，如图 7.3(a)所示。

③ 在 fun1 函数中将 x 和 y 的值进行了改变，如图 7.3(b)所示。

④ fun1 函数返回后，x 和 y 占用的空间被释放，而 a 和 b 保持不变，如图 7.3(c)所示。

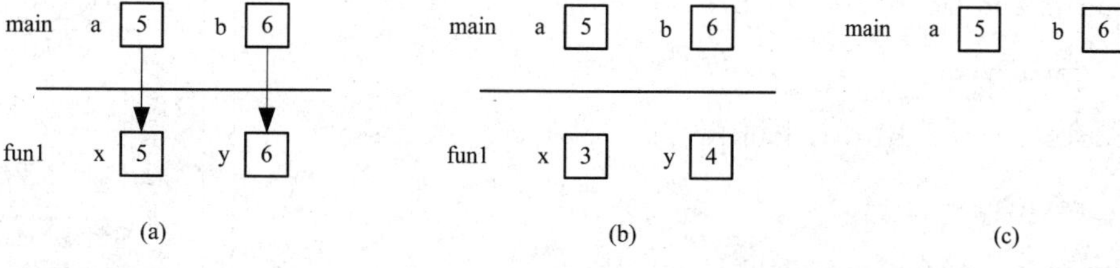

图 7.3 例 7.4 的参数变化情况示意图

7.2.2　需要进行声明的函数调用

如果被调函数在主调函数之后定义，则不能直接调用，需要先进行声明。

格式 1：<类型说明符> <函数名>([<类型说明符> <形参>[,<类型说明符> <形参>,…]]);

格式 2：<类型说明符> <函数名>([<类型说明符>[,<类型说明符>,…]]);

功能：声明一个函数。

说明

① 由函数返回值类型、函数名和参数列表组成的函数首部称为函数原型。

② 函数声明可以在以下位置进行。

- 在主调函数的函数体内。此时被声明的函数仅能用于主调函数中从声明位置开始到主调函数体结束。
- 在所有函数体外声明。此时被声明函数的有效空间是从说明位置开始到整个源文件结束。

③ 当被调函数的返回值类型是 char 或者 int 时，也可以省略函数声明。

例 7.5　例 7.3 的其他实现方法。

```
#include <stdio.h>
int gcd(int,int);//函数声明
void main()
{
    int a,b;
    printf("please input two integers:");
    scanf("%d%d",&a,&b);
    printf("The greatest commond divisor of %d and %d is %d.\n",a,b,gcd(a,b));
}
int gcd(int x,int y)
{
    int temp=x>y?y:x;
    int i;
    for (i=temp;i>1;i--)
        if (x%i==0 && y%i==0)
            return i;
    return 1;
}
```

例 7.6　编写一个实现简单四则运算的运算器程序。

程序的算法描述如图 7.4 所示。代码如下：

```
#include <stdio.h>
#include <math.h>
double add(double x,double y)
{
    return x+y;
}
double sub(double x,double y)
{
    return x-y;
}
double mul(double x,double y)
{
```

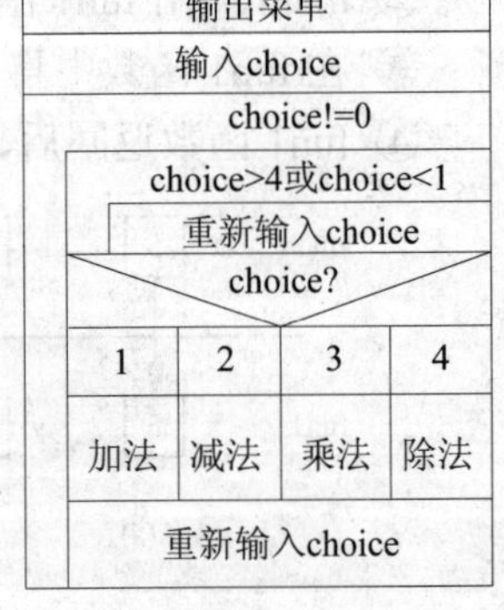

图 7.4　例 7.6 的 N-S 图

```
        return x*y;
    }
    double div(double x,double y)
    {
        if (fabs(y)<1e-10)
            return 0;
        return x/y;
    }
    void main()
    {
        int choice;
        double x,y;

        printf("menu:\n");
        printf("1. add\n");
        printf("2. sub\n");
        printf("3. mul\n");
        printf("4. div\n");
        printf("0. exit\n");
        printf("Input your choice:");
        scanf("%d",&choice);
        while (choice!=0)
        {
            while (choice>4 || choice <1)
            {
                printf("Input error,try again:");
                scanf("%d",&choice);
            }
            printf("Input two numbers:");
            scanf("%lf%lf",&x,&y);
            switch (choice)
            {
            case 1:
                printf("%lf+%lf=%lf\n",x,y,add(x,y));
                break;
            case 2:
                printf("%lf-%lf=%lf\n",x,y,sub(x,y));
                break;
            case 3:
                printf("%lf*%lf=%lf\n",x,y,mul(x,y));
                break;
            case 4:
                printf("%lf/%lf=%lf\n",x,y,div(x,y));
                break;
            }
            printf("Input your choice:");
            scanf("%d",&choice);
        }
    }
```

7.3 嵌套与递归

7.3.1 函数的嵌套调用

C语言不允许函数的嵌套定义，但允许函数的嵌套调用（在一个函数内部可以调用另一个函数，而被调函数又可以再调用其他函数）。

例 7.7　函数的嵌套调用。

```
#include <stdio.h>
void fun1(),fun2(),fun3();
void main()
{
    printf("I'm in main.\n");
    fun1();
}
void fun1()
{
    printf("Now I'm in fun1.\n");
    fun2();
}
void fun2()
{
    printf("Now I'm in fun2.\n");
    fun3();
}
void fun3()
{
    printf("Now I'm in fun3.");
}
```

运行情况：

```
I'm in main.
Now I'm in fun1.
Now I'm in fun2.
Now I'm in fun3.
```

程序的执行过程如图 7.5 所示。

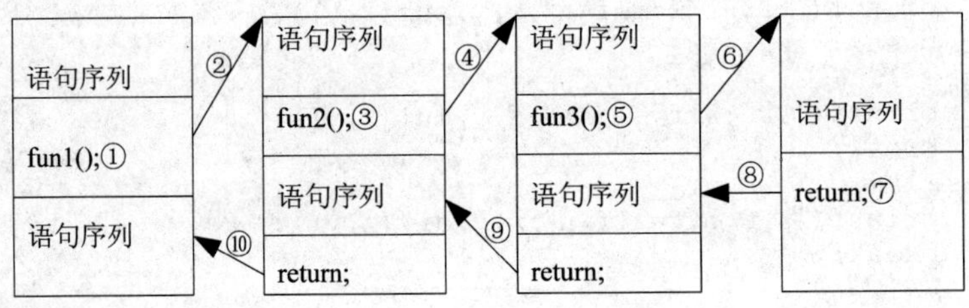

图 7.5　例 7.7 的执行过程

该程序的执行步骤如下。

① 执行主函数的 printf 函数调用语句，然后调用 fun1 函数。

② 转去执行 fun1 函数。

③ 执行 fun1 函数的 printf 调用后，调用 fun2 函数。

④ 转去执行 fun2 函数。

⑤ 执行 fun2 函数的 printf 调用后，调用 fun3 函数。

⑥ 转去执行 fun3 函数，并执行 fun3 函数中的 printf 函数调用。

⑦ 从 fun3 函数中返回。

⑧ 转去执行 fun3 的主调函数 fun2 中的后续语句。

⑨ 从 fun2 函数中返回到它的主调函数 fun1，并执行 fun1 函数的后续语句。

⑩ 从 fun1 函数中返回到它的主调函数 main，执行 main 的后续语句。

例 7.8　编程求 2～*n* 以内所有素数的和，其中 *n* 由用户输入。

程序的算法描述如图 7.6 所示。

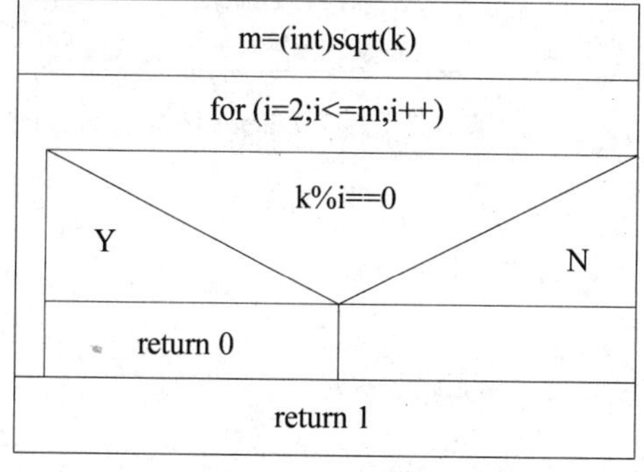

(a) IsPrime(k)函数的N-S图

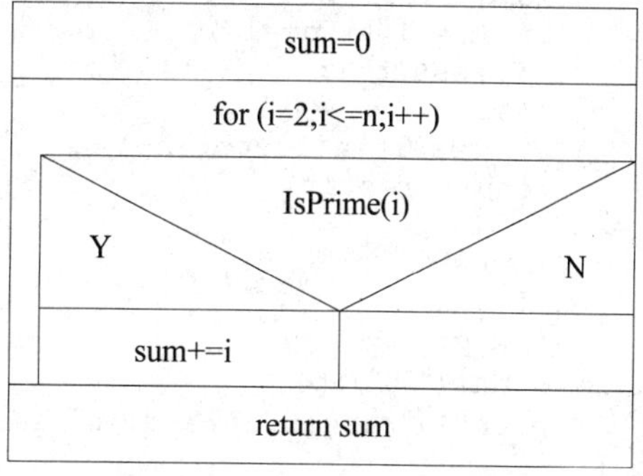

(b) SumOfPrime(n)函数的N-S图

图 7.6　例 7.8 的 N-S 图

代码如下：

```
#include <stdio.h>
#include <math.h>
int IsPrime(int k)                    //判断整数 k 是否为素数
{
    int i,m;
    m=(int)sqrt(k);
    for (i=2;i<=m;i++)
        if (k%i==0)
            return 0;
    return 1;
}
int sumOfPrime(int n)                 //求 2～n 以内的所有素数的和
{
    int sum=0,i;
    for (i=2;i<=n;i++)
        if (IsPrime(i))
            sum+=i;
    return sum;
}
void main()
{
    int n;
    printf("Input an integer:");
    scanf("%d",&n);
    printf("The sum is %d.\n",sumOfPrime(n));
}
```

7.3.2　函数的递归调用

如果一个函数直接或者间接地调用了它自身，则称为递归调用。

例 7.9 写出求 $n!=\begin{cases}1 & n=0\text{或}n=1\\ n\times(n-1)! & n\geqslant 2\end{cases}$ 的递归程序。

程序的算法描述如图 7.7 所示。代码如下：

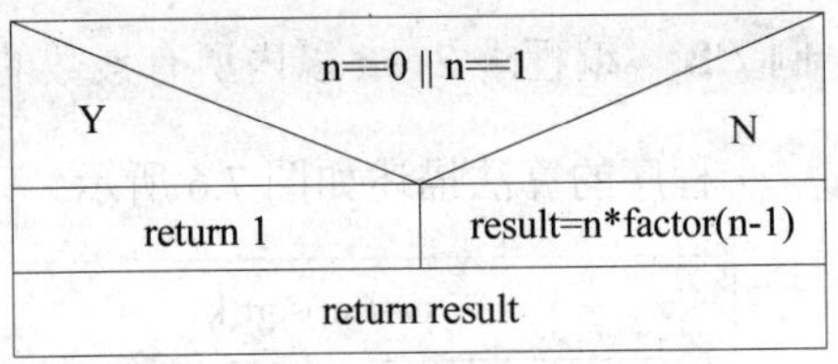

图 7.7 例 7.9 factor 函数的 N-S 图

```
#include <stdio.h>
long factor(int n)
{
    long result;
    if (n==0 || n==1 )
        result=1;
    else
        result=n*factor(n-1);
    return result;
}
void main()
{
    int p;
    scanf("%d",&p);
    printf("result is %ld.\n",factor(p));
}
```

说明

① 程序中的函数 factor 是一个递归函数。主函数调用 factor 后即进入 factor 执行，如果 n=0 或者 n=1，函数就会结束执行，否则递归调用 factor 函数本身。由于每次递归调用的实参为 n−1，即把 n−1 的值赋予形参 n。然后，当 n−1 的值为 1 时再做递归调用，形参 n 的值也是 1，使递归终止。最后逐层退回。

② 我们以 n=3 为例说明函数的执行过程，如图 7.8 所示。

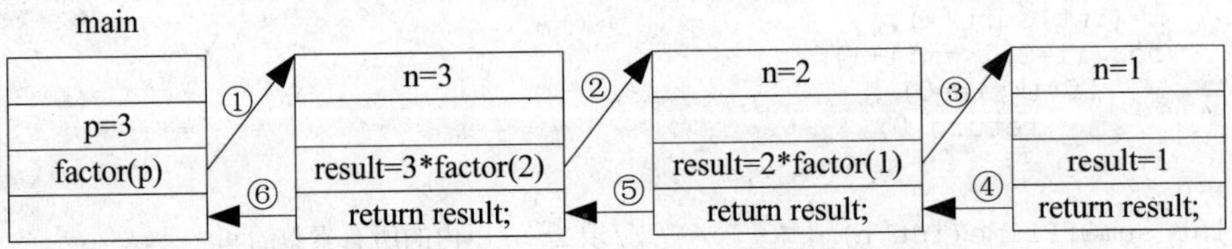

图 7.8 例 7.9 中 n=3 时递归函数的执行过程

Ⅰ 调用factor(3)，为其分配存储空间。
Ⅱ 调用factor(2)，为其分配存储空间。
Ⅲ 调用factor(1)，为其分配存储空间。
Ⅳ 返回1!。
Ⅴ 返回2!。
Ⅵ 返回3!。

例 7.10 求 Fibonacci 数列第 n 项，其中 n 是用户输入的一个整数。

Fibonacci 数列的公式为

$$F(n)=\begin{cases}1 & n=0\text{或}n=1\\ f(n-1)+f(n-2) & n\geqslant 2\end{cases}$$

程序算法描述如图 7.9 所示。代码如下：

```
#include <stdio.h>
long Fibonacci(int k)
{
  if (k==0 || k==1 )
     return 1;
  else
     return Fibonacci(k-1)+Fibonacci(k-2);
}
void main()
{
   int n;
   scanf("%d",&n);
   printf("result is %ld.\n",Fibonacci(n));
}
```

k==0 || k==1

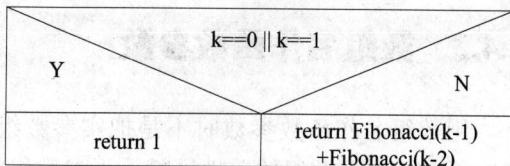

Y　　N

return 1　　return Fibonacci(k-1)+Fibonacci(k-2)

图 7.9　例 7.10 Fibonacci 函数的 N-S 图

7.4 数组作为函数参数

7.4.1 数组元素作为函数参数

数组元素作为函数参数与变量作为参数的作用是一样的，都是值传递。

例 7.11　计算一个数组中所有素数的和。

程序算法描述如图 7.10 所示。代码如下：

```
#include <stdio.h>
#include <math.h>
int IsPrime(int p)
{
   int q,i;
   q=(int)sqrt(p);
   for (i=2;i<=q;i++)
      if (p%i==0)
         return 0;
   return 1;
}
void main()
{
   int array[10];
   int i;
   int count=0;
   printf("input the array:");
   for (i=0;i<10;i++)
      scanf("%d",&array[i]);
   for (i=0;i<10;i++)
      if (IsPrime(array[i]))
         count+=array[i];
   printf("the sum of primes in the array is %d.\n",count);
}
```

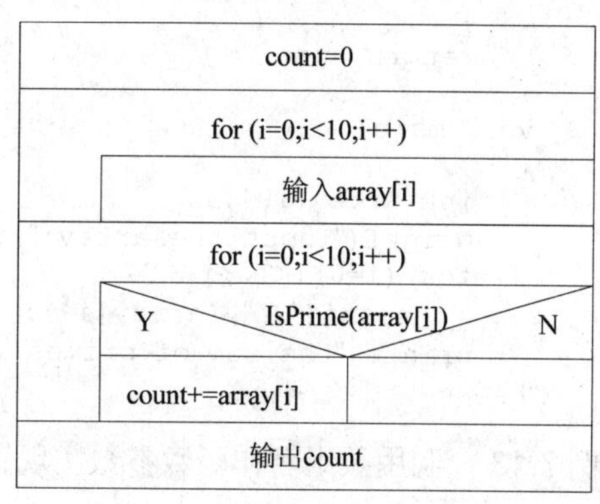

图 7.10　例 7.11 main 函数的 N-S 图

7.4.2 数组名作函数参数

用数组名作函数参数时不是把实参数组的每一个元素的值都赋予形参数组的各个元素，而是把实参数组的首地址赋予形参数组名，形参数组和实参数组为同一数组，共同拥有一片内存空间，所以形参数组发生变化时，实参数组也会随之变化。在函数形参表中，允许不给出形参数组的长度。

例 7.12 针对例 7.11 中的程序，将求数组中素数的和作为一个子函数进行重新编写。

程序算法描述如图 7.11 所示。代码如下：

```
#include <stdio.h>
#include <math.h>
int SumofPrime(int p[],int n)
{
    int q,i,j,flag,sum=0;
    for (j=0;j<n;j++)
    {
        flag=0;
        q=(int)sqrt(p[j]);
        for (i=2;i<=q;i++)
            if (p[j]%i==0)
            {
                flag=1;
                break;
            }
        if (flag==0)
            sum+=p[j];
    }
    return sum;
}
void main()
{
    int array[10],i;
    printf("input the array:");
    for (i=0;i<10;i++)
        scanf("%d",&array[i]);
    printf("the sum of primes in the array is %d.\n",SumofPrime(array,10));
}
```

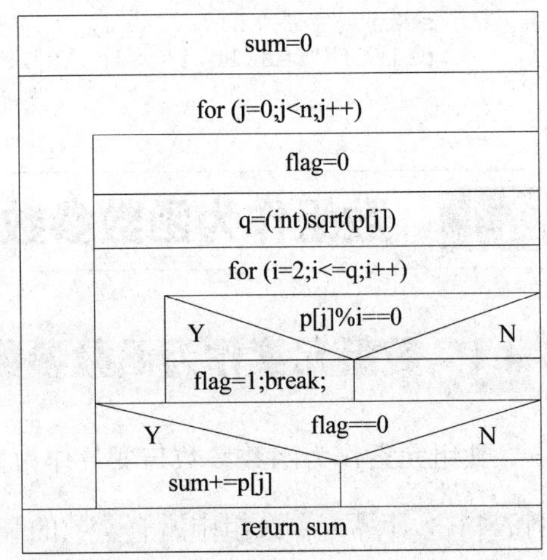

图 7.11　例 7.12 SumofPrime 函数的 N-S 图

例 7.13 利用数组名作函数参数实现冒泡排序。

程序算法描述如图 7.12 所示。

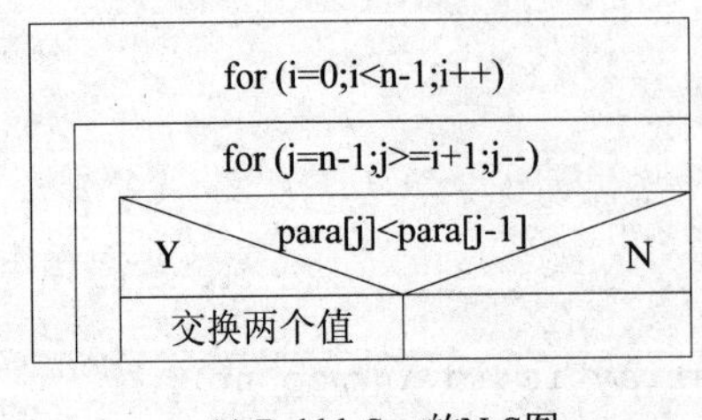

(a) BubbleSort的N-S图

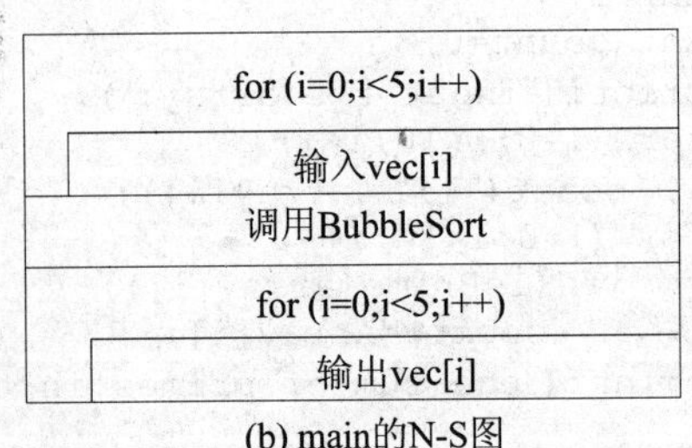

(b) main的N-S图

图 7.12　例 7.13 的 N-S 图

```
#include <stdio.h>
void BubbleSort(int para[],int n)
{
    int i,j,temp;
    for (i=0;i<n-1;i++)
{
        for (j=n-1;j>=i+1;j--)
        {
            if (para[j]<para[j-1])
            {
                temp=para[j];
                para[j]=para[j-1];
                para[j-1]=temp;
            }
        }
    }
}
void main()
{
    int vec[5];
    int i;
    for (i=0;i<5;i++)
        scanf("%d",&vec[i]);
    BubbleSort(vec,5);
    printf("the result is :");
    for (i=0;i<5;i++)
        printf("%5d",vec[i]);
    printf("\n");
}
```

例 7.14 编程将一个字符串中的大写字母都变换为小写字母，其余字符不变。

程序算法描述如图 7.13 所示。代码如下：

```
#include <stdio.h>
#include <string.h>
void change(char str[])
{
    int i=0;
    while (str[i]!='\0')
    {
        if (str[i]>='A' && str[i]<='Z')
            str[i]+=32;
        i++;
    }
}
void main()
{
    char str[80];
    puts("Please input a string:");
    gets(str);
    change(str);
    puts("after change:");
    puts(str);
}
```

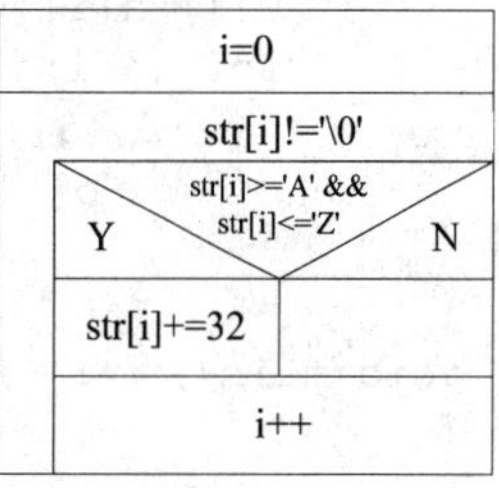

图 7.13 例 7.14 的 N-S 图

7.4.3 多维数组作函数参数

多维数组元素作函数参数与一维数组元素作函数参数是一样的。多维数组名作函数参数与一维数组名作函数参数类似，传递的也是数组的首地址。使用多维数组名作为函数参数时，在形参中必须给出第二维及其以后各维的长度，可以省略第一维的长度。

例 7.15 求一个二维数组中每行的最大值。

程序算法描述如图 7.14 所示。

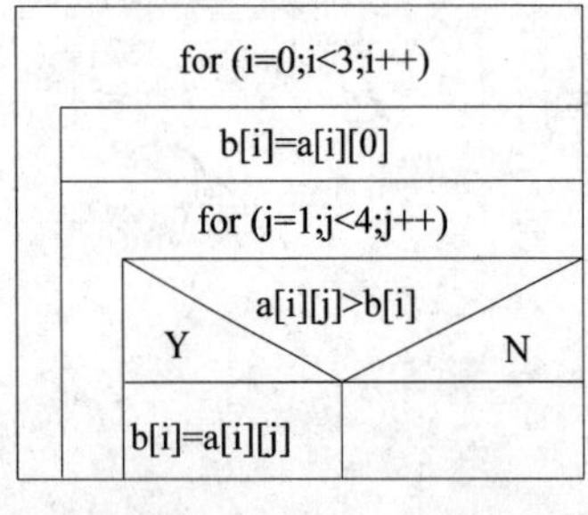
for (i=0;i<3;i++)
b[i]=a[i][0]
for (j=1;j<4;j++)
a[i][j]>b[i]
Y
N
b[i]=a[i][j]
(a) MatrixMax的N-S图

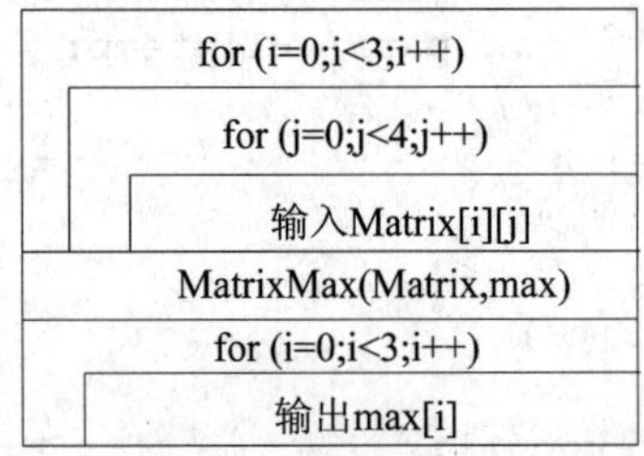
for (i=0;i<3;i++)
for (j=0;j<4;j++)
输入Matrix[i][j]
MatrixMax(Matrix,max)
for (i=0;i<3;i++)
输出max[i]
(b) main的N-S图

图 7.14 例 7.15 的 N-S 图

代码如下：

```
#include <stdio.h>
void MatrixMax(int a[3][4],int b[3])
{
    int i,j;
    for (i=0;i<3;i++)
    {
        b[i]=a[i][0];
        for (j=1;j<4;j++)
            if (a[i][j]>b[i])
                b[i]=a[i][j];
    }
}
void main()
{
    int Matrix[3][4],max[3];
    int i,j;
    printf("input Matrix A:\n");
    for (i=0;i<3;i++)
        for (j=0;j<4;j++)
            scanf("%d",&Matrix[i][j]);
    MatrixMax(Matrix,max);
    printf("results:\n");
    for (i=0;i<3;i++)
        printf("%5d",max[i]);
    printf("\n");
}
```

7.5 变量的作用域与生存期

7.5.1 变量的作用域

1 局部变量

在一个函数体或者模块内部定义的变量称为局部变量（也称为内部变量），其作用域仅限于从变量定义处至函数或者模块结束。编译系统在进入函数或者模块时，为其中的局部变量分配内存空间；在退出函数或者模块时，释放局部变量所占用的内存空间。图 7.15 是一个局部变量的示意图。

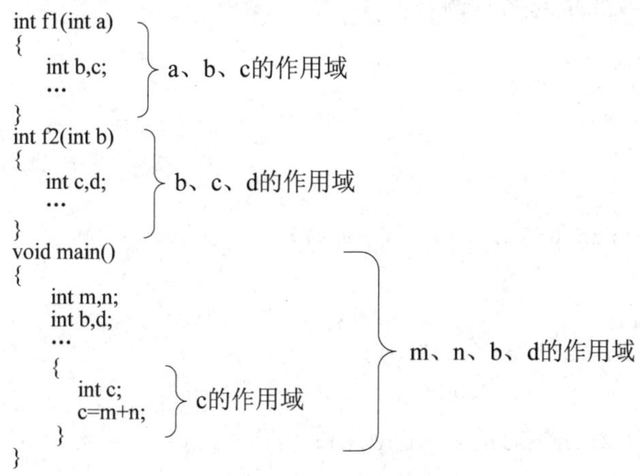

int f1(int a)
{
int b,c;
…
}
a、b、c的作用域
int f2(int b)
{
int c,d;
…
}
b、c、d的作用域
void main()
{
int m,n;
int b,d;
…
{
int c;
c=m+n;
}
}
c的作用域
m、n、b、d的作用域

图 7.15 局部变量示意图

说明

① 函数 f1 内部定义的变量 b 和 c 以及它的形参 a 都是属于 f1 的局部变量；函数 f2 内定义的变量 c、d 以及它的形参 b 都是 f2 的局部变量。它们仅能用于其所在的函数体，都不能被其他函数（包括主函数）使用。

② 在主函数中定义的变量 m、n、b、d 属于 main 函数的局部变量，其他函数不可访问。在 main 函数的复合语句中定义的变量 c 仅属于这个复合语句。

③ 形参和实参都是局部变量，它们分别属于被调函数和主调函数。

④ 允许在不同的函数中使用相同的变量名，它们代表不同的对象，占用不同的存储空间，互不干扰，也不会发生混淆。

2 全局变量

如果一个变量在所有函数外部定义，则称为外部变量（或者全局变量，或者全程变量）。其作用域是从其定义处开始，到源文件结束。全局变量存放在程序内存空间的全局数据区。图 7.16 是一个使用全局变量的示意图。

```
int c,d;/*全局变量*/
void f1()/*函数f1*/
{
   …
}
float m,m;/*全局变量*/
int f2()/*函数f2*/
{
   …
}
void main()/*主函数*/
{  …
}
```

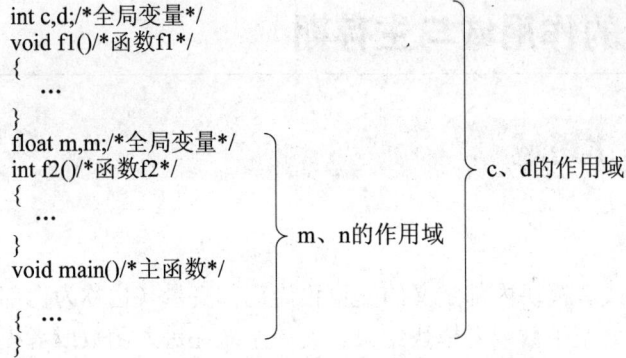

m、n的作用域

c、d的作用域

图 7.16　全局变量示意图

例 7.16　不同作用域变量同名示例。

```
#include <stdio.h>
#include <math.h>
int a=3;
void fun(int k)
{
   int a=4;
   printf("in fun a=%d, k=%d\n",a,k);
}
void main()
{
   printf("1:in main a=%d\n",a);
   {
      int a=5;
      printf("2:in main a=%d\n",a);
   }
   printf("3:in main a=%d\n",a);
   fun(3);
}
```

程序运行结果如下：

```
1: in main a = 3
2: in main a = 5
3: in main a = 3
in fun a = 4, k = 3
```

如果在某个作用域范围内的子范围内定义的变量与该范围的变量重名，则原定义的变量在子范围内是不可见的，子范围内的变量是可见的，在子范围之外，大范围内的变量又是可见的。

7.5.2　变量的生存期

局部变量和全局变量是从变量的作用域角度（空间角度）对变量的分类；如果从时间角度（变量的生存期）考虑，可以将变量分为静态存储变量和动态存储变量。静态存储变量在变量定义时就分配内存空间，并且在程序运行期间一直保持不变。动态存储变量是在程序执行过程中使用时才分配内存空间，而且使用完毕立即释放。C 语言变量的存储类型说明有 4

种：auto（自动的）、register（寄存器的）、static（静态的）和 extern（外部的）。其中，前两个属于动态存储方式，后两个属于静态存储方式。因此，变量说明的完整形式如下。

格式：[<存储类型>] <数据类型说明符> 变量名 1[,变量名 2,…]

功能：变量说明或定义。例如：

```
static int a,b;                  //定义 a、b 为静态整型变量
auto char c1,c2;                 //定义 c1 和 c2 为自动字符型变量
static int a[5]={1,2,3,4,5};     //定义 a 为一个由 5 个整数组成的静态数组
extern int x,y;                  //定义 x 和 y 为外部整型变量
```

说明

① 如果定义的变量是局部变量，而且省略存储类型时，默认值为 auto。
② 如果定义的变量是全局变量，而且省略存储类型时，默认值为 extern。

1 auto 变量

这是 C 语言程序中使用最广泛的一种类型。C 语言规定，函数内部凡是未指定存储类型的变量都是自动变量。前面各章所给出的程序中定义的局部变量都是自动变量。其特点如下。

① 作用域仅限于定义该变量的个体内。这个"个体"可以是一个函数，也可以是一个复合语句。

② 自动变量只有在定义该变量的函数或者复合语句被调用时才给它分配空间，开始它的生存期，一旦函数或者复合语句执行结束，就会释放存储空间，结束生存期。

③ 不同的个体使用相同名字的变量不会引起混淆。

2 register 变量

寄存器变量存放在 CPU 的寄存器中，使用时可以直接从寄存器中读写而不必访问内存，从而提高变量访问速度。由于计算机在执行程序时实现了优化，可以判断出频繁使用的变量并放入寄存器中，因此编程时一般不使用 register 变量。

3 extern 变量

外部变量和全局变量是对同一类变量的两种不同的提法。全局变量是从它的作用域角度提出的，外部变量是从它的存储方式角度提出的，表示了它的生存期。extern 变量存放在程序的全局数据区。

格式：extern [<数据类型说明符>] 外部变量名 1[,外部变量名 2,…]

功能：声明外部变量。例如：

```
extern x;              //声明 x 为一个外部变量
extern float f;        //声明 f 为一个单精度型外部变量
```

说明

在Visual C++环境下，当数据类型说明符为int时可以省略，其他情况下不要省略，否则运行结果会产生错误。

4 static 变量

在局部变量的说明前加上 static 说明符，就构成了静态局部变量。例如：

```
static int a,b;
static float array[5]={1,2,3,4,5};
```

静态局部变量具有以下特点。

① 静态局部变量在函数内定义，在整个程序运行期间都会存在。

② 静态局部变量作用域与自动变量相同。

③ 对于基本类型的静态局部变量，若在说明时未赋予初值，则系统自动赋予 0 值。

例 7.17 静态局部变量示例。

```
#include <stdio.h>
void fun();
void main()
{
    int i;
    for (i=1;i<=5;i++)
        fun();
}
void fun()
{
    static int j=0;
    ++j;
    printf("%d\n",j);
}
```

程序运行结果如下：

```
1
2
3
4
5
```

说明

由于j为静态变量，能在每次调用后保留其值并在下一次调用时继续使用，所以输出值为累加的结果。

7.6 应用举例

例 7.18 求 $sum = 1^k + 2^k + 3^k + \cdots + n^k$，其中 n 和 k 由用户输入。

程序算法描述如图 7.17 所示。代码如下：

```
#include <stdio.h>
int calSum(int n,int k)
{
```

```
    int item,i,j,sum=0;
    for (i=1;i<=n;i++)
    {
        item=1;
        for (j=1;j<=k;j++)
            item*=i;
        sum+=item;
    }
    return sum;
}
void main()
{
    int n,k;
    printf("input n and k:");
    scanf("%d%d",&n,&k);
    printf("The sum is %d.\n",calSum(n,k));
}
```

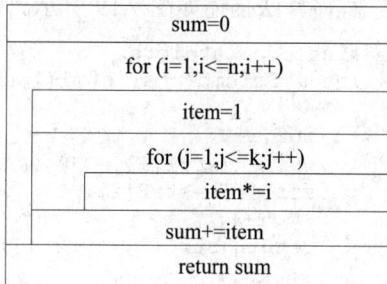

sum=0
for (i=1;i<=n;i++)
item=1
for (j=1;j<=k;j++)
item*=i
sum+=item
return sum

图 7.17 例 7.18 calSum 函数的 N-S 图

例 7.19 求 $sum = 1! + 2! + 3! + \cdots + n!$。

程序算法描述如图 7.18 所示。代码如下：

```
# include <stdio.h>
# define N 20
float sum(int);
float fac(int);
int main()
{
    float add;
    add=sum(N);
    printf("s=%e",add);
}
float sum(int n)
{
    int i;
    float s=0;
    for (i=1;i<=n;i++)
        s+=fac(i);
    return s;
}
float fac(int i)
{
    float t=1;
    int n=1;
    do
    {
        t=t*n;
        n++;
    }
    while (n<=i);
    return t;
}
```

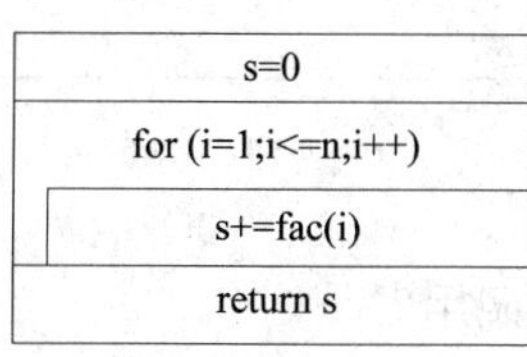

(a) sum函数的N-S图

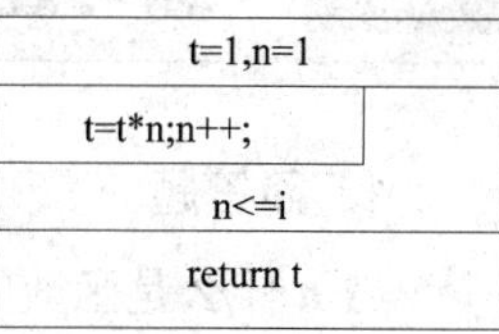

(b) fac函数的N-S图

图 7.18 例 7.19 的 N-S 图

例 7.20 编写一个函数，比较两个字符串的大小，返回值为两个字符串的第一个不相等字符的 ASCII 码差值；如果两个字符串相同，则返回 0。

程序算法描述如图 7.19 所示。代码如下：

```
#include <stdio.h>
int myStrcmp(char str1[],char str2[])
{
    int i=0;
    while (str1[i]!='\0' && str2[i]!='\0' &&
    str1[i]==str2[i])
        i++;
    return str1[i]-str2[i];
}
int main()
{
    char strOne[80],strTwo[80];
    puts("Please input two strings:");
    gets(strOne);
    gets(strTwo);
    printf("The compare result is %d\n",myStrcmp(strOne,strTwo));
}
```

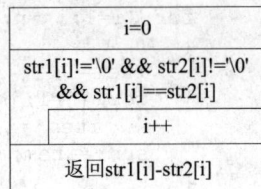

i=0
str1[i]!='\0' && str2[i]!='\0' && str1[i]==str2[i]
i++
返回str1[i]-str2[i]

图 7.19　例 7.20 的 N-S 图

7.7 练习题

1. 简答题

（1）什么是函数的嵌套调用？

（2）什么是递归函数？请举例说明递归函数的执行过程。

（3）使用数组作为函数参数时，有哪些方式？它们有什么区别？

（4）什么是变量的作用域？什么是变量的生存期？它们之间有什么联系？

（5）指出下面程序的错误。

```
#include <stdio.h>
void main()
{
    auto int out;
    printf("\ninput a number:\n");
    scanf("%d",&out);
    if(out>10)
    {
        auto int in1,in2;
        in1=out*out;
        in2=out+out;
    }
    printf("in1=%d in2=%d\n",in1,in2);
}
```

2. 编程题

（1）编写一个函数，判断一个 3 位数是否是一个水仙花数，并返回一个整型值：0 表示不是水仙花数，1 表示是水仙花数。水仙花数是一个 3 位数，其各位数字的立方和恰好等于该数本身。例如，153＝1+125+27。

（2）编写一个函数求输入的 10 个数的和。要求将这 10 个数存放在数组中，数组名作为函数的参数，在主函数中调用该函数并输出结果。

（3）写一个求字符串长度的函数，在 main 函数中输入字符串后调用该函数，并输出其长度。

（4）编写一个函数，实现将一个字符串中的所有英文字母都变为大写字母。

（5）编写一个将小写字母转换为大写字母的函数 ChangeToUpper(char ch)，以及一个将字符串中的小写字母变为大写字母的函数 ChangeString(char str[])。要求在 main 函数中输入字符串并调用 ChangeString 函数进行大小写转换，然后输出字符串。(ChangeString 函数要调用 ChangeToUpper 函数对单个字母进行转换。)

第8章 预处理命令

学习目标 理解并掌握宏的定义方法；熟练应用文件包含命令；了解条件编译命令。

在前面各章中，我们多次使用过以“#”号开头的命令，如#include、#define 等。在源程序中，这些命令都放在函数之外，而且一般都放在源文件的前面，这就是预处理命令。其特点如下。

- 所有的预处理命令都以“#”开头，且“#”号后面不留空格。
- 预处理命令是由 ANSI 统一规定的，行的末尾不加分号，不是 C 语句。
- 预处理命令是在预处理阶段完成的，所以它们没有任何计算、操作等执行功能。

8.1 宏

8.1.1 宏定义

C 语言源程序使用#define 定义的用于代表一个字符串的标识符称为宏名。在编译预处理时，源程序中出现宏名的地方，都要使用宏定义中的字符串去替换，称为宏替换或宏展开。宏定义的格式如下。

格式：#define <标识符> [(<参数表>)] <字符串>

功能：定义宏，用指定的标识符来代表字符串。例如，

```
#define PI 3.1415926             //无参宏
#define M (y*y+y*3+2)            //无参宏
#define N(y) (y*y+3*y+1)         //有参宏
```

说明

① “字符串”可以是常数、表达式、格式串等。

② 在宏定义时，可以使用已经定义的宏，即宏定义允许嵌套。例如：

```
#define PI 3.1415926
#define S 2*PI*r
```

如果使用宏调用“printf("%f",S);”，其宏展开结果为 printf("%f",2*3.1415926*r);

③ 在源程序中，若用引号将宏名括起来，则预处理程序不对其作宏展开。

④ 宏定义中的参数称为形式参数（简称形参）；宏调用时的参数称为实际参数（简称实参）。

⑤ 对于带参数的宏，在宏展开时，要从左向右用实参依次替换形参。

⑥ 在带参数的宏定义中，宏名和形参表之间不能出现空格。

⑦ 宏定义中，出现在字符串中的形参通常要用括号括起来。

例 8.1 无参数宏用于表示一个表达式。

```
#define N (y*y)                //宏定义
#include <stdio.h>
void main()
{
   int t,y;
   printf("input a number:");
   scanf("%d",&y);
   t=3*N+4*N;                  //宏调用
   printf("t=%d\n",t);
}
```

例 8.2 无参数宏用于代表数据类型。

```
#define SCORE double
#include <stdio.h>
void main()
{
   SCORE myScore;
   scanf("%d",&myScore);
   printf("Your input is: %d.\n",myScore);
}
```

例 8.3 使用带参数的宏。

```
#define N(y) (y*y)
#include<stdio.h>
void main()
{
   int t,x;
   printf("input a number: ");
   scanf("%d",&x);
   t=3*N(x)+4*N(x);
   printf("s=%d\n",t);
}
```

说明

① 例 8.3 实现与例 8.1 中程序相似的功能。但是由于此例使用的是带参数的宏，因而，在主程序中，不必定义变量 y，就可以调用这个宏。

② 在宏展开时，使用 x 作实参，代替 N(y)中的形参 y。即结果为 t=3*(x*x)+4*(x*x)。如果将程序的第 8 行中的 x 全部替换为表达式 2+3，那么宏展开后的结果为：t=3*(2+3*2+3)+4*(2+ 3*2+3)，从而 t 的值便是 77。

8.1.2 宏取消

对定义了的宏，可以加以取消。

格式： #undef 宏名

功能： 终止指定宏的作用域。

例 8.4 取消宏定义举例。

```
#include <stdio.h>
#define F(x) ((x)*(x))
```

```
void main()
{
    int a;
    printf("Input a number:");
    scanf("%d",&a);
    printf("Using the macro, result=%d\n",F(a));
    #undef F
    printf("Using the macro, result=%d\n",F(a));
}
```

说明

程序的最后一行在编译时会出错，原因是在其上一行"#undef F"取消了宏F的定义，所以之后的语句中不能再使用宏F。

8.2 文件包含

文件包含是C预处理程序的另一个重要功能。

格式1：#include <文件名>

格式2：#include "文件名"

功能：将指定的文件插入命令行所在位置，并取代该命令行，实现把指定文件和当前源程序文件连成一个源文件的功能。例如，

```
#include <stdio.h>
#include "MyHeader.h"
```

说明

① 使用"格式1"表示在存放C库函数头文件的目录中寻找指定的文件（对于VC6，如果采用默认安装路径，则是C:\Program Files\Microsoft Visual Studio\VC98\ INCLUDE），这称为标准方式。使用"格式2"表示首先在用户当前目录中查找指定的文件，若未找到再按照标准方式去查找。用户编程时可根据自己文件所在的目录来选择某一种命令形式。

② 如果被包含文件不在当前目录下，使用双引号时，应指出文件路径。例如：

`#include "c:\MyHeader.h"`。

③ 一个 include 命令只能指定一个被包含文件，若要包含多个文件，需要用多个 include 命令。

④ 文件包含允许嵌套，即在一个被包含的文件中又可以包含另一个文件。

⑤ 文件包含命令通常放在一个文件的头部，所以被包含的文件通常称为"头文件"（或标题文件），这种文件的扩展名一般是.h。当然也可以使用其他扩展名，甚至没有扩展名。

8.3 条件编译

通常情况下，源程序中的所有行都要参加编译。C语言提供的条件编译命令，可以在编

译时按照不同的条件编译不同的程序部分，从而产生不同的目标代码。这有利于程序的移植和调试。

格式 1：#ifdef 标识符
程序段 1
[#else
程序段 2]
#endif

功能：若指定的标识符已被#define 定义过，则对“程序段 1”进行编译；否则对“程序段 2”进行编译。

例 8.5 体会“格式 1”的使用方法。通过添加或者取消 TEST 的宏定义语句，可实现不同的输出结果。

```
#define TEST
#include <stdio.h>
void main()
{
int i,j;
#ifdef TEST
   printf("In test…\n");
#else
   printf("Not in test…\n");
#endif
}
```

说明

第一行定义了宏TEST，从而程序的运行结果是“In test…”；如果将该行删除，则输出结果变成“Not in test…”。

格式 2：#ifndef 标识符
程序段 1
[#else
程序段 2]
#endif

功能：若指定的标识符未被#define 命令定义过，则对“程序段 1”进行编译，否则对“程序段 2”进行编译。

说明

“格式 2”与“格式 1”的功能相反。

格式 3：#if 常量表达式
程序段 1
[#else
程序段 2]
#endif

功能：若给定的常量表达式的值为真（非 0），则对“程序段 1”进行编译；否则对“程序段 2”进行编译。

例 8.6 体会“格式 3”的使用方法。

```
#define M 1
#include <stdio.h>
void main()
{
    float r;
    float l;
    float s;
    printf ("input a number: ");
    scanf("%f",&r);
#if M
    l=2*3.14159f*r;
    printf("round of round is: %f\n",l);
#else
    s=4*r;
    printf("round of square is: %f\n",s);
#endif
}
```

说明

由于第一行定义宏M，且代表值1，因此该程序会计算圆周长并输出；如果将第一行改为“#define M 0”，则输出结果为正方形的周长。

8.4 练习题

1．简答题

（1）什么是预处理命令？它有什么特点？

（2）预处理命令有哪些？它们分别有什么作用？

（3）分析如下程序的作用。

```
#define MIN(a,b) (a<b)?a:b
#include <stdio.h>
void main()
{
    int x,y,min;
    printf("input two numbers: ");
    scanf("%d%d",&x,&y);
    min=MIN(x,y);
    printf("min=%d\n",min);
}
```

（4）C 语言中有几种定义常量的方法？它们有什么区别？

2．编写题

（1）定义一个带参数的宏，要求求出两个整数的和、差、积、商，并在主程序中调用这个宏。

（2）分别用函数和宏，判断一个年份是否是闰年。

第9章 指针

学习目标 理解指针的概念；掌握各种类型的指针变量的定义方法、初始化及其引用方法；理解数组在内存中的存储结构，掌握指向一维数组的指针和字符串指针的使用方法；了解指向二维数组的指针。

指针是C语言的一个重要概念，是C语言的精华所在，也是C语言区别于其他计算机语言的重要特色之一。本章将介绍指针的概念、指针变量的定义及使用；数组指针、字符串指针的概念和简单应用。

9.1 指针与指针变量

指针类型是C语言引入的一种新的数据类型，专用于存放变量的地址，该类型的变量称为指针变量。

9.1.1 指针的概念

内存是由若干顺序排列的存储单元（每个存储单元为1B）组成的。为了标识不同的内存单元，每个存储单元都有一个唯一的编号，我们将这一编号称为内存单元的地址。实际上，程序要完成对各种类型数据的读、写操作，就必须知道数据在内存中的存储位置。虽然不同类型的数据在内存中所占有的存储单元的数目不同，但由于其所占存储单元都是连续的，因此，我们用存放该数据的第一个内存单元的地址（即首地址）来表示该数据的存储位置。

为了说明程序对数据进行操作的“内幕”，我们来看一个简单的例子。假定一个程序通过语句“float x=5.5;”定义了一个实型变量x，编译后就建立了变量名x与存放该变量值的内存首地址（假定是2000）的对应关系。程序对变量x的所有读写操作都必须根据上述对应关系找到其存储的首地址来进行。例如赋值语句“x=8.5;”在执行时，首先必须按照上述对应关系找到存储变量x的首地址2000，然后再将8.5写入内存单元2000、2001、2002和2003中，如图9.1所示。这种访问变量的方式被称为“直接访问”。

内存用户数据区

地址	内容	
2000	8.5	变量x
2004		
2008		

图9.1 通过变量名x访问内存中的数据

通过上述例子可以看出：必须通过地址才能找到存储变量值的存储单元，可以说“地址”指向了变量的存储单元。为了能表示指向变量的地址，C语言形象地将地址称为“指针”，并引入一种新的数据类型——指针类型。

9.1.2 指针变量的定义及引用

如果一个变量中要存放另一个变量的地址，就必须定义一个存放地址的变量，即指针变量。在 C 语言中，规定指针类型的标识符为“基类型 *”，其中基类型可以是 C 语言中的任何一种数据类型，如 int，float，char 等。

1 指针变量的定义

格式： 基类型 *变量名列表

功能： 定义指针变量。例如，

```
int *p;          /*p 是一个指向整型变量的指针变量，可以存放一个整型变量的地址*/
float  *pl;      /*pl 是一个指向实型变量的指针变量，可以存放一个实型变量的地址*/
```

说明

① 在定义指针变量时必须指定基类型。因为不同的基类型变量对应的存储区域大小不同，如，int 型变量占 4 个字节，字符型变量只占 1 个字节。明确了指针变量的基类型，编译器就能根据指针变量的基类型来读取内存中相应的连续区域。

② 指针变量中只能存放地址。切忌将一个非地址类型的数据赋给一个指针变量（NULL 和 0 可以直接赋值给指针变量）。例如，

```
int i=2000;
    int *p=2000;       /*这是不正确的*/
    p=i;               /*这是不正确的*/
```

2 取地址运算符

用&运算符可以获取变量的首地址，该运算符被称为取地址运算符。利用取地址运算符，可以对指针变量进行初始化。

格式： &变量名

功能： 取变量名所在存储区域的首地址。

说明

“&”运算符后可以是任何一种类型的变量，不得为常量或表达式。

3 指针变量间接引用运算符

用“*”运算符可以获取指针变量所指向的变量的内容，该运算符被称为指针变量间接引用运算符，也称为取内容运算符。

格式： *指针变量名

功能： 取变量名所指向的单元的内容。例如，

```
int x=2;
int *p=&x;               /*定义指针变量的同时进行初始化*/
printf("x=%d\n", *p);  /*结果为 x=2*/
```

例 9.1 指针变量的定义及使用。

```
#include <stdio.h>
void main()
{
    int a=8,b=2,*p1,*p2;
    p1=&a;
    p2=&b;
    printf("a=%d,b=%d\n",a,b);               /*结果为 a=8,b=2*/
    printf("*p1=%d,*p2=%d\n",*p1,*p2);  /*结果为*p1=8,*p2=2*/
}
```

例 9.2 分析下列两程序的运行结果。

程序一：

```
#include <stdio.h>
void main()
{
    int a,b,m,*p1=&a,*p2=&b;
    scanf("%d,%d",p1,p2);
    m=*p1;*p1=*p2;*p2=m;
    printf("%d,%d\n",a,b);
    printf("%d,%d\n",*p1,*p2);
}
```

运行情况如下：

输入：8，2↙
输入：2，8
　　2，8

说明

输入8和2后，指针指向情况如图9.2(a)所示，两指针所指对象a，b交换后的情况如图9.2(b)所示。

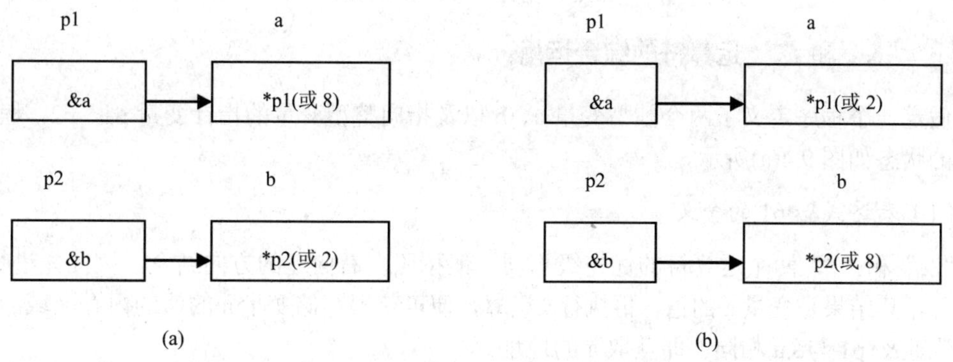

图 9.2 指针变量关系示意图

程序二：

```
#include <stdio.h>
void main()
{
    int a,b,*p,*p1,*p2;
```

```
    p1=&a;p2=&b;
    scanf("%d,%d",&a,&b);
    printf("a=%d,b=%d\n",a,b);
    p=p1;p1=p2;p2=p;
    printf("a=%d,b=%d\n",a,b);
    printf("*p1=%d,*p2=%d\n",*p1,*p2);
}
```

运行情况如下：

```
输入：8，2↙                    //输入
输出：a=8,b=2                  //a,b 初值
     a=8,b=2                  //指针交换后，a，b 值未变
     *p1=2,*p2=8              //指针交换后，所指对象发生变化，p1 指向了 b,p2 指向了 a
```

说明

① 输入 8 和 2 后，指针指向情况如图 9.3(a)所示，p1、p2 两指针交换位置后指针指向情况如图 9.3(b)所示。

② 以上两个程序不同之处是：程序一，交换 a、b 两变量的内容，即两指针所指对象的值发生交换，指针没动。程序二，交换 p1、p2 两指针所指对象，即两指针变量的值交换。

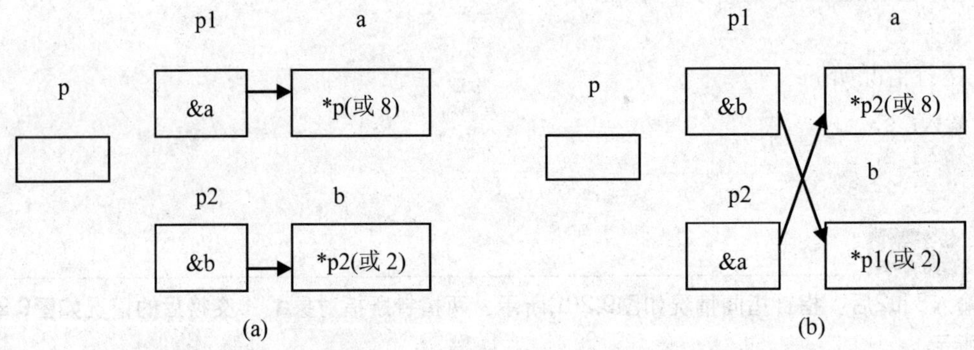

图 9.3　指针变量关系示意图

4　“&”和“*”运算符的综合运用

假定一个程序定义了两个整型变量 a、b 以及指向整型变量的指针变量 p1、p2，程序执行前的状态如图 9.4(a)所示。

（1）表达式&*p1 的含义

“&”和“*”两个运算符的优先级相同，但按照自右向左的方向结合，因此先进行*p1 的运算，其结果是变量 a 的值，再执行&运算，便可获得存储变量 a 的值的内存区域的首地址，因此&*p1 与&a 相同，即获取 a 的地址。

如果有 p2=&*p1;其作用是将 a 的地址（即&a）赋值给 p2，如果 p2 原来指向 b，经过重新赋值后它已不再指向 b 了，而是指向了 a，如图 9.4(b)所示。

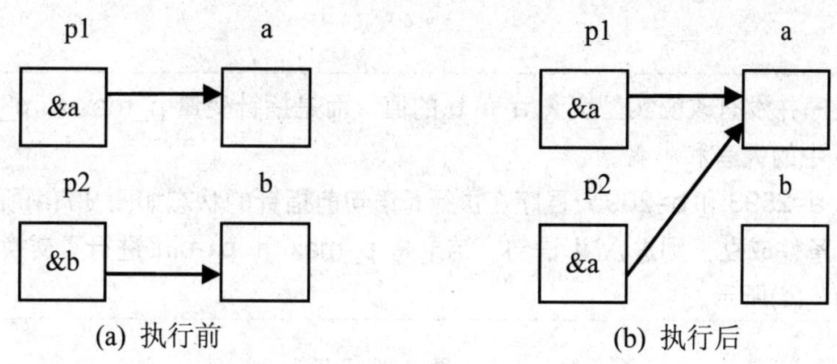

图 9.4 执行“p2=&*a”的情况

(2) 表达式*&a 的含义

先进行&a 运算，得到 a 的地址，再进行*运算，即&a 所指向的变量 a。*&a 和*p1 的作用是一样的，它们的结果都是变量 a，如图 9.5 所示。

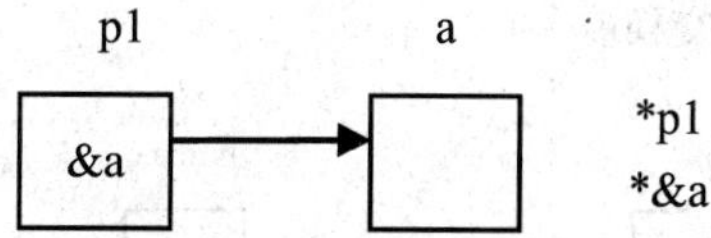

图 9.5 *&a 等价于*p1，结果都是访问变量 a 的值

例 9.3 输入两个员工的工资 a 和 b，采用指针方式按从大到小的顺序输出。

程序的算法描述如图 9.6 所示。代码如下：

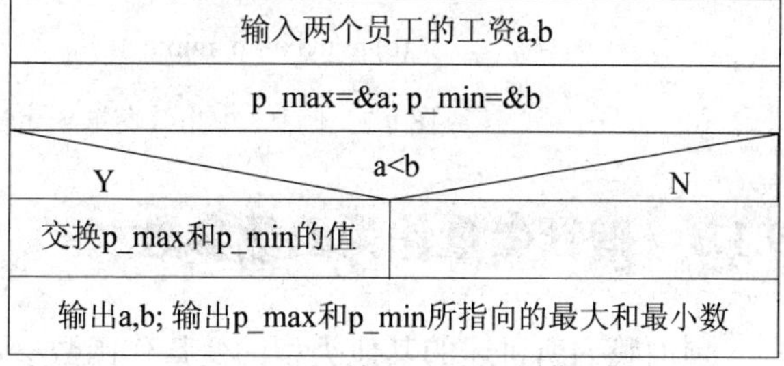

图 9.6 例 9.3 算法描述的 N-S 图

```
#include <stdio.h>
void main()
{
    float *p_max, *p_min, *p, a, b;  /*定义指针变量 p_max 和 p_min，分别用以指向两数中大者和小者。*/
    printf("请输入两个员工的工资 a 和 b：");
    scanf("%f,%f", &a, &b);
    p_max = &a;
    p_min = &b;
    if (a < b)  /*若 a 小于 b 则需交换指针 p_max 和 p_min 所指向的变量*/
    {
        p = p_max;
        p_max = p_min;
        p_min = p;
    }
    printf("\na=%7.2f, b=%7.2f\n", a, b);
    printf("max=%7.2f, min=%7.2f\n", *p_max, *p_min);
}
```

程序运行情况如下：

```
请输入两个员工的工资 a 和 b：2593，2695↙
a=2593.00, b=2695.00
max=2695.00, min=2593.00
```

说明

① 上例的程序并没有改变实型变量 a 和 b 的值，而是指针变量 p_max 和 p_min 分别指向了 a 和 b 中的大者和小者。

② 假定输入 a=2593 和 b=2695，程序在执行 if 语句前指针的状态如图 9.7(a)所示；由于 a<b，if 语句的条件成立，则进入 if 语句，结果将 p_max 和 p_min 进行了交换，交换过程如图 9.7(b)～(d)所示。

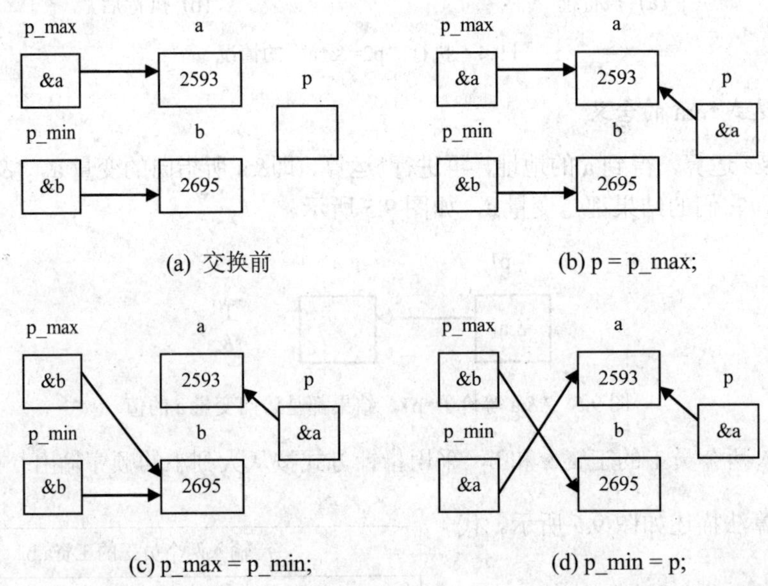

图 9.7　例 9.3 中指针变量 p_max 和 p_min 的交换过程

9.1.3　指针变量作为函数参数

前面我们所讲述的其他类型的变量作函数参数是一种传值方式；调用函数只能返回一个值。而指针变量作参数，其作用是将一个变量的地址传送到函数中。尽管采用的仍然是传值方式，但实质传送的是变量的地址，通过这种方式可以使函数返回多个值。

例 9.4　输入两个员工的工资 a 和 b，按先大后小的顺序输出其值。用函数处理，而且用指针类型的数据作函数参数。

程序的算法描述如图 9.8 所示，代码如下：

```
#include <stdio.h>
void swap(float *p1, float *p2)
{
    float temp;
    temp = *p1;
    *p1 = *p2;
    *p2 = temp;
}
void main()
{
    float *p_max, *p_min, a, b;
```

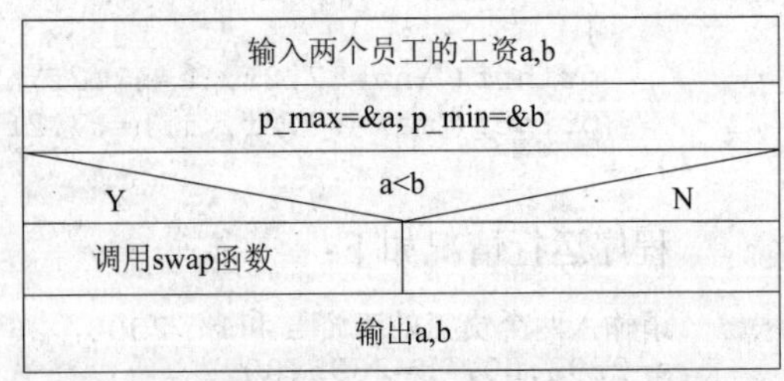

图 9.8　例 9.4 的 N-S 图

```
    printf("请输入两个员工的工资 a 和 b: ");
    scanf("%f,%f", &a, &b);
    p_max = &a;
    p_min = &b;
    if (a < b) /*若 a 比 b 小则需交换指针 p_max 和 p_min 所指向的变量*/
       swap(p_max, p_min);
    printf("\n%7.2f, %7.2f\n", a, b);
}
```

运行情况如下：

```
请输入两个员工的工资 a 和 b: 2593, 2695↙
2695.00, 2593.00
```

说明

① swap()的两个形参 p1、p2 是指针变量。函数的作用是交换 p1、p2 所指向的两个整型变量的值。

② 程序运行时，先执行 main()函数，输入 a 和 b 的值（假设分别为 2593 和 2695）。然后将 a 和 b 的地址分别赋给 p_max 和 p_min。

③ 由于 a<b，因此调用 swap()。实参 p_max 和 p_min 是指针变量，在函数调用时，将实参变量的值传送给形参变量。因此，传递给形参 p1 的值为&a，p2 的值为&b，如图 9.9(a)所示。

④ 执行 swap()的函数体，使*p1 和*p2 的值互换（即交换了 a 和 b 的值），如图 9.9(b)所示。

⑤ swap()调用结束后，p1 和 p2 被释放。最后在 main()中输出的 a 和 b 的值是已经交换过的值（a=2695，b=2593）。

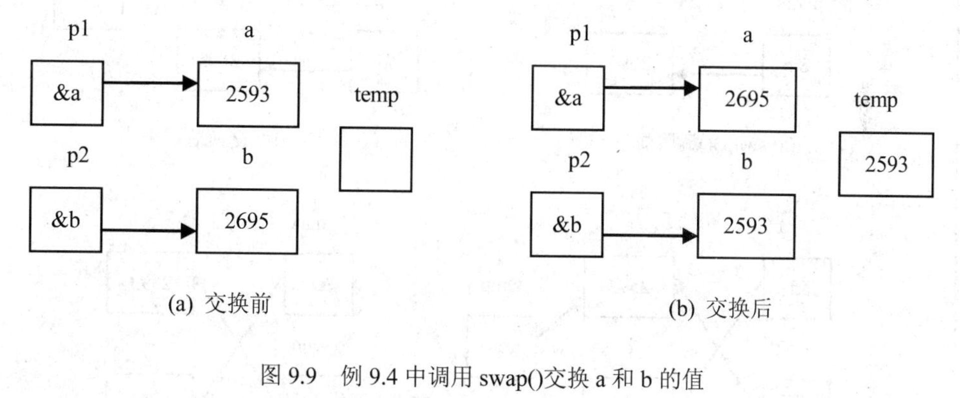

图 9.9 例 9.4 中调用 swap()交换 a 和 b 的值

例 9.5 对比例 9.4 中的 swap()，看本例中 swap1()、swap2()和 swap3()的不同实现会带来什么不同的结果。

```
void swap1(float *p1, float *p2)
{
   float *temp;
   *temp = *p1;
   *p1 = *p2;
   *p2 = *temp;
}
void swap2(float i, float j)
```

```
{
    float temp;
    temp = i;
    i = j;
    j = temp;
}
void swap3(float *p1, float *p2)
{
    float *temp;
    temp = p1;
    p1 = p2;
    p2 = temp;
}
```

说明

① swap1()中定义了一个指针变量 temp，但 temp 在使用前并未被赋初值，即 temp 中并无确定的地址值，*temp 所指向的单元是不可预见的。因此对*temp 的赋值有可能引起系统错误。

② swap2()无法实现交换。

③ swap3()试图通过交换两个形参指针变量 p1 和 p2 的值来交换 a 和 b 的值。这样是行不通的。在 swap3()中，p1 和 p2 的值（&a 和&b）是交换了，但 main 函数中的 a 和 b 的内容并没有交换，如图 9.10 所示。

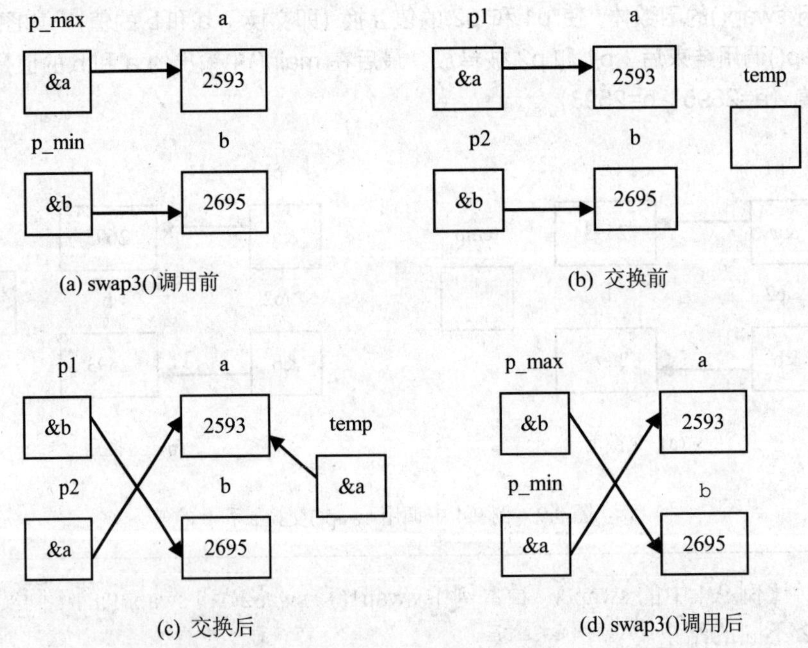

图 9.10　例 9.5 中调用 swap3()交换指针 p_max 和 p_min 的值

④ 在 C 语言中，实参和形参之间的数据传递是单向的“传值”方式。指针变量作函数参数也要遵循这一规则。调用函数无法改变实参指针变量的值，但可以改变实参指针变量所指向的存储单元的值。函数的调用只有一个返回值，而运用指针变量作参数，就可以得到多个变化了的值。如果不用指针变量是很难做到这一点的。

9.1.4 指针的运算

指针是一种数据类型，指针变量中存储的地址是无符号整数值。由于地址本身的特征，也给指针的运算带来一些限制，接下来介绍几种常用的指针运算。

1 指针的赋值运算

指针的赋值运算有两种情形：一是把一个变量的地址赋值给一个同类型的指针变量；二是同类型的指针变量相互赋值。

2 指针变量的自增、自减运算

指针变量同样允许进行自增、自减运算。指针运算符“*”、取地址运算符“&”和“++”都是一元运算符，具有相同的优先级，并遵循右结合的原则。

3 指针与整数的加、减运算

C 语言规定，一个指针变量与一个整数相加、减并不是简单地将指针变量的原值（为一个地址）加或减该整数值，而是将该指针变量的原值和它指向的变量占用的内存单元字节数（该整数值乘以指针变量类型占用的字节数）相加、减。指针变量与单精度或者双精度的浮点类型进行加、减法运算是非法的。同任何数值类型的数据进行乘、除法运算也是非法的。

4 指针变量的关系运算

指针变量允许关系运算，比较的是指针变量中存储的地址值的大小。

在介绍指针的定义和使用时，我们强调指针变量没有赋值就引用其地址是极其危险的，所以通常需要使用“if (p==NULL)”来判断指针是否为空。实际上 NULL 是整数 0，这是因为在 C 语言的标准头文件 stdio.h 中有“#define NULL 0”的声明。当然，使用“if (p!=0)”也是可以的。指针变量仅能同整数 0 进行比较运算，与其他整数的比较运算是不被允许的，也没有任何意义。

5 指针变量间的相减运算

两个指针变量间的相加、相乘、相除和移位运算都是不被允许的，但是两个指针变量间可以进行相减运算。通过指针变量间的减法运算，可以得到两个指针变量间（带有方向的）的距离。

9.1.5 void 指针类型

C 语言中有一种特殊的指针——void 指针类型，即可以定义一个指针变量，但未规定它的类型。

格式：void *指针变量名

功能：定义一个不指向确定的数据类型的指针变量。

void 类型指针的作用仅仅是用来存放一个地址，而不能指向非 void 类型的变量。如果需要给 void 类型的指针赋值，应先进行强制类型转换。

9.2 指针与数组

指针可以指向整型变量、实型变量等普通变量，也可以指向数组的一个元素，或者指向一个数组。引用数组元素既可以用下标法，也可以用指向数组元素或者指向数组的指针。

9.2.1 数组的指针

C 语言中，一维数组的数组名是指向数组首元素的指针常量，其基类型与数组元素的类型相同，其值是数组的起始地址。例如，对于数组 float a[10]，假设其存储结构如图 9.11 所示，数组 a 的首元素地址为 3001，则数组名 a 是基类型为 float 的指针常量，它指向首元素 a[0]，值为数组起始地址 3001。注意，按照指针的运算法则，a+i 的值为 3001+4*i，它指向数组元素 a[i]。

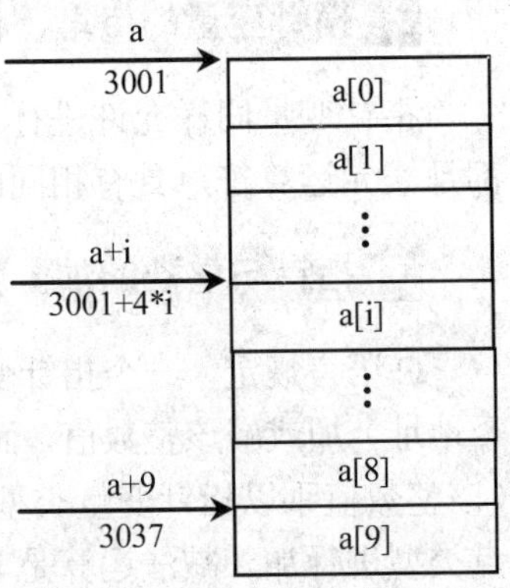

图 9.11 一维数组 a 存储结构

对于二维数组，C 语言在内存中按“行优先”的顺序存放二维数组各元素，即先存放首行的各个元素，其次是第二行各个元素，依次类推。可以将二维数组的一行当作一个单独的“元素”处理，如此一来，二维数组可以看作一种特殊的“一维数组”，此“一维数组”的每个“元素”是原二维数组的一行，各“元素”本身又是一个一维数组。

以图 9.12 所示二维数组 float b[3][4]为例，二维数组 b 可看作是包含 b[0]、b[1]和 b[2] 3 个“元素”的一维数组，而这 3 个“元素”本身又是包含 4 个浮点数的一维数组。如 b[0]可以看作由 b[0][0]、b[0][1]、b[0][2]和 b[0][3]组成的一维数组，b[0]相当于该一维数组的“数组名”，它是指向元素 b[0][0]的指针常量。二维数组的数组名可以看作是指向“元素”b[0]的指针常量，它指向的是原二维数组的一行，即指向一个一维数组。值得注意的是，b[0]与 b 都是指针，值都是 3001，但两者类型不同，前者指向数组的一个元素，后者指向一个一维数组。

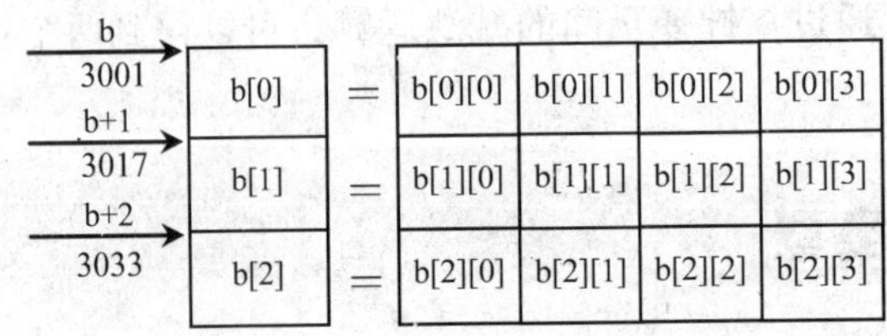

图 9.12 二维数组 b 存储结构图

一般地说，对于 0≤i≤2，b[i]可以看作由 b[i][0]、b[i][1]、b[i][2]和 b[i][3]组成的一维数组，b[i]相当于该一维数组的“数组名”，它是指向元素 b[i][0]的指针常量；而 b+i 是指向一维数组的指针常量，它指向原二维数组的标号为 i 的行所组成的一维数组。b[i]与 b+i 都是指针常量，值都为 b+i*4*d（其中 d 为数组的一个元素占用的内存字节数），但前者是指向数组元素的指针，而后者是指向一维数组的指针，两者类型不同。二维数组相关的指针及其类型和值如表 9.1 所示。

表 9.1 二维数组指针的类型及其值

指向一维数组的指针	值	指向数组元素的指针	值
b	*b 或 b[0]	*b 或 b[0]	b[0][0]或**b 或*b[0]
		*b+1 或 b[0]+1	b[0][1]或*(*b+1)或*(b[0]+1)
		*b+2 或 b[0]+2	b[0][2]或*(*b+2)或*(b[0]+2)
		*b+3 或 b[0]+3	b[0][3]或*(*b+3)或*(b[0]+3)
b+1	*(b+1)或 b[1]	*(b+1)或 b[1]	b[1][0]或*(*(b+1))或*b[1]
		*(b+1)+1 或 b[1]+1	b[1][1]或*(*(b+1)+1)或*(b[1]+1)
		*(b+1)+2 或 b[1]+2	b[1][2]或*(*(b+1)+2)或*(b[1]+2)
		*(b+1)+3 或 b[1]+3	b[1][3]或*(*(b+1)+3)或*(b[1]+3)
b+2	*(b+2)或 b[2]	*(b+2)或 b[2]	b[2][0]或*(*(b+2))或*b[2]
		*(b+2)+1 或 b[2]+1	b[2][1]或*(*(b+2)+1)或*(b[2]+1)
		*(b+2)+2 或 b[2]+2	b[2][2]或*(*(b+2)+2)或*(b[2]+2)
		*(b+2)+3 或 b[2]+3	b[2][3]或*(*(b+2)+3)或*(b[3]+3)

从表中可以看出，指针 b[i]+j 与*(b+i)+j 都是指向数组元素 b[i][j]的指针常量，值均为 b+(i*4+j)*d，从而 b[i][j]还可表示为*(b[i]+j)或*(*(b+i)+j)。

9.2.2 指向数组元素的指针

一个数组是由连续的一块内存单元组成的，数组名就是这块连续内存单元的首地址；一个数组也是由各个数组元素组成的，每个数组元素按其类型不同占有几个连续的内存单元。一个数组元素的首地址也是它所占有的内存单元的首地址。

定义一个指向数组元素的指针变量的方法与前面介绍的指针变量相同。例如，

```
int a[10];
int *p;
p=&a[0];
```

说明

① p=&a[0]; 是把 a[0]元素的地址赋给指针变量 p，即对指针变量赋值。也就是说，p 指向 a 数组的第 0 号元素。如图 9.13 所示。

② C 语言规定，数组名代表数组的首地址，也就是第 0 号元素的地址。因此 p=&a[0];与 p=a; 等价。

③ 在定义指针变量时可以赋初值，即 int *p=&a[0];或 int *p=a; 。

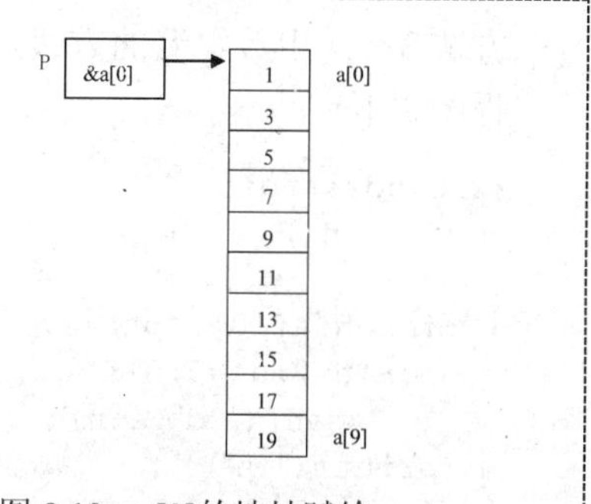

图 9.13 a[0]的地址赋给 p

9.2.3 通过指针引用数组元素

C 语言规定，如果指针变量 p 已指向数组中的一个元素，则 p+1 指向同一个数组中的下一个元素。引入指针变量后，就可以用下标法和指针法来访问数组元素了。

（1）下标法，即用 a[i]形式访问数组元素。在第 6 章介绍数组时都是采用这种方法。

（2）指针法，即采用*(a+i)或*(p+i)形式间接访问数组元素，其中 a 是数组名，p 是指向数组的指针变量（其初值为 p=a）。

例 9.6 采用不同方法输出数组元素。

方法 1：下标方式采用 a[n]的方式，n 的值由小到大循环输出。

程序的算法描述如图 9.14 所示，代码如下：

```
#include<stdio.h>
void main()
{
    int n,a[10],*ptr=a;
    for(n=0;n<=9;n++)
        scanf("%d",&a[n]);
    printf("\n");
    for(n=0;n<=9;n++)
        printf("%d",a[n]);
    printf("\n");
}
```

ptr=a	
for(n=0;n<=9;n++)	
	输入数组元素a[n]
for(n=0;n<=9;n++)	
	输出数组元素a[n]

图 9.14 例 9.6 算法描述 N-S 图

方法 2：采用指针的方式，输出的值为*(ptr+n)，n 的值由小到大循环输出。

程序如下：

```
#include<stdio.h>
void main()
{
    int n,a[10],*ptr=a;
    for(n=0;n<=9;n++)
        scanf("%d",ptr+n);
    printf("\n");
    for(n=0;n<=9;n++)
        printf("%d",*(ptr+n));
    printf("\n");
}
```

方法 3：采用数组名的方式，输出的值为*（a+n），n 的值由小到大循环输出。

程序如下：

```
#include<stdio.h>
void main()
{
    int n,a[10],*ptr=a;
    for(n=0;n<=9;n++)
        scanf("%d",a+n);
    printf("\n");
    for(n=0;n<=9;n++)
        printf("%d",*(a+n));
```

```
    printf("\n");
}
```

方法 4：采用指针的方式，输出的值为 ptr[n],n 的值由小到大循环输出。

程序如下：

```
#include<stdio.h>
void main()
{
    int n,a[10],*ptr=a;
    for(n=0;n<=9;n++)
    scanf("%d",&ptr[n]);
    printf("\n");
    for(n=0;n<=9;n++)
       printf("%d",ptr[n]);
    printf("\n");
}
```

说明

① p++是合法的；而 a++是错误的。因为 a 是数组名，它虽然是数组的首地址，但它是常量。
② 由于++和*优先级相同，结合方向自右而左，所以*p+1 等价于*(p++)。
③ *(p++)与*(++p)作用不同。若 p 的初值为 a，则*(p++)等价于 a[0],*(++p)等价于 a[1]。
④ 如果 p 当前指向 a 数组中的第 i 个元素，则*(p--)相当于 a[i--]；，*(++p)相当于 a[++i]；，*(--p)相当于 a[--i]。

9.2.4 指向数组的指针

如前所述，二维数组的数组名是指向一维数组的指针常量，下面以指向一维数组的指针变量的定义和使用为例加以说明。

格式：类型名（*指针变量名）[数组长度]

功能：定义指向一维数组的指针变量。例如，

```
int a[5],b[4][5];
int  (*p)[5];       /*定义指针变量 p，它指向由 5 个整型元素组成的一维数组*/
p=&a;               /*初始化指针变量 p，使其指向一维数组 a*/
p=b+3;              /*为指针变量 p 赋值，使其指向二维数组 b 的标号为 3 的行*/
```

说明

① 类似地可以定义指向多维数组的指针变量，如 int (*p)[3][4]可以定义 p 为指向 3 行 4 列的二维整型数组的指针变量。
② 定义 p 为指向数组的指针变量时，int (*p)[5]不可写为 int *p[5]，因为下标运算符的优先级高于指针运算符，故 int *p[5]将被系统解释为一个指针数组。
③ 若定义指向一维数组的指针变量 p 并使其指向二维数组的首行，则该指针变量与二维数组的数组名取值相同，但两者类型不同，数组名是一个指针常量，而指针变量是一个变量。
④ p+i 指向该二维数组标号为 i 的行，它相对于数组起始地址的偏移量为 i*n*d，其中 n 为二维数组的一行所包含的元素数，d 为数组的一个元素在内存所占的字节数。

例 9.7　借助数组名用指针法访问二维数组的元素。

程序的算法描述如图 9.15 所示，代码如下：

```
#include <stdio.h>
void main( )
{
    int a[3][4]={1,3,5,7,9,11,13,15,
17,19,21,23};
    int i,j;  /*用 i 表示行标,j 表示列标*/
    int  (*p)[4];
     p=a;
    for(i=0;i<3;i++)
        for(j=0;j<4;j++)
            printf("%d ",*(*(a+i)+j));
    printf("\n");
    printf("a[1][2]=%d\n ",*(*(p+1)+2));
}
```

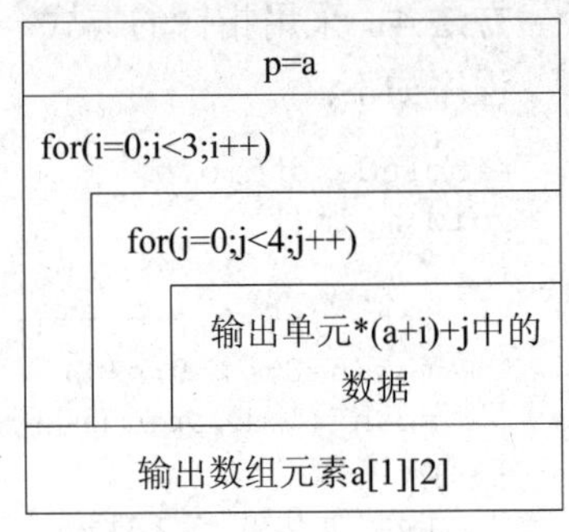

图 9.15　例 9.7 算法描述 N-S 图

程序运行结果如下：

```
1 3 5 7 9 11 13 15 17 19 21 23
a[1][2]=13
```

说明

a+i指向二维数组a的标号为i的行，值为a+i*4*d，是指向一维数组的指针常量；而*(a+i)+j为指向元素a[i][j]的指针常量，其值为a+(i*4+j)*d。

9.2.5　数组指针作参数

由于 C 语言采用“值传递”的形式从实参向形参传递数据，使用数组元素作函数实参时，形参值的改变不会引起原数组元素值的改变，从而无法在被调函数中对主调函数中的数组元素进行改写。实现该功能需要使用数组指针作函数参数，将数组的地址作为参数传递给被调函数，之后便可以在被调函数中通过该地址对原数组元素进行改写。此时，被调函数中对应的形参应该为指针变量。但为了提高程序的易读性，C 语言也允许形参采用数组名的形式，但系统实际是将数组名形参转化为指针变量来处理的。

例 9.8　分析以下程序的运行结果。

```
#include <stdio.h>
void swap1(int x,int y)
{
    int t;
    t=x;
    x=y;
     y=t;
}
void swap2(int *p,int n)
{
    int  i;
    for(i=0;i<2;i++)
    (*(p+i))++;
}
```

```
void swap3(int *p1,int *p2)
{
    int  *t;
    t=p1;
    p1=p2;
    p2=t;
}
void  main()
{
    int a[2]={3,5}, b[2]={3,5}, c[2]={3,5};
    swap1(a[0], a[1]);
    swap2(b,2);
    swap3(&c[0],&c[1]);
    printf("%d,%d,%d,%d,%d,%d\n",a[0],a[1],b[0],b[1],c[0],c[1]);
}
```

程序运行结果如下：

```
3,5,4,6,3,5
```

说明

① 调用函数 swap1 时，数组 a 在程序执行过程中未发生改变。C 语言中的实参给形参传值是一种单向的“值传递”。当实参为变量时，函数调用时仅仅是将实参变量的值复制了一份交给形参，形参与对应实参的存储空间完全不同，在函数调用过程中对形参的改变，根本不会影响到实参的值。
② 调用函数 swap2 时，由于采用数组名 b 作实参，它将数组首元素的地址传递给形参（即指针变量 p），且函数 swap2 中借助指针变量 p 对原数组的内容进行了修改，故程序执行完毕后，数组 b 的两个元素的值各加了 1。
③ 调用函数 swap3 时，数组 c 在程序执行过程中未发生改变。详细分析见例 9.5。

9.3 指针与字符串

在 C 语言中，把一个字符串看作是一个特殊的字符数组来处理，其特殊性表现在该字符数组的最后一个字符一定是‘\0’，即字符串可以用字符数组来表示，前面我们介绍了用指针可以指向一个数组，显然指针也可以指向字符串。

9.3.1 字符串的字符指针表示

用指针表示一个字符串分两步。

（1）先定义一个指向字符型数据的指针。

（2）让该指针指向某一个字符串，也就是说将一个串的首地址赋给一个指针变量。

例 9.9 用字符指针表示一个字符串，并将其输出。

```
#include <stdio.h>
void main( )
{
```

```
    char *p=" Hello,Henry!"; /*等价于 char *p; p =" Hello,Henry!"; */
    printf("%s\n",p);
}
```

程序运行结果如下：

```
Hello,Henry!
```

说明

① C 语言对字符串常量是按字符数组处理的，在内存中开辟一块连续的存储空间，用以存放上述字符串，在定义指针的同时给 p 初始化，其存储方式如图 9.16 所示，实际上是把字符串中下标为 0 的元素（字符数组的首元素）的地址赋给 p，而不是把上述字符串常量赋给 p。

② 用 printf("%s\n", p)；语句输出时，%s 表示输出一个字符串，输出项指定为字符指针变量 p，系统先输出它所指向的一个字符，然后使 p 自动加 1，使之指向下一个字符，再输出一个字符，直到遇到字符串结束标志‘\0’为止。

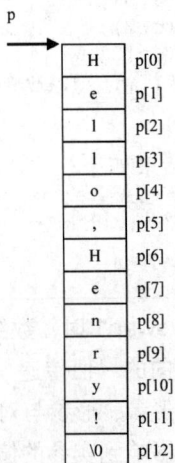

p →

H	p[0]
e	p[1]
l	p[2]
l	p[3]
o	p[4]
,	p[5]
H	p[6]
e	p[7]
n	p[8]
r	p[9]
y	p[10]
!	p[11]
\0	p[12]

图 9.16　字符数组首元素的地址

9.3.2　利用字符指针访问字符串

无论采用哪种形式来表示一个字符串，都可以采用下标法和指针法这两种方法来访问该字符串，访问方法和表示方法无关，但要充分利用字符串以‘\0’结束这一特性来提高访问的效率和灵活性。

例 9.10　编写求字符串长度的程序（串长度不含‘\0’）。

解法 1：下标法。程序的算法描述如图 9.17 所示。代码如下：

```
#include "stdio.h"
void main()
{
    int n=0,i=0;
    char S[20]="Qingdao Road";
    while(S[i]!='\0')
    {
        n++;
        i++;
    }
    printf("len=%d\n",n);
}
```

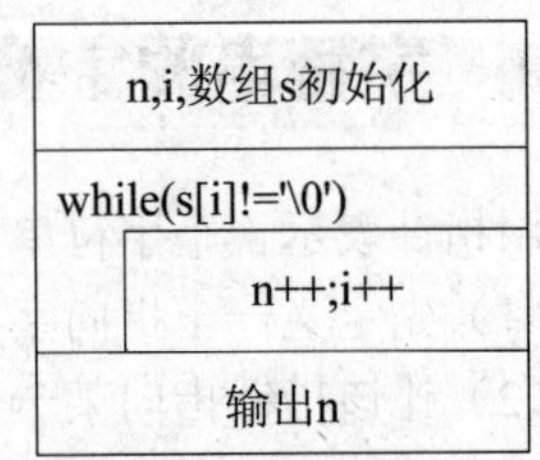

图 9.17　例 9.10 算法描述 N-S 图

解法 2：指针法。

```
#include "stdio.h"
```

```
#include "string.h"
void main()
{
    int n=0;
    char *p="Qingdao Road";
    while(*p!='\0')
    {
        n++;
        p++;
    }
    printf("len=%d\n",n);
}
```

9.3.3 字符数组与字符指针的比较

虽然使用字符数组和字符指针都能表示和实现对字符串的操作，但二者是有区别的。理解两者间的区别对于正确使用字符数组和字符指针来灵活操作字符串是至关重要的。

1 定义方式不同

定义一个字符数组要符合数组定义的语法要求，而定义一个字符指针要符合指针变量定义的语法要求。在定义时都可以进行初始化。例如，

```
char *str1="Hello, Henry!";      /*用字符指针指向字符串*/
char str2[ ]="Hello, Henry!";    /*用字符数组存储字符串*/
```

在定义的同时对字符指针和字符数组进行初始化的形式相同，但含义完全不同。上例中对于字符指针变量 str1 初始化实际是将字符串常量“Hello, Henry!”的第一个字符的存储地址赋值给 str1，或简称为 str1 指向字符串常量“Hello, Henry!”。由于 str2 的值只能是存储一个字符型数组的内存首地址，所以赋值语句“str2=" Hello, Henry!";”是非法的。

2 存储方式不同

定义一个字符数组，编译系统按字符数组的长度为其分配一段连续的内存单元，每个单元存储一个字符的 ASCII 码；而定义一个指针变量，编译系统为其分配一个存储地址单元，在其中只能存放一个地址值，就是说，该指针变量可以指向一个字符型数据。

3 赋值方式不同

（1）由于字符数组名是一个指针常量，所以对字符数组只能采用下标法或指针法给数组各个元素赋值，而不能用下列方法对字符数组赋值：

```
char str[13];
str=" Hello, Henry!";
```

但字符指针是一个变量，因此下列赋值显然是合法的。

```
char *str;
str=" Hello, Henry!";
```

其含义是使字符指针变量 str 指向字符串常量“Hello, Henry!”的首地址。

（2）定义了一个字符数组，无论是否给其赋初值，编译系统都为其分配相应的存储空间，而且数组名就是该存储空间的首地址，因此，下列语句是合法的：

```
char  str[10];
scanf("%s",str);
```

但定义了一个指针变量，如果没有给其赋初值，其值是不可预料的。例如：

```
char  *str;
scanf("%s",str);
```

上述语句在一般情况下可能也会正常运行，但这种方法极其危险，应坚决杜绝使用。因为指针变量 str 虽然已经定义，并且在内存中为其分配了内存空间，准备用来存放某字符型数据的首地址。但编译系统并没有为指针变量 str 指定具体值，这样，其值是随机和不可预料的，也就是说不知道 str 指向了哪个内存单元。

4 运算方面的区别

指针变量既然是一种变量，其值是允许修改的。而数组名虽然代表地址，但它是常量，其值不能改变。

9.3.4 字符指针作函数参数

将一个字符串从一个函数传递到另一个函数，既可以用字符数组名作参数，也可以用指向字符的指针变量作参数。它们传递的都是地址值。因此，在被调函数中改变字符串的内容，在主调函数中将得到改变后的字符串。

例 9.11 通过函数调用，将字符串 str 1 中从第m个字符开始的全部字符复制成字符串 str2。要求在主函数中输入 str 1 和m的值，并输出复制结果。

程序的算法描述如图 9.18 所示。

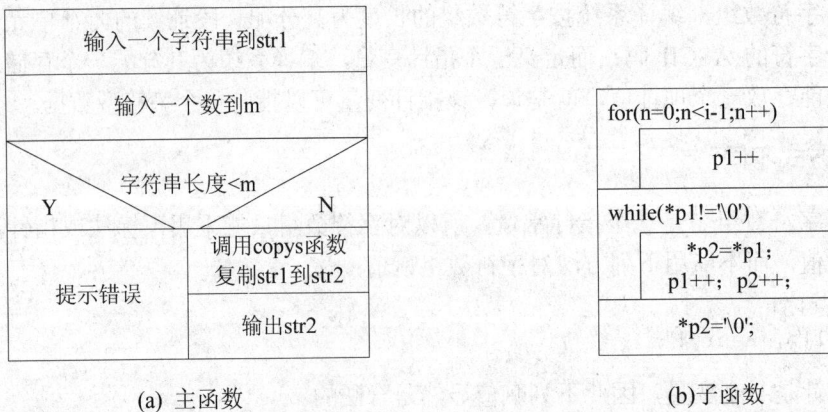

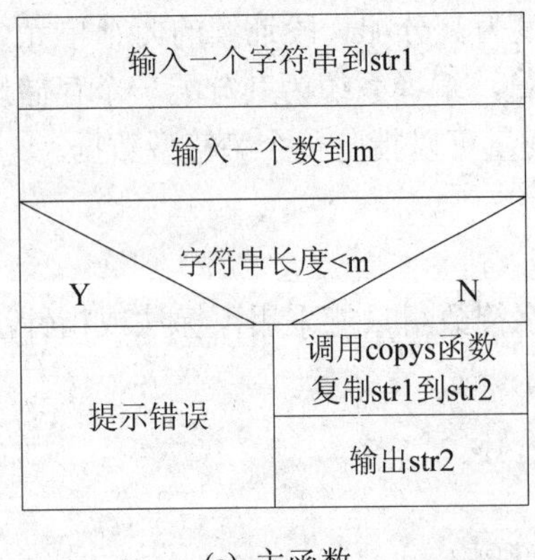
输入一个字符串到str1
输入一个数到m
字符串长度<m
Y
N
调用copys函数
复制str1到str2
提示错误
输出str2

(a) 主函数

for(n=0;n<i-1;n++)
p1++
while(*p1!='\0')
*p2=*p1;
p1++; p2++;
*p2='\0';

(b)子函数

图 9.18 例 9.11 算法描述 N-S 图

代码如下：

```
#include <stdio.h>
```

```
#include <string.h>
void copys(char *p1, char *p2,int i)
{
    int n;
    for(n=0;n<i-1;n++)
        p1++;
    while(*p1!='\0')
    {
        *p2= *p1;
        p1++;
        p2++;
    }
    *p2='\0';
}
void main( )
{
    int m;
    char str1[80], str2[80];
    printf("Please input a string:\n");
    gets(str1);
    printf("Please input an integer m:\n");
    scanf("%d",&m);
    if(strlen(str1)<m)
        printf("Error m!\n");
    else
    {
        copys(str1, str2,m);
        printf("Result is:%s\n",str2);
    }
}
```

程序的执行结果：

```
Please input a string:
abcdefghijklmn↙
Please input an integer m:
7↙
Result is: ghijklmn
```

说明

字符指针变量作函数参数，是将实参数组的起始地址传递给形参指针变量。

9.4 应用举例

例 9.12 从键盘输入 3 个整数，通过函数调用，同时返回这 3 个整数的和与积。

程序如下：

```
#include <stdio.h>
void con(int y1,int y2,int y3,int *p1, int *p2)
{
    *p1=y1+y2+y3;
    *p2=y1*y2*y3;
}
```

```
void main()
{
    int x1,x2,x3,sum,mul;
    printf("Please input 3 numbers:");
    scanf("%d,%d,%d",&x1, &x2, &x3);
    con(x1,x2,x3,&sum,&mul);
    printf("sum=%d,mul=%d\n", sum,mul);
}
```

程序运行情况如下：

```
Please input 3 numbers:3,4,5↙
sum=12,mul=60
```

例 9.13 输入 10 个整数，将其中最小的数与第一个数对换，把最大的数与最后一个数对换。要求写 3 个函数：（1）输入 10 个数；（2）进行处理；（3）输出 10 个数。

主函数及子函数的算法描述如图 9.19 所示，代码如下：

```
#include <stdio.h>
void input(int n[]);
void max_min_value(int n[]);
void output(int n[]);
void main()
{
    int num[10];
    input(num);
    max_min_value(num);
    output(num);
}
void input(int n[])
{
    int  i;
    printf("Please input 10 numbers:");
    for(i=0;i<10;i++)
       scanf("%d",&n[i]);
}
void max_min_value(int n[])
{
    int  *max,*min,*p,t;
    max=min=n;
    for(p=n+1; p<n+10;p++)
       if(*p>*max)
          max=p;
       else if(*p<*min)
          min=p;
    t=n[0]; n[0]=*min; *min=t;
    t=n[9]; n[9]=*max; *max=t;
}
void output(int n[])
{
    int  *p;
    printf("Now,they are:");
    for(p=n; p<=n+9;p++)
       printf("%d ",*p);
}
```

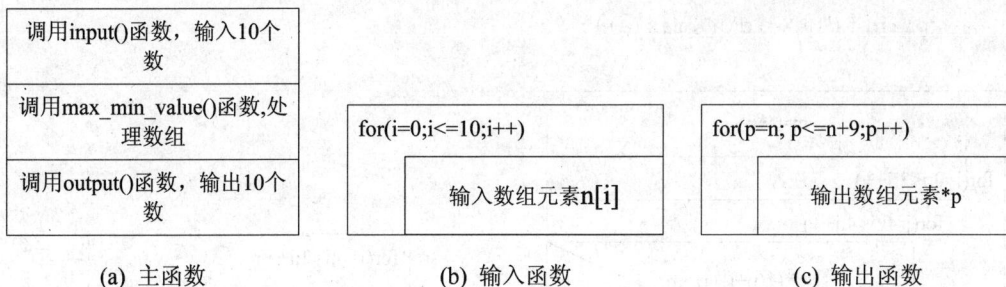

调用input()函数，输入10个数
调用max_min_value()函数,处理数组
调用output()函数，输出10个数

(a) 主函数

for(i=0;i<=10;i++)
　　输入数组元素n[i]

(b) 输入函数

for(p=n; p<=n+9;p++)
　　输出数组元素*p

(c) 输出函数

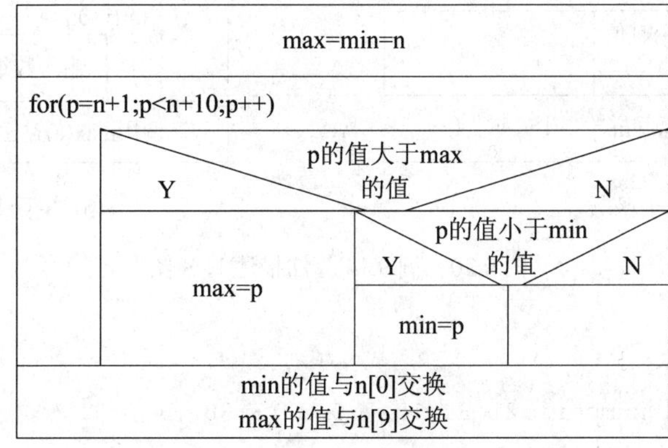

(d) 函数 max_min_value( )

图 9.19　例 9.13 算法描述 N-S 图

程序运行情况如下：

```
Please input 10 numbers:3 16 5 2 15 4 28 1 6 8↙
Now,they are:1 16 5 2 15 4 8 3 6 28
```

例 9.14　通过函数调用求 2 行 4 列矩阵中的最大元素的值。

主函数及子函数的算法描述如图 9.20 所示，代码如下：

```
#include <stdio.h>
int max(int (*p)[4])
{
    int i,j,m;
    m=**p;
    for(i=0;i<2;i++)
        for(j=0;j<4;j++)
            if(*(*(p+i)+j)>m)
                   m=*(*(p+i)+j);
    return(m);
}
void main( )
{
    int a[2][4];
    int i,j;  /*用 i 表示行标,j 表示列标*/
    printf("Please input 8 numbers:");
        for(i=0;i<2;i++)
    {
        for(j=0;j<4;j++)
            scanf("%d",&a[i][j]);
    }
```

```
    printf("MAX=%d\n",max(a));
}
```

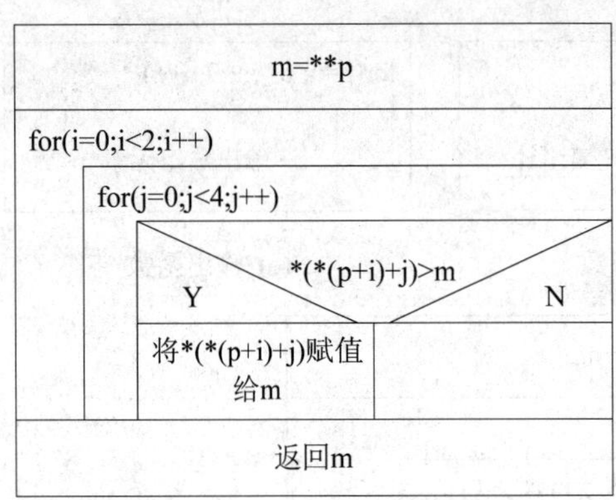

(a) 子函数

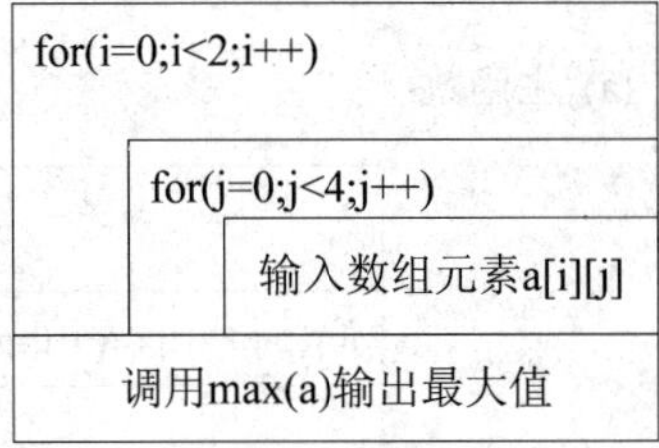

(b) 主函数

图 9.20　例 9.14 算法描述 N-S 图

程序的执行结果:

```
Please input 8 numbers:21 34 15 7 9 2 13 30↙
MAX=34
```

例 9.15　利用字符型指针变量作函数参数，将两个字符串合并为一个新的字符串。

程序的算法描述如图 9.21 所示，代码如下:

```
#define N1 100
#define N2 100
#define N N1+N2
#include <stdio.h>
void Link(char *p1,char *p2,char *p)
{
    /*将第一个字符串复制给新串*/
    for(;*p1!='\0';p1++)
        *p++=*p1;
    /*将第二个字符串追加复制给新串*/
    for(;*p2!='\0';p2++)
        *p++=*p2;
    *p='\0';
}
void main()
{
    char str1[N1],str2[N2],str[N];
    printf("Please input a string:");
    scanf("%s",str1);
    printf("Please input another string:");
    scanf("%s",str2);
    Link (str1,str2,str);
    printf("The result string is:");
    printf("%s\n",str);
}
```

for(;*p1!='\0';p1++)	
	*p++=*p1
for(;*p2!='\0';p2++)	
	*p++=*p2
*p='\0'	

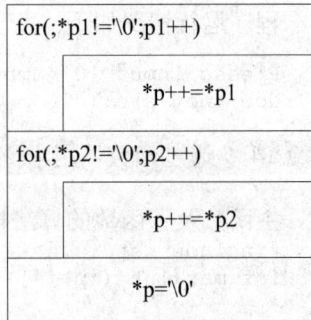

图 9.21　例 9.15 算法描述 N-S 图

程序的执行结果:

```
Please input a string:Hello↙
```

```
Please input another string:Henrry↙
The result string is: HelloHenrry
```

9.5 练习题

1. 填空题

（1）指针又可称为_______。

（2）专门的指针运算符是_______和_______。

（3）只有先定义一个_______型变量，才能将另外一个变量的地址存放在该变量中。

（4）若指针变量 p 指向整型变量 i，则 i 变量可用_______表示。

（5）若指针变量 p 指向 float 型数组 a[10]，且 a 的首地址为 1000，则执行 p=p+3 后，p 应该指向地址为_______单元。

（6）C 语言中，若 int a[5],i,*p=a;，则与&a[i]等价的指针表示是_______，与 a[i]等价的指针表示_______。

（7）已知：int a[]={1,3,5,7,9},*ip=a;，表达式*ip+2 的值是_______。

（8）执行下列程序段后，*（p+1）的值是_______，*(p+2)的值是_______。

```
char c[3]="ab",*p;
p=c;
```

2. 选择题

（1）变量的指针是（　　）。

A．变量的值　　B．指针变量

C．变量存储单元的地址　　D．变量存储单元的字节数

（2）指针变量是指（　　）。

A．整型变量　　B．下标变量

C．变量的地址　　D．存放变量地址的变量

（3）执行以下程序后，a 的值为（　　）。

```
int *p, a=10,b=1;
p=&a;
a=*p+b;
```

A．12　　B．编译出错

C．10　　D．11

（4）已知：int a=3,*p;　p=&a;,则输出 a 值正确的 C 语言语句是（　　）。

A．printf("%d",*p)　　B．printf("%d",*a)

C．printf("%d", p)　　D．printf("%d",&a)

（5）已知：int a[3],*p;使 p 指向 a[1]的正确语句是（　　）。

A．p=&a[1]　　B．*p=a[1]

C．*p=&a[1]　　D．p=a[1]

（6）已知：int a[10],*p;使 p 指向数组元素 a[0]的正确表达式是（　　）。

A．p=a[0]　　B．p=a

C．p=*a[0]　　D．*p=&a[0]

（7）若已定义：int a[9],*p=a;并在以后的语句中未改变 p 的值，则不能表示 a[1]地址的表达式是（　　）。

A．p+1　　B．a+1

C．a++　　D．++p

（8）已知：char ch[]="12345",*cp=ch;则 printf("%s",cp+1);的输出结果是（　　）。

A．2　　B．345

C．1234　　D．2345

（9）已知：int a[]={1,2,3,4,5},*p=a;则数值为 4 的 C 语言表达式是（　　）。

A．a[4]　　B．p+3

C．*p+4　　D．*(p+3)

（10）已知：int a[]={1,2,3,4,5,6},*p=a,i=2; 则对 a 数组元素的正确表示是（　　）。

A．&(a+1)　　B．a++

C．&p　　D．p[i]

3．程序分析题

（1）以下函数的功能是，把两个整数指针所指的存储单元中的内容进行交换，请填空。

```
exchange(int *x,int *y)
{
    int t;
    t=*y;
    *y=________;
    *x=________;
}
```

（2）以下 fun 函数的功能是：累加数组中元素的值。n 为数组中元素的个数，累加的和值放入 x 所指的存储单元，请填空。

```
fun(int b[],int n,int *x)
{
   int k,t=0;
   for(k=0;k<n;k++)
   t=________;
   ________=t;
}
```

（3）以下程序运行后的输出结果是__________。

```
#include <stdio.h>
void main( )
{
   char s[ ]="9876",*p;
   for ( p=s;p<s+2;p++)
   printf("%s\n", p);
}
```

（4）以下程序的输出结果是________。

```
#include <stdio.h>
void main()
{
   char a[]={9,8,7,6,5,4,3,2,1,0},*p=a+5;
```

```
    printf("%d",*--p);
}
```

4. 编程题

（1）定义一个函数返回一维数组中的最大值，在主函数中调用，然后输出结果。

（2）定义一个函数求一个字符在一个字符串中出现的次数，若字符不出现则返回值 0。

（3）比较两个字符串是否相等，相等输出 YES，不相等输出 NO。

（4）编写一个程序，接受用户输入的一行字符，以回车键结束，分别统计其中的大写字母、小写字母、空格、数字和其他字符的个数。

第 10 章 结构体与共用体

学习目标 掌握结构体的概念与结构体类型、结构体变量的定义、引用和初始化方法，掌握链表的概念，熟练掌握链表的相关操作，了解共用体和枚举的概念及其使用方法。

实际问题中经常需要对多个类型不同但又相互关联的数据进行处理，比如一个公司员工的员工编号（employeeId）、姓名（name）、性别（sex）、年龄（age）、工资（salary）等数据反映的都是同一个员工的信息。如果将 employeeId、name、sex、age、salary 分别定义成相互独立的简单变量，则无法反映它们之间的内在联系，而且，这些数据彼此类型不同；由于数组只能对同种类型的成批数据进行处理，所以也无法使用数组。因此，需要有一种新的数据类型，它能将具有内在联系的不同类型的数据组合成一个整体，而且根据这个整体的标识符可访问其内部各成员。在 C 语言里，这种数据类型称为“结构体”类型。

结构体类型属于构造数据类型，它由若干成员组成，成员的类型既可以是基本数据类型，也可以是构造数据类型，而且可以互不相同。由于不同问题中需要定义的结构体类型包含的成员可能互不相同，所以，C 语言只提供定义结构体类型的一般方法，结构体中的具体成员允许编程人员根据实际问题自己定义。

10.1 结构体

与基本数据类型一样，结构体也遵循“先定义后使用”的原则，但其定义包含两个方面：一是结构体类型的定义，二是该结构体类型变量的定义。

10.1.1 结构体类型的定义

格式：struct 结构体类型名

{
    类型 1 成员名 1;
    类型 2 成员名 2;
    ⋮
    类型 *n* 成员名 *n*;
};

功能：定义一种结构体类型。

例如，定义一个结构体类型，代码如下：

```
struct Employee
```

```
{
      int    employeeId;
      char    name[20];
      char    sex;
      int    age;
      float    salary;
};
```

上例结构体类型组织结构图如图 10.1 所示。

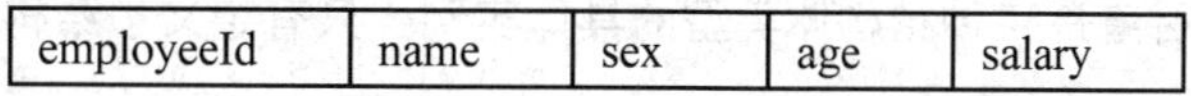

employeeId	name	sex	age	salary

图 10.1　struct Employee 结构体类型组织结构图

说明

① “结构体类型名”与“成员名”都遵循标识符命名规则，结构体类型名首字母通常大写。
② 成员类型可以是除本身所属结构体类型外的任何已知数据类型。
③ 在同一作用域内，结构体类型名不能与其他变量名或结构体类型名重名。
④ 同一个结构体各成员不能重名，但允许成员名与程序中的其他变量名、函数名或者不同结构体类型中的成员名相同。
⑤ 结构体类型的作用域与普通变量的作用域相同：在函数内定义则仅在所属函数内部起作用；在函数外定义则有全局作用域。
⑥ 结构体类型定义的末尾必须有分号。

10.1.2　结构体变量的定义

方法 1：先定义结构体类型，再定义结构体变量。例如：

```
struct Date
{
   int  year;
   int  month;
   int  day;
};
struct Date beginDate,endDate;
```

方法 2：定义结构体类型的同时定义结构体变量。例如：

```
struct Employee
{
   int    employeeId;
   char    name[20];
   char    sex;
   int    age;
   float    salary;
}employeeA, employeeB;
```

方法 3：直接定义结构体变量。例如：

```
struct
{
   int    employeeId;
   char    name[20];
```

```
    char    sex;
    int    age;
    float    salary;
}employeeA, employeeB;
```

说明

① 结构体类型与结构体变量是两个不同的概念。前者只声明结构体的组织形式，本身不占用存储空间；后者是某种结构体类型的具体实例，只有定义了结构体变量才会为其分配内存空间。

② 结构体变量各成员依定义次序顺序存储在一片连续的内存空间中。

③ 结构体变量所占存储空间的大小等于其各成员所占存储空间之和，可以用运算符 sizeof 测出某种基本类型数据或构造类型数据在内存中所占用的字节数。例如，printf("%d",sizeof(struct Employee));。

10.1.3 结构体变量的引用

方法 1：使用成员运算符引用结构体变量的成员。

格式：结构体变量名.成员名

功能：引用结构体变量中指定名称的成员变量。例如：

```
struct Employee employeeA, employeeB;
employeeA.employeeId=1001;
gets(employeeA.name);
scanf("%d",&employeeA.age);
employeeA.salary=1600;
```

方法 2：使用指针运算符和成员运算符引用结构体变量的成员。例如：

```
struct Employee employeeA,*p;
p=&employeeA;
 (*p).employeeId=1001;
gets((*p).name);
scanf("%d",&(*p).age);
 (*p).salary=1600;
```

方法 3：使用指向运算符“->”引用结构体变量的成员。例如：

```
struct Employee employeeA,*p=&employeeA;
p->employeeId=1001;
gets(p->name);
scanf("%d",&p->age);
p->salary=1600;
```

方法 4：将结构体变量作为一个整体进行赋值或取地址等操作。例如：

```
struct Employee employeeA, employeeB,*p=&employeeA;
employeeB=employeeA;
printf("employeeId of employeeA and employeeB is respectively %d and %d",
    employeeA. employeeId,employeeB.employeeId)
printf("Memory address of employeeA is %x and address of employeeB is %x",
    &employeeA,&employeeB);
```

说明

① “(*p).成员名”、“p->成员名”与“emp.成员名”等价，后两种方式更易懂。
② 成员运算符“.”与指向运算符“->”优先级相同，均高于指针运算符“*”。
③ “(*p).成员名”中的圆括号不能省略。
④ 不能将结构体变量作为整体进行输入/输出，下段程序中的输入语句有错误。

```
struct Date beginDate;
scanf("%d%d%d",&beginDate);
```

10.1.4　结构体变量的初始化

在定义结构体变量的同时，按照所属结构体类型的成员组成依次写出全部或部分成员变量的初始值。如，

```
struct Employee employeeA={1001,"Zhang San",'M',19,1600};
struct Employee employeeB={1002,"Li Ping",'F',20};
struct Employee employeeC={1003,"Wang Hua",'F'};
```

说明

① 初始化前，结构体变量各成员的取值是随机的。
② 花括号内初值的顺序、类型要与结构体成员的顺序和类型一致。
③ 仅在初始化时允许用户为结构体变量的多个成员同时赋值，其他情况下每个结构体成员必须用单独的赋值语句。如下面的赋值语句存在语法错误。

```
struct Employee employeeD;
employeeD={1004,"Feng Qiang",'M'};
```

④ 初始化时花括号内的数据不能包含变量。例如，以下程序段最后一行有错误。

```
int initSalary=1600;
struct Employee
{
    int    employeeId;
    char    name[20];
    char    sex;
    int    age;
    float    salary;
}employeeA={1010,"zhangsan",'M',20,initSalary};
```

10.1.5　结构体应用举例

例 10.1　输入一个员工的信息并显示。

程序的算法描述如图 10.2 所示。程序代码如下：

```
#include <stdio.h>
void main()
{
    struct Employee
```

```
    {
        int employeeId;
        char name[20];
        char sex;
        int  age;
        float salary;
    };
    struct Employee employeeA;
    printf("请输入员工编号:");
    scanf("%d",&employeeA.employeeId);
    printf("请输入员工姓名:");
    scanf("%s",employeeA.name);
    printf("请输入员工性别:");
    scanf("%c",&employeeA.sex);
    printf("请输入员工年龄:");
    scanf("%d",&employeeA.age);
    printf("请输入员工工资:");
    scanf("%f",&employeeA.salary);
    printf("员工编号:%d\n 姓名:%s\n 性别:%c\n 年龄:%d\n 工资:%6.1f\n",
            employeeA.employeeId, employeeA.name, employeeA.sex,
            employeeA.age, employeeA.salary);
}
```

输入编号employeeA.employeeId
输入姓名employeeA.name
输入性别employeeA.sex
输入年龄employeeA.age
输入工资employeeA.salary
输出员工各项信息

图 10.2　例 10.1 的 N-S 图

说明

若连续输入两个字符或者先输入一个字符串后输入一个字符，则输入第二个字符的控制符%c前最好加入一个空格。如语句scanf(" %c", &employeeA.sex)中，格式控制符%c之前的空格不能省略，否则，两次输入之间的分隔符将被作为第二个字符的输入加以处理。

例 10.2　在函数 input 中输入一个员工的信息，在函数 list 中显示。

程序的算法描述如图 10.3 所示。

定义结构体变量emp
调用input()函数输入员工信息
调用list()函数输出员工信息

(a) 主函数 N-S 图

输入编号emp.employeeId
输入姓名emp.name
输入性别emp.sex
输入年龄emp.age
输入工资emp.salary
返回emp

(b) input()函数 N-S 图

输出emp.employeeId
输出姓名emp.name
输出性别emp.sex
输出年龄emp.age
输出工资emp.salary

(c) list()函数 N-S 图

图 10.3　例 10.2 的 N-S 图

程序代码如下：

```
#include<stdio.h>
struct Employee
{
    int employeeId;
    char name[20];
    char sex;
    int age;
    float salary;
};
```

```
struct Employee input()
{
    struct Employee emp;
    printf("请输入员工编号:");
    scanf("%d",&emp. employeeId);
    printf("请输入员工姓名:");
    scanf("%s",emp.name);
    printf("请输入员工性别:");
    scanf(" %c",&emp.sex);
    printf("请输入员工年龄:");
    scanf("%d",&emp.age);
    printf("请输入工资:");
    scanf("%f",&emp.salary);
    return(emp);
}
void list(struct Employee emp)
{
    printf("员工编号:%d\n 姓名:%s\n 性别:%c\n 年龄:%d\n 工资:%6.1f\n",
           emp. employeeId,emp.name,emp.sex,emp.age,emp.salary);
}
void main()
{
    struct Employee emp;
    emp=input();
    list(emp);
}
```

说明

① 3 个函数中的结构体变量 emp 相互独立，各自占据不同的存储空间。

② 不能将结构体类型的定义放到 main 函数内部，否则该结构体类型只能在 main 函数中使用。

例 10.3　使用指向结构体数组元素的指针作函数参数输出员工相关信息。

程序的算法描述如图 10.4 所示。

初始化结构体变量employeeList
调用myPrint()函数输出员工信息

(a) 主函数 N-S 图

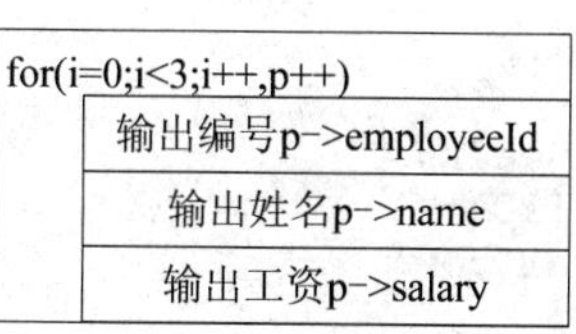
for(i=0;i<3;i++,p++)
输出编号p->employeeId
输出姓名p->name
输出工资p->salary

(b) myPrint()函数 N-S 图

图 10.4　例 10.3 的 N-S 图

程序代码如下：

```
#include<stdio.h>
struct Employee
{
    int employeeId;
    char name[20];
    float salary;
};
void myPrint(struct Employee *p)
{
```

```
    int i;
    printf("  编号     姓名      工资\n");
    for(i=0;i<3;i++,p++)
        printf("%5d%10s%8.1f\n",p->employeeId,p->name,p->salary);
}
void main()
{
    struct Employee employeeList[3]={101,"li",1500,102,"wu",1550,103,"han",1600};
    void myPrint(struct Employee*);
    myPrint(employeeList);
}
```

说明

假设指针变量p当前指向第1个员工结点，则表达式p->salary++的值为第1个员工的工资，之后该员工的工资增1；表达式(p++)->salary的值为第1个员工的工资，之后p指向第二个员工；表达式(++p)->salary的作用是使指针首先指向第二个员工，之后取出第二个员工的工资。

例 10.4　输入员工的编号、姓名及工资，统计平均工资并显示最高工资员工的信息。

程序的算法描述如图 10.5、图 10.6 所示。

调用input函数输入员工信息
调用getAverage函数求平均工资
调用search函数查找最高工资员工
输出平均工资
调用list函数输出最高工资员工的信息

图 10.5　例 10.4 主函数 N-S 图

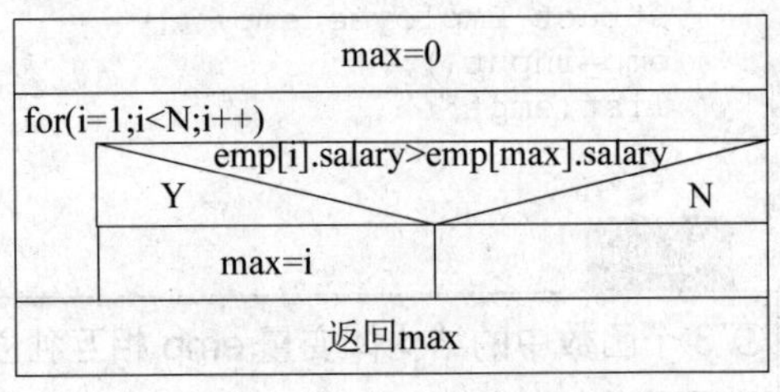
max=0
for(i=1;i<N;i++)
emp[i].salary>emp[max].salary
Y
N
max=i
返回max

图 10.6　例 10.4 search 函数 N-S 图

代码如下：

```
#include<stdio.h>
#define N 5
struct Employee
{
    int employeeId;
    char name[20];
    float salary;
};
void input(struct Employee emp[])
{
    int i;
    printf("请输入%d 个员工的编号、姓名及工资:\n",N);
    for(i=0;i<N;i++)
    {
        scanf("%d%s%f",&emp[i].employeeId,&emp[i].name,&emp[i].salary);
    }
}
float getAverage(struct Employee emp[])
{
    float sum=0,average;
    int i;
    for(i=0;i<N;i++)
        sum+=emp[i].salary;
```

```
        average=sum/N;
        return(average);
    }
    //search 函数返回最高工资员工在数组中的下标
    int search(struct Employee emp[])
    {
        int i,max=0;
        for(i=1;i<N;i++)
        {
            if(emp[i].salary>emp[max].salary)
                max=i;
        }
        return(max);
    }
    void list(struct Employee employeeA)
    {
        printf("编号：%d\n",employeeA. employeeId);
        printf("姓名：%s\n",employeeA.name);
        printf("工资：%6.1f\n",employeeA.salary);
    }
    void main()
    {
        struct Employee emp[N];
        float average;
        int indexOfMax;
        input(emp);
        average=getAverage(emp);
        indexOfMax=search(emp);
        printf("平均工资为%6.2f\n",average);
        printf("最高工资员工信息:\n");
        list(emp[indexOfMax]);
    }
```

10.2 链表

10.2.1 链表概述

用数组处理数据存在两方面的问题：其一，如果元素个数不确定，则数组长度必须是可能的最大长度，这会导致内存的浪费；其二，当需要对数组增加或删除一个数据时常需要移动大量元素，这会导致时间上的浪费。使用链表可以解决上述问题。

链表是一种动态地进行存储分配的数据结构，它既不需要事先确定最大长度，在插入或者删除一个元素时也不会引起数据的大量移动。

1 链表的结构

链表有一个“头”、一个“尾”，中间包含若干元素，每个元素称为一个结点。每个结点包括两部分：一个是用户关心的实际数据，称为数据域；另一个是下一结点的地址，称为指针域。如图 10.7 所示，其中，head 称为头指针，它指向链表的第一个结点；最后一个结点称为“表尾”，该结点的指针域值为 0（常用符号常量 NULL 表示，称为空地址），表示其后不再有后继结点，链表到此结束。

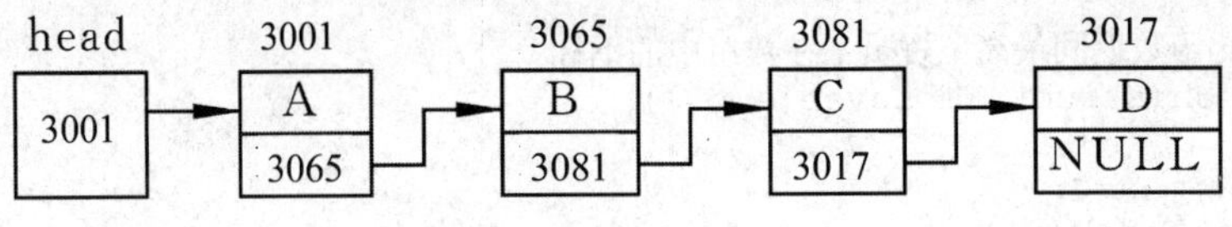

图 10.7　链表结构示意图

说明

① 链表中各结点在内存中的存储空间通常不连续。
② 查找链表中某个结点，必须从头指针开始顺序查找各结点，直至找到或到达表尾为止。
③ 头指针至关重要，可标识整个单链表，没有头指针则整个链表无法访问。
④ 可根据实际需要修改链表的结构，比如，在指针域中增加指向前驱结点的指针形成双向链表，令尾结点的指针指向首结点形成循环链表等。

2 链表的定义

一般用结构体变量表示链表的一个结点。如图 10.8 所示为一个单链表示意图。

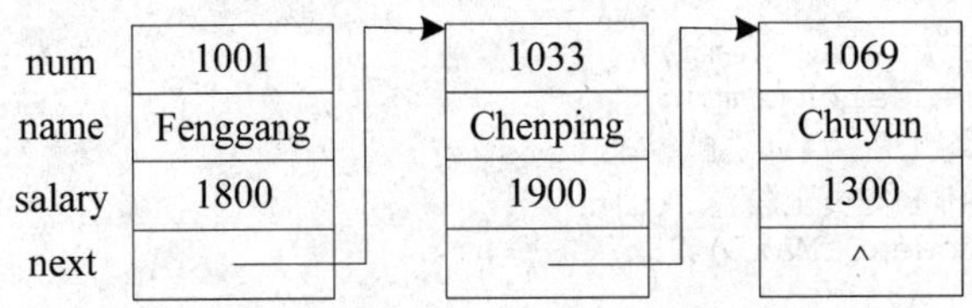

图 10.8　单链表示意图

对应的程序如下：

```
struct EmployeeNode
{
    int employeeId;
    char name[20];
    float salary;
    struct Employee *next;
};
```

其中，成员 employeeId、name 和 salary 存放结点中用户关心的数据，是结点中的数据域部分；next 是指针类型的成员，它指向链表中的下一个结点，基类型是结构体类型本身，是结点中的指针域部分。

10.2.2　静态链表

若链表中的结点由预先定义好的结构体变量或结构体数组元素来充当，则称此类链表为静态链表。该类链表各结点所占用的存储空间在结构体变量或结构体数组声明后开辟，程序执行完毕后由系统释放。当链表长度固定且结点个数较少时，可以考虑使用“静态链表”，下面举例说明静态链表的建立和输出方法。

例 10.5　创建如图 10.8 所示的静态链表。

程序的算法描述如图 10.9 所示。代码如下：

```
#include<stdio.h>
struct Employee
{
    int employeeId;
    char name[20];
    float salary;
    struct Employee *next;
};
void main()
{
    struct Employee a={101,"Fenggang",1800},b={1033,"Chenping",1900},
                    c={1069,"Chuyun",1300};
    struct Employee *head,*p;
    head=&a;
    a.next=&b;
    b.next=&c;
    c.next=NULL;
    for(p=head;p!=NULL;p=p->next)
        printf("%5d  %8s  %6.1f\n",p->employeeId,p->name,p->salary);
}
```

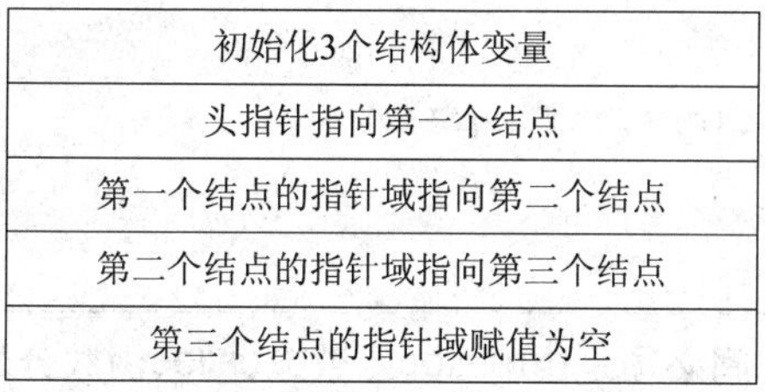

初始化3个结构体变量
头指针指向第一个结点
第一个结点的指针域指向第二个结点
第二个结点的指针域指向第三个结点
第三个结点的指针域赋值为空

图 10.9　例 10.5 主函数程序 N-S 图

说明

静态链表常出现在不支持指针的程序设计语言中，C 语言中通常不用。

10.2.3　动态链表

若链表的结点是在程序执行过程中通过动态存储分配函数进行动态开辟，则称此类链表为动态链表。动态链表各结点的开辟和释放由程序控制。

1　动态存储分配函数

常用的动态存储分配函数有 malloc、calloc 和 free，它们相应的声明信息包含在头文件“stdlib.h”或“malloc.h”中。

（1）malloc 函数

格式：void *malloc(unsigned size)

功能：在内存的动态存储区中分配 size 字节的连续空间。返回值为所分配存储区的起始地址，分配不成功则返回 NULL。例如：

```
char *p;
p=(char *)malloc(8); //分配 8 个字节的连续存储空间并进行强制类型转换，p 代表首地址。
```

（2）calloc 函数

格式：void *calloc(unsigned n,unsigned size)

功能：在内存的动态存储区中分配 n 个长度为 size 字节的连续空间。返回值为所分配存储区的起始地址，分配不成功则返回 NULL。例如：

```
char *p;
p=(char *)calloc(2,20);      /*分配 2 块大小为 20 个字节的连续存储空间并进行强制类型
                               转换，p 指向首地址*/
```

说明

malloc 与 calloc 函数功能类似，可相互替代。

（3）free 函数

格式：void free(void *p)

功能：释放 p 所指向的内存空间。例如：

```
int n,*p;
scanf("%d",&n);
p=(int *)malloc(n*sizof(int));
free(p);
```

说明

free函数所释放的内存空间必须是由malloc函数或calloc函数分配的，所释放空间的大小等于最初用malloc或calloc开辟的空间的大小。

2 动态链表的操作

假设链表的结点类型如下：

```
struct Employee
{
    int employeeId;
    float salary;
    struct Employee *next;
};
```

（1）动态链表的建立

创建动态链表是指在程序执行过程中从无到有地建立一个链表。

算法思想：开辟第一个结点时指针 curPtr、rearPtr 与 head 均指向该结点，之后每开辟一个结点都让 curPtr 指向新结点，把 curPtr 所指向的结点连接到 rearPtr 所指向结点的后面，最后再令 rearPtr 也指向新结点。下面以含有 3 个结点的动态链表为例说明创建步骤。

① 开辟第 1 个结点，并令指针 head、cruPtr 与 rearPtr 都指向该结点，如图 10.10 所示。

② 开辟第 2 个结点，令指针 curPtr 指向该结点；如图 10.11(a)所示。然后，令表尾结点指针域的指针指向该结点，如图 10.11(b)所示；最后，令指针 rearPtr 后移一个位置，以指向新开辟结点，如图 10.11(c)所示。

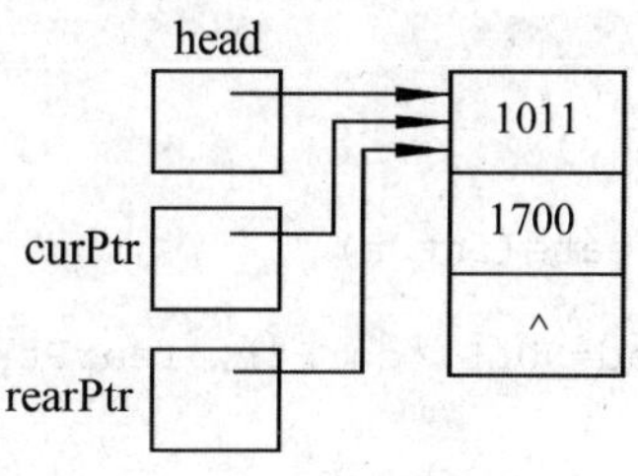

图 10.10　开辟首结点

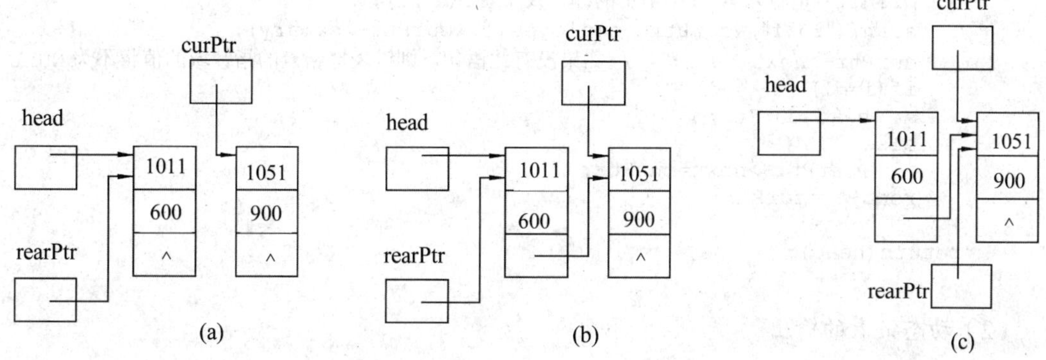

图 10.11　开辟第 2 个结点并与前一个结点连接

③ 开辟第 3 个结点，令指针 curPtr 指向该结点，如图 10.12（a）所示；然后，令尾结点指针域的指针指向该结点，最后令 rearPtr 指向新结点，如图 10.12（b）所示。

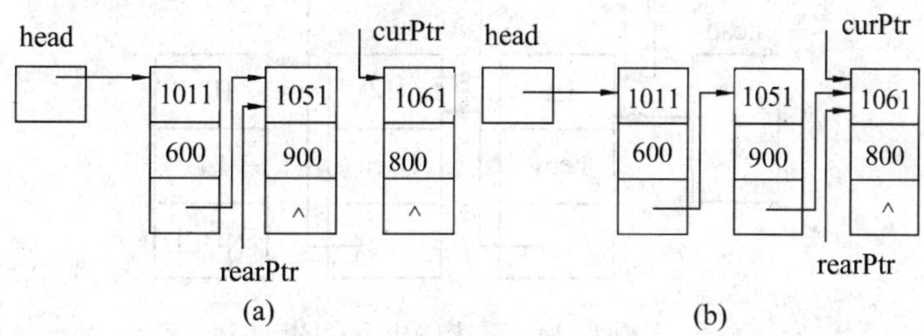

图 10.12　开辟第 3 个结点并与前一个结点连接

例 10.6　编写函数建立动态链表，结点个数作函数形参，返回链表头指针。

程序的算法描述如图 10.13 所示。

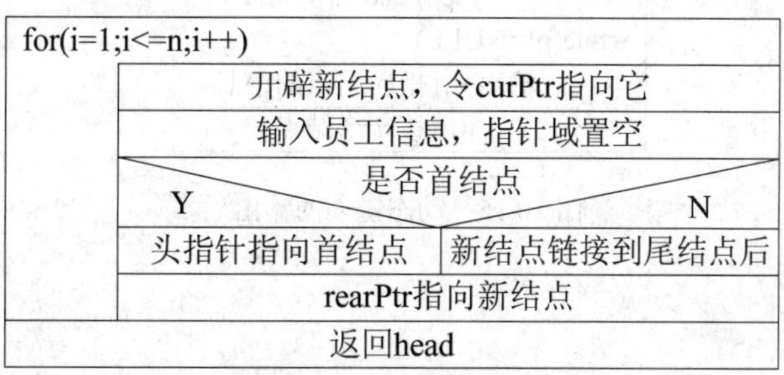

图 10.13　动态链表的建立

代码如下：

```
#include<stdio.h>
#include<malloc.h>
struct Employee *ListCreate(int n)
{
    struct Employee *head=NULL,*curPtr,*rearPtr;
    int i;
    for(i=1;i<=n;i++)
    {
        curPtr=(struct Employee *)malloc(sizeof(struct Employee));
        printf("请输入第%d 个员工的编号及工资:\n",i);
        scanf("%d%f",&curPtr->employeeId,&curPtr->salary);
        curPtr->next=NULL;    //如果没有此语句，则链表尾结点的指针域的值将不为 NULL
        if(i==1)
            head=curPtr;
        else
            rearPtr->next=curPtr;
        rearPtr=curPtr;
    }
    return(head);
}
```

（2）动态链表的输出

先让指针变量 p 指向第一个结点，输出该结点的值；然后后移一个结点，再输出；如此重复，直到到达表尾结点，如图 10.14 所示。其中，p'代表指针 p 后移一个结点后指向的位置，p"代表指针 p 后移两个结点后的位置。

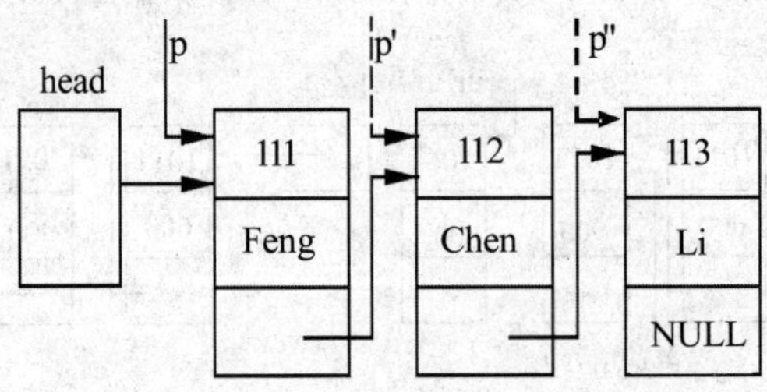

图 10.14　链表输出示意图

例 10.7　编写函数输出动态链表。

程序的算法描述如图 10.15 所示。

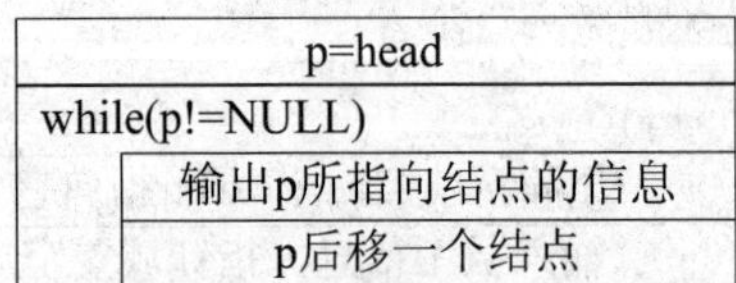

图 10.15　动态链表的输出

代码如下：

```
#include<stdio.h>
void ListPrint(struct Employee *head)
{
```

```
    struct Employee *p=head;
    while(p!=NULL)
     {
       printf("编号:%d 工资:%3f\n",p->employeeId, p->salary);
       p=p->next;
     }
}
```

说明

如果语句while(p!=NULL)改为while(p->next!=NULL)则表尾结点将无法输出。

（3）动态链表结点的删除

要删除一个结点，只需从第一个结点出发沿链表搜索，找到待删除结点后，修改该结点前驱结点的指针域，使其指向待删除结点的后继结点，之后释放所要删除结点的存储空间即可，如图 10.16 所示。

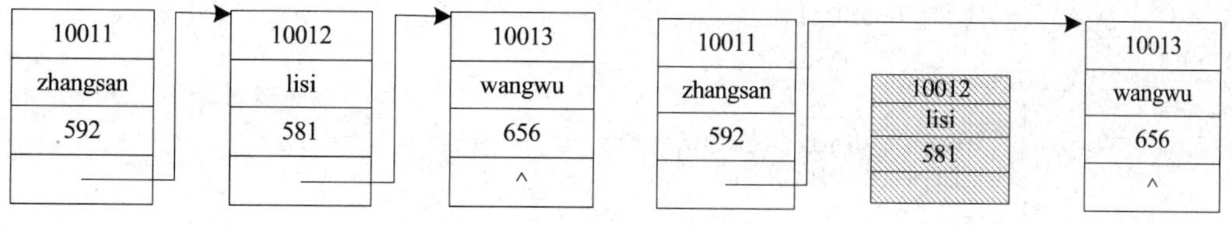

(a) 删除中间结点前　　(b) 删除中间结点后

图 10.16　删除结点示意图

例 10.8　编写函数删除链表中指定编号的员工结点，以头指针和员工编号作参数。

程序的算法描述如图 10.17 所示。

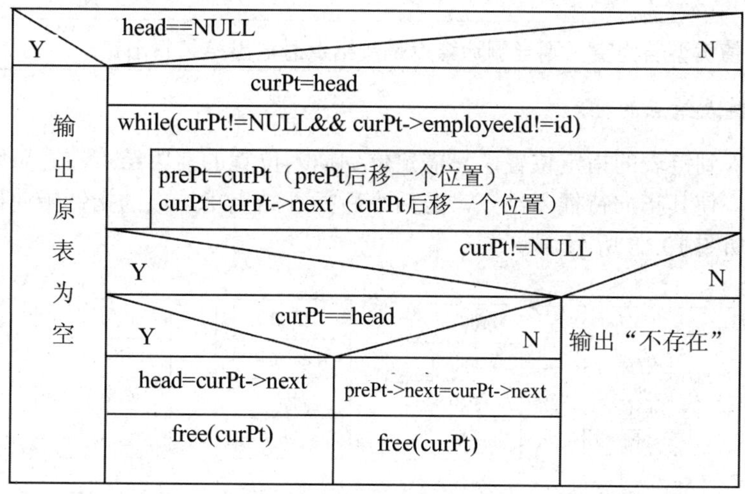

图 10.17　删除指定学号的链表结点

代码如下：

```
#include<stdio.h>
struct Employee *ListDelete(struct Employee *head,int id)
```

```
{
    struct Employee *curPt,*prePt;
    if(head==NULL)
    {
        printf("原表为空! \n");
        return(NULL);
    }
    else
    {
        curPt=head;
        while(curPt!=NULL&&curPt->employeeId!=id)
        {
            prePt=curPt;
            curPt=curPt->next;
        }
        if(curPt!=NULL)
        {
            if(curPt==head)
            {
                head=curPt->next;
                free(curPt);
            }
            else
            {
                prePt->next=curPt->next;
                free(curPt);
            }
            printf("编号为%d 的员工已被删除\n",id);
        }
        else
            printf("编号为%d 的员工不存在\n",id);
        return(head);
    }
}
```

说明

函数的返回值类型若为空，则当删除结点是头结点时输出结果将出错。

（4）动态链表结点的插入

将结点插入到链表的指定位置，只需定位到插入位置的前驱结点，之后修改该前驱结点指针域的值，使其指向待插入结点，之后令新插入结点指针域的指针指向插入位置的后继结点即可，如图 10.18 所示。

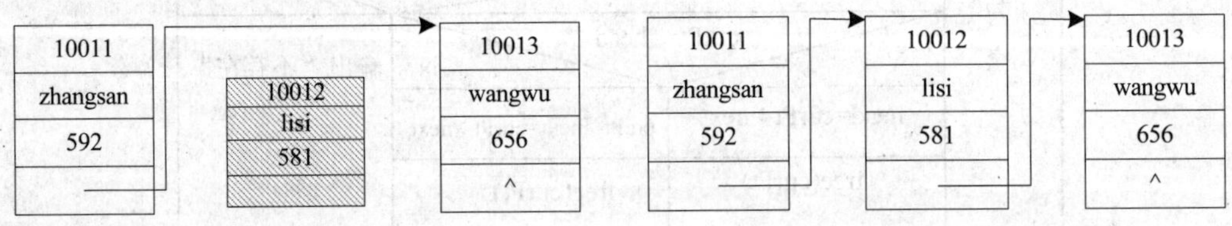

图 10.18　插入结点示意图

例 10.9　设链表中各结点按员工编号由小到大排列，编写函数插入一个新结点，使链表各结点仍按员工编号由小到大的顺序排列。

程序的算法描述如图 10.19 所示。

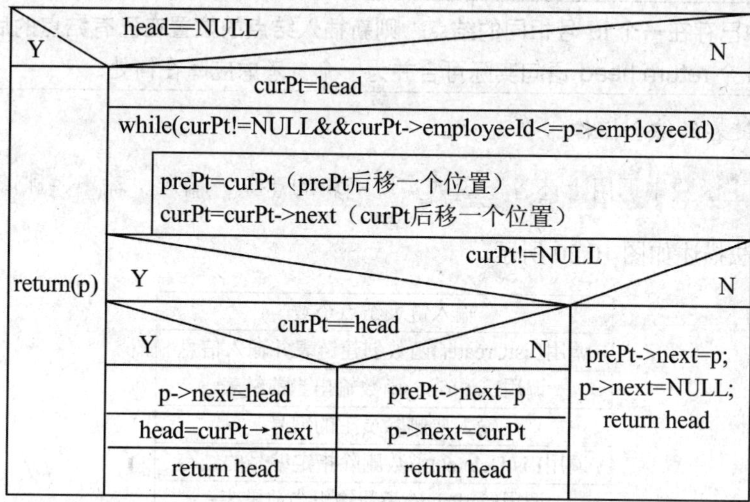

图 10.19 有序链表的插入操作

代码如下：

```
#include<stdio.h>
struct Employee *ListInsert(struct Employee *head, struct Employee *p)
{
    struct Employee *curPt,*prePt;
    if(head==NULL)
    {
        return(p);
    }
    else
    {
        curPt=head;
         while(curPt!=NULL&&curPt->employeeId<=p->employeeId)
        {
            prePt=curPt;
            curPt=curPt->next;
        }
        if(curPt!=NULL)
        {
            if(curPt==head)
            {
                p->next=head;
                head=curPt->next;
                     return head;
            }
            else
            {
                prePt->next=p;
                p->next=curPt;
                     return head;
            }
        }
        else
        {
            prePt->next=p;
            p->next=NULL;
            return head;
        }
    }
}
```

说明

① 若链表中已存在一个 Id 号相同的结点，则新插入结点的位置在已有结点的后面。
② 程序中 3 个 return head 语句实际可合并为一个，考虑应写在何处。

（5）动态链表的综合操作

例 10.10　在主函数中调用上述各子函数实现链表的建立、输入、输出、删除及插入。

程序的算法描述如图 10.20 所示。

输入链表结点个数
调用ListCreate()函数创建链表并输入信息
调用ListPrint()函数输出当前链表
输入要删除员工的编号
调用ListDelete()函数删除指定编号的结点
调用ListPrint()函数输出当前链表
输入要插入员工结点的信息
调用ListInsert()函数将新结点插入链表
调用ListPrint()函数输出当前链表

图 10.20　链表的综合操作

代码如下：

```
#include<stdio.h>
#include<malloc.h>
void main()
{
    struct Employee *head,*p;
    int n,k;
    printf("请输入员工个数:\n");
    scanf("%d",&n);
    printf("请按编号由小到大的顺序输入各员工的信息:\n");
    head=ListCreate(n);
    printf("原链表为:\n");
    ListPrint(head);
    printf("输入要删除员工的学号:\n");
    scanf("%d",&k);
    head=ListDelete(head,k);
    printf("删除后链表为:\n");
    ListPrint(head);
    p=(struct Employee*)malloc(sizeof(struct Employee));
    printf("输入欲插入员工的编号及工资\n");
    scanf("%d%f",&p->employeeId,&p->salary);
    head=ListInsert(head,p);
    printf("插入后链表为:\n");
    ListPrint(head);
}
```

10.3 共用体与枚举

10.3.1 共用体的概念

共用体与结构体类似，都属于构造数据类型，都由若干类型可以互不相同的成员组成。不同的是，结构体变量的各个成员拥有自己独立的存储单元，而共用体变量的各个成员“共用”一段内存，该内存段允许各成员在不同的时间分别起作用。

如图 10.21 所示，利用共用体可以把字符型变量 c、短整型变量 i 及浮点型变量 f 当作成员放在同一个地址开始的内存单元中。尽管三者在内存中占用的字节数不同，但都可以通过共用体变量来访问。相比结构体类型，这样可以更有效地利用内存。

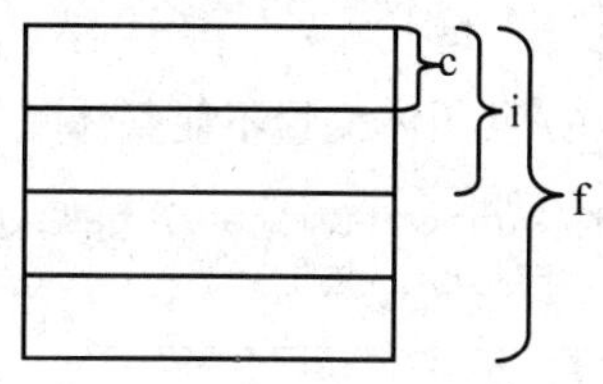

图 10.21　共用体变量内存分配图

说明

① 共用体各成员变量的存储空间存在重叠部分，一个成员变量值的改变有可能影响其他成员变量的值。

② 图 10.21 中，共用体变量所占的存储空间不是 3 个成员变量所占空间的和，而是三者的最大值。

10.3.2 共用体定义及使用

与结构体定义格式类似，共用体定义格式分如下三种：

```
union udata
{
    char c;
    short i;
    float f;
};
union udata data1,data2;
```

```
union
{
    char c;
    short i;
    float f;
}data1,data2;
```

```
union udata
{
    char c;
    short i;
    float f;
}data1,data2;
```

共用体变量定义后，可通过成员运算符引用共用体的各个成员，例如，

```
union udata data1,data2;
data1.c='A';
data1.i=66;
printf("%c",data1.c);
scanf("%f",&data1.f);
data2.f=data1.i+2;
```

说明

① 共用体变量各成员的地址相同。

② 每改变一个成员的值，共用体中其他成员的值都可能改变。如以下程序的执行结果为 AB。

```
#include<stdio.h>
void main()
{
    union
    {
      char c[2];
      short i;
    }data;
    data.i=0x4241;
    printf("%c%c\n",data.c[0],data.c[1]);
}
```

③ 共用体变量不能整体赋值，也不能初始化。以下两条语句均不正确：

```
union udata data1,data2={'A',5,2.3};
data2='B';
```

10.3.3 枚举的概念

实际问题中存在某些对象，它们的取值被限定在一个有限的范围内。例如，表示性别的变量只有“男”或“女”两种取值，表示月份的变量只有 12 个不同的取值，如此等等。把这些量定义为字符型、整型或其他类型都不是很合理，为此，C 语言中引入了枚举类型。例如，对于每周五个工作日可定义枚举类型如下：

```
enum workday { mon,tue,wed,thr,fri } d1,d2;
```

与结构体和共用体类似，枚举类型的声明与枚举变量的定义有以下三种形式。

```
enum workday
{
       mon,tue,wed,thr,fri
};
enum workday d1=mon,d2=tue;
```

```
enum workday
{
mon,tue,wed,thr,fri
}d1=mon,d2=tue;
```

```
enum
{
mon,tue,wed,thr,fri
}d1=mon,d2=tue;
```

说明

① 枚举变量的取值必须来自枚举常量列表，如语句 enum workday d1=sat 不正确。

② 枚举常量实际上是一个标识符，其值是一个整型常数，默认情况下，各枚举常量按定义时的顺序，从 0 开始取值，依次增 1。

③ 也可在定义枚举时显式指定各枚举常量的取值，当某个枚举常量被显式赋值后，其后未显式赋值的枚举常量将按出现顺序依次加 1 的规则确定其值。例如，以下程序输出结果为-9。

```
#include<stdio.h>
void main()
{
    enum color
    {
       red=-10,
       orange,
       yellow=0,
       green=10
```

```
    };
    enum color x=orange;
    printf("%d",x);
}
```

10.3.4　枚举的使用

1 枚举变量的赋值

（1）使用枚举常量为枚举变量赋值，例如：

```
enum workday d=mon
```

（2）把一个整数进行强制类型转换后再赋值给枚举变量，例如：

```
enum color y=(enum color)0
```

2 枚举变量的输出

通常使用 switch 语句或 if 语句输出枚举变量的值。例如：

```
#include<stdio.h>
void main()
{
    enum workday
    {
        mon,tue,wed,thr,fri
    };
    enum workday d=mon;
    switch(d)
    {
    case mon:printf("%-6s","Mon");break;
    case tue:printf("%-6s","Tue");break;
    case wed:printf("%-6s","Wed");break;
    case thr:printf("%-6s","Thr");break;
    case fri:printf("%-6s","Fri");break;
    default:printf("%-6s","error!");break;
    }
}
```

说明

枚举常量不是字符串常量，不能用“%s”的格式输出，如程序片段不会输出mon：

```
enum{ mon,tue,wed,thr,fri }d=mon;
printf("%s",d);
```

10.4　应用举例

本节综合应用结构体和链表的相关知识解决一些复杂问题。

例 10.11　设员工信息包括编号和姓名，按姓名字典序输出各员工信息。

算法设计思想：用冒泡法排序，每轮比较相邻两个结点中的员工姓名，若不满足字典序则两个结点交换在链表中的位置，如此，进行 N-1 轮比较即可。

程序中创建链表子函数的算法如图 10.13 所示，主函数的算法如图 10.22 所示，代码如下。

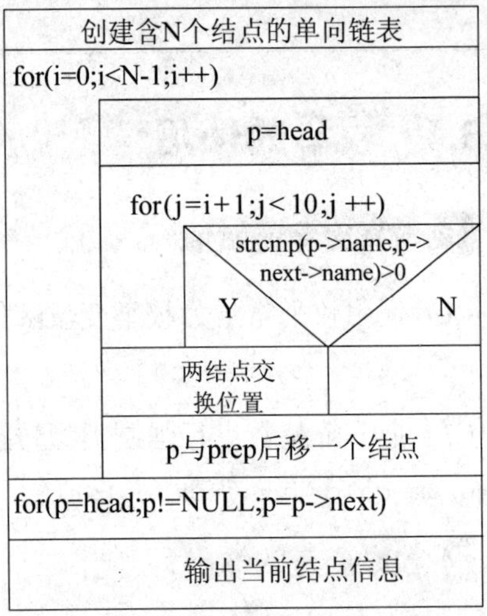

创建含N个结点的单向链表
for(i=0;i<N-1;i++)
p=head
for(j=i+1;j<10;j ++)
strcmp(p->name,p->next->name)>0
Y　N
两结点交换位置
p与prep后移一个结点
for(p=head;p!=NULL;p=p->next)
输出当前结点信息

图 10.22　例 10.11 主函数 N-S 图

```
#include<stdio.h>
#include<malloc.h>
#include<string.h>
#define N 6

struct Employee
{
    long employeeId;
    char name[20];
    struct Employee *next;
};

/*创建单向链表子函数*/
struct Employee *ListCreate(int n)
{
    struct Employee *head=NULL,*p1,*p2;
    int i;
    for(i=1;i<=n;i++)
    {
        p1=(struct Employee *)malloc(sizeof(struct Employee));
        printf("请输入第%d 个员工的编号和姓名:\n",i);
        scanf("%ld%s",&p1->employeeId,p1->name);
        p1->next=NULL;
        if(i==1)
            head=p1;
        else
            p2->next=p1;
        p2=p1;
    }
    return(head);
}
void main()
{
    struct Employee *head,*p,*prep;
    int i,j;
    head=ListCreate(N);
    for(i=0;i<N-1;i++)
    {
        p=head;
        for(j=0;j<N-1-i;j++)
        {
            if(strcmp(p->name,p->next->name)>0)
            {
                /*相邻两结点交换位置,之后仍令 p 指向前边的一个结点*/
                if(p==head)
                {
                    head=p->next;
                    p->next=p->next->next;
                    head->next=p;
                    p=head;
```

```
                }
                else
                {
                    prep->next=p->next;
                    p->next=p->next->next;
                    prep->next->next=p;
                    p=prep->next;
                }
            }
            /*p 指向下一个结点,prep 指向 p 的前一个结点*/
            prep=p;
            p=p->next;
        }
    }
    printf("排序后各节点顺序为: \n");
    for(p=head;p!=NULL;p=p->next)
        printf("%ld %s\n",p->employeeId,p->name);
}
```

例 10.12　假设 N 个员工排成一圈，现从中选出一人参加比赛。规则是：从第一个人开始报数，报到 M 的员工退出圈子，再从他的下一个员工开始重新从 1 到 M 进行报数，如此重复直至最后留下一个员工，该员工参加比赛，问该员工是原圈中的第几个。

算法设计思想：用循环链表（尾结点指针指向首结点的链表）模拟员工围成的圈。从第一个结点开始计数，每数到 M 就删除当前结点；之后令头指针指向所删除结点的下一个结点，并重新开始报数，如此重复直到链表中只剩下一个结点，该结点对应的员工即是所求。

单向循环链表创建子函数的算法描述如图 10.23 所示，主函数的算法描述如图 10.24 所示。

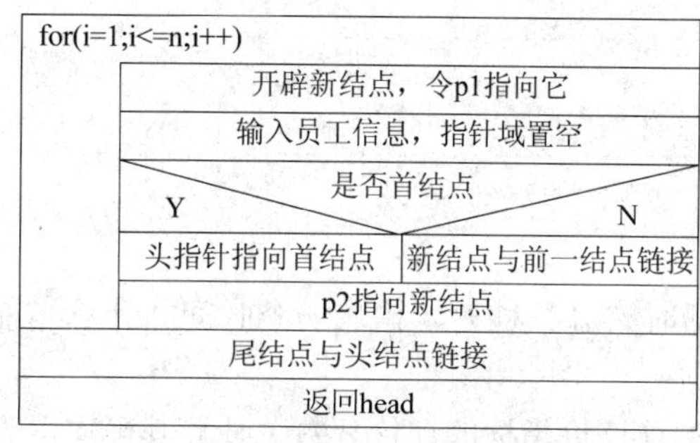

图 10.23　单向循环链表的建立

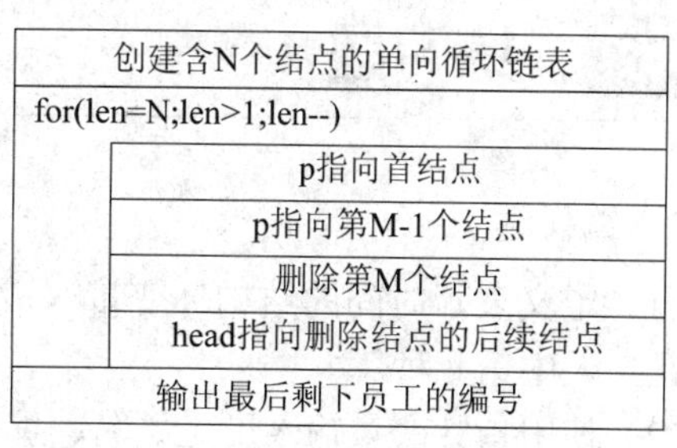

图 10.24　例 10.11 主函数 N-S 图

代码如下：

```
#include<stdio.h>
#include<malloc.h>
#define N 8
#define M 3
struct Employee
{
    long employeeId;
    struct Employee *next;
};
/*创建单向循环链表子函数*/
struct Employee *CircularListCreate(int n)
{
```

```
    struct Employee *head=NULL,*p1,*p2;
    int i;
    for(i=1;i<=n;i++)/*逐个创建结点并输入相关数据*/
    {
        p1=(struct Employee *)malloc(sizeof(struct Employee));
        printf("请输入第%d 个员工的编号:\n",i);
        scanf("%ld",&p1->employeeId);
        p1->next=NULL;
        if(i==1)
            head=p1;
        else
            p2->next=p1;
        p2=p1;
    }
    p1->next=head;
    return(head);
}
void main()
{
    struct Employee *head=NULL,*p;
    int len,order;
    head=CircularListCreate(N);
    for(len=N;len>1;len--)
    {
        p=head;
        for(order=1;order<M-1;order++)/*定位到序号为 M-1 的结点上*/
            p=p->next;
        p->next=p->next->next;
        head=p->next;/*头指针指向下一个开始从头报数的结点*/
    }
    printf("最后剩下的员工编号为: %ld\n",head->employeeId);
}
```

10.5 练习题

1. 编程题

（1）定义表示时间的结构体变量（成员包括时、分、秒），输入一个时间并计算当前时刻是当天中第几秒。

（2）使用指针变量输入员工姓名、编号及 3 项评价指标的评价分数，计算其平均得分并输出。

（3）员工信息包括编号、姓名及工资。输入一组员工的信息，将姓名按字典序排列。

（4）员工信息包括编号、姓名及工资。输入一组员工信息并将工资最低的员工删除。

（5）编写函数，统计链表中结点的个数。

（6）编写函数，查找指定编号的结点在链表中第一次出现的位置，未找到则返回 0。

（7）编写函数，删除链表中指定位置的结点。

2. 测试分析题

（1）分析下列程序的输出结果。

```
#include<stdio.h>
void main()
```

```
{
    union
    {
        int a;
        int b;
    }s[3],*p;
    int n=1,k;
    for(k=0;k<3;k++)
    {
        s[k].a=n;
        s[k].b=s[k].a*2;
        n+=2;
    }
   p=s;
   printf("%d,%d\n",p->a,++p->a);
}
```

（2）测试并分析以下程序的执行结果。

```
#include<stdio.h>
void main()
{
   enum workday
   {
       Mon,Tue,Wed,Thr,Fri
   };
   enum workday d=Thr;
   printf("%d\n",d);
   printf("%c\n",d);
   printf("%s\n",d);
}
```

第11章 文 件

学习目标 理解文件的基本概念，掌握文件的各种操作。

文件是程序设计中的一个重要概念。本章主要介绍文件的基本概念、打开方式；文件读写函数与定位函数的功能及各个参数的含义。

11.1 文件概述

前面在各章中我们用到的输入/输出都是以终端为对象的，即从键盘上输入数据，输出到显示器，但有时我们想把某项工作中得到的数据送到外部介质上存储起来，下一次工作时再从外部介质上取回这些数据进行处理，这就是文件操作。文件就是存储在外部介质上的数据的集合。

在 C 语言中，文件分为标准文件（一种结构文件）和流式文件（一种非结构文件）。I/O 设备也可以当做文件来处理，叫设备文件。设备文件可按流式文件处理，也可按标准文件处理。常用的设备文件的名称、文件指针如表 11.1 所示。

表 11.1 设备文件信息

设备	文件名	文件指针
键盘	CON:	/KYBD stdin
显示器	CON:	/SCRN stdout/stderr
打印机	PRN:	/LPT1 stdout
键盘	AUX:	/COM1

流式文件又分为文本流（文本文件）和二进制流（二进制文件）。文本文件又称为 ASCII 文件，每个字节中存放一个 ASCII 代码，这样便于字符的逐个处理，但它所读写的字符与存储在外设中的字符并不一一对应，需要进行转换，这样就要花费一定的时间，且由于用 ASCII 码存放，所占空间一般来说也较大。二进制文件是直接用数据的二进制形式存放，其读写形式与在外设中的存储形式是一一对应的，不需发生字符转换，所占用的空间也较小。

例如，有一个整数 1234 若用 ASCII 文件存放占 4 个字节的存储单元，1、2、3、4 各用 1 个字节存储，其 ASCII 码分别为 49、50、51、52，故 1234 用 ASCII 文件存放的形式为 00110001 00110010 00110011 00110100；若用二进制文件存放 VC6 中需 4 个字节，存放形式为 00000000 00000000 00000100 11010010。

过去的 C 版本中，有两种处理文件的方式：缓冲文件系统和非缓冲文件系统。所谓缓冲文件系统，是指系统自动在内存区为正在使用的文件开辟一个缓冲区。流式文件一般采用缓冲文件系统来处理。用缓冲文件系统进行的输入/输出又叫高级I/O。非缓冲文件系统则是指缓冲区不是由系统开辟，而是由用户指定的。标准文件一般采用非缓冲文件系统来处理。用非缓冲文件系统进行的输入/输出又称低级I/O。

11.2 文件指针

在缓冲文件系统中，要读写的文件由指向结构FILE型的指针来指定。该结构类型由系统定义在stdio.h文件中，取名为FILE。FILE的定义格式如下：

```
typedef struct
{
    short level;                    //记录缓冲区填入数据情况
    unsigned flags;                 //文件状态标记
    char fcl;                       //与流相连的标识符
    unsigned char hold;             //缓冲区为空时,记录Ungetc退回的字
    short bsize;                    //缓冲区大小
    unsigned char _FAR*buffer;      //缓冲区首地址
    unsigned char _FAR**curp;       //当前文件指针位置
    unsigned istemp;                //临时文件标识符
    short char token;               //文件有效性检查
}FILE;                              //文件结构类型
```

用FILE类型可定义若干个FILE型变量，以存放对应文件的信息。例如，

```
FILE f[3];  //定义一个结构体数组f，用来存放3个文件的信息
FILE *fp;   //定义一个文件指针，用于指向某个结构体变量
```

说明

① 文件结构体指针中的地址值是在文件打开时得到的。

② 一个文件使用前要打开它，文件打开后，系统在内存中建立该文件的文件结构体；用完后要将文件关闭，从而释放文件结构体。

③ 要使用一个文件，系统就为此文件开辟一个如上的结构体变量。有几个文件就开辟几个这样的结构体变量，分别用来存放各个文件的有关信息。这些结构体变量不用变量名来标识，而通过指向结构体类型的指针变量来访问，这就是“文件指针”。

11.3 文件的打开与关闭

对磁盘文件的操作必须先打开，后读写，最后关闭。

11.3.1 文件的打开

所谓“打开”，是在程序和操作系统之间建立联系，程序把所要操作的文件的一些信息通知给操作系统。这些信息中除包括文件名外，还要指出读写方式及读写位置。如果是读，则需要先确认此文件是否已存在；如果是写，则检查原来是否有同名文件，如有则将该文件删除，然后新建立一个文件，并将读写位置设定于文件开头，准备写入数据。打开文件用 fopen 函数实现。

格式：FILE *fp;

fp=fopen(文件名,使用文件方式); //文件名中可以包含路径

功能：使用指定的文件方式打开指定的文件。例如，

```
FILE  *fp;
fp=fopen("e:\a1.txt", "r");  //用读入方式打开 e 盘根目录下的 a1.txt 文件
```

文件使用方式如表 11.2 所示。

表 11.2 文件使用的方式及含义

文件使用方式		含义
r	只读	为输入打开一个文本文件
w	只写	为输出打开一个文本文件
a	追加	向文本文件尾追加数据
rb	只读	为输入打开一个二进制文件
wb	只写	为输出打开一个二进制文件
ab	追加	向二进制文件尾追加数据
r+	读写	为读/写打开一个文本文件
w+	读写	为读/写建立一个新的文本文件
a+	读写	为读/写打开一个文本文件
rb+	读写	为读/写打开一个二进制文件
wb+	读写	为读/写建立一个新的二进制文件
ab+	读写	为读/写打开一个二进制文件

说明

① 用“r”方式打开的文件只能用于向计算机输入数据，而且该文件应该已经存在，不能以“r”方式打开一个并不存在的文件，否则出错。

② 用“w”方式打开的文件只能用于向该文件写数据。如果原来不存在该文件，则在打开时新建立一个以指定名字命名的文件；如果原来已存在一个以该文件名命名的文件，则在打开时将该文件删去，然后重新建立一个新文件。

③ 如果希望向文件末尾追加新的数据（不希望删除原有数据），则应该用“a”方式打开。但此时该文件必须已存在，否则将得到出错信息。打开时，位置指针移到文件末尾。

④ 用“r+”、“w+”、“a+”方式打开的文件可以用来输入和输出数据。用“r+”方式时该文件已经存在，以便能向计算机输入数据。用“w+”方式则新建立一个文件，先向此

文件写数据，然后可以读此文件中的数据。用“a+”方式打开的文件，原来的文件不被删去，位置指针移到文件末尾，可以追加也可以读。

⑤ 如果不能实现“打开”的任务，fopen 函数将返回一个空指针值 NULL（NULL 在 stdio.h 文件中已被定义为 0）。常用下面方法打开一个文件：

```
if  ((fp=fopen("file1", "r"))==NULL)
{  printf("cannot open this file\n");
   exit (1);
}
```

在程序开始运行时，系统自动打开 3 个标准文件：标准输入、标准输出和标准出错输出。系统自动定义了 3 个文件指针 stdin、stdout 和 stderr，分别指向终端输入、终端输出和标准出错输出（也从终端输出）。如果程序中指定要从 stdin 所指的文件输入数据，就是指从终端键盘输入数据。

11.3.2 文件的关闭

为避免数据丢失，文件使用完毕后必须关闭。关闭文件用 fclose 函数实现。

格式：fclose（文件指针）;

功能：关闭文件指针所指向的文件。例如，

```
fclose (fp);  // 关闭 fp 所指向的文件（即 fp 不再指向该文件）
```

说明

① fclose 函数也带回一个值，当顺利地执行了关闭操作，则返回值为 0；如果返回值为非零值，则表示关闭时有错误。可以用 ferror 函数来测试。

② 关闭的过程是先将缓冲区中尚未存盘的数据写盘，然后撤销存放该文件信息的结构体，最后令指向该文件的指针为空值（NULL）。此后，如果再想使用刚才的文件，则必须重新打开。应该养成在文件访问完之后及时关闭的习惯，一方面是避免数据丢失；另一方面是及时释放内存，减少系统资源的占用。

11.4 文件的读写

11.4.1 字符读写函数

（1）fputc 函数

格式：fputc(ch,fp);

功能：把字符 ch 写到 fp 指向的文件中。其中 ch 可以是字符常量、字符变量，EOF 是 stdio.h 文件中定义的符号常量,值为-1。

返回值：输出成功时返回所输出的字符，输出失败时返回 EOF。

（2）fgetc 函数

格式：fgetc(fp);

功能：从 fp 指向的文件中读取一个字节的代码值。

返回值：正常情况下为取到的字符代码值,读到文件尾或出错时为 EOF。

以上两个函数一般都是配合使用来完成对文件的字符处理。有时我们也写作 getc 和 putc，它们是 fgetc 和 fputc 等价的宏。

我们已经知道 stdout 和 stdin 是标准 I/O 文件的指针，它们与终端相连。这些标准 I/O 文件由系统自动打开。我们用宏来书写比使用原函数简单些，因此我们一般也可以把这两个宏当做函数来使用。在使用 fgetc 函数时，可用所读到的字符是 EOF 来判断是否文件结束，-1 表示文件结束。但在二进制文件中，有可能某个字节中的数据就是-1，这样就会产生错误。因此 ANSIC 提供 feof(fp)函数来判断 fp 所指向的文件的当前状态是否“文件结束”，若文件结束，函数返回值为 1，否则为 0。

例 11.1　设 D 盘已有 A.dat 文件和 B.dat 文件，将一个磁盘文件中的信息复制到另一个磁盘文件中。

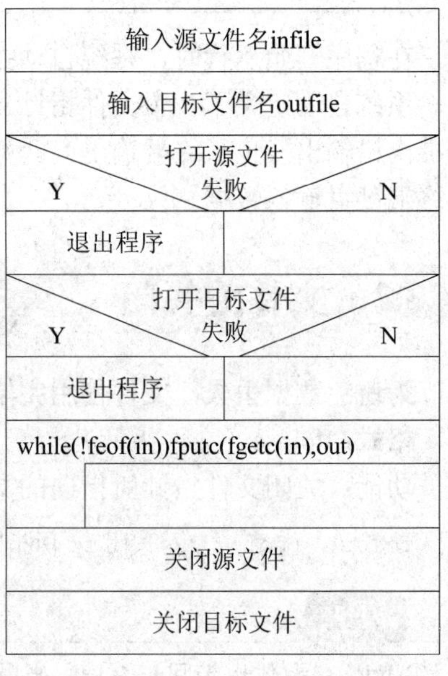

图 11.1　例 11.1 算法描述 N-S 图

算法描述如图 11.1 所示，代码如下：

```
#include"stdio.h"
void main()
{
    FILE *in,*out;
    char ch,infile[10],outfile[10];
    printf("Enter the infile name.\n");
    scanf("%s",infile);           //输入源文件名
    printf("~Enter the outfile name.\n");
    scanf("%s",outfile);          //输入目标文件名
    if((in=fopen(infile, "/rb"))==NULL)
    {printf("Cannot open the infile.\n");
      exit(0);}                   //以只读方式打开源文件
    if((out=fopen(outfile, "wb"))==NULL)
    {printf("Cannot open the outfille.\n");
      exit(0);
    }                             //以只写方式打开目标文件
    while(!feof(in))fputc(fgetc(in),out); //将从源文件取到的字符写到目标文件中
    fclose(in);                   //关闭文件
    fclose(out);
}
```

运行程序：

```
Enter the infile name:
A ↙
Enter the outfile name:
B ↙
```

说明

A文件必须已存在，否则程序运行时会出错。

11.4.2　字符串的读写函数

1 fgets 函数

格式：fgets(str,n,fp);

功能：从 fp 指向的文件中读取 n-1 个字符放到内存中以 str 为首地址的区域里。其中参数 str 可以是字符串常量、字符数组名或指向字符串的指针。

返回值：正常读取时为 str 的首地址，读到文件尾或出错时返回 NULL。

说明

① 当读取了 n-1 个字符、回车符或读到文件尾时，函数就终止运行，返回主调函数。
② 参数 n 表示读取的字符个数，但实际读取字符最多只能有 n-1 个，这是因为读完后系统自动在字符串尾添上一个'\0'。
③ 读字符串时，gets 函数把读到的回车符转换成'\0'，而 fgets 函数是把读到的回车符直接存储起来，并在末尾加上'\0'。

2 fputs 函数

格式：fputs(str,fp);

功能：将放在 str 中的字符串输出到 fp 指向的文件中。其中参数 str 位置可以是字符串常量、字符数组名或指向字符串的指针。

返回值：输出成功，则返回输出的字符数，否则返回 EOF。

说明

输出字符串时，puts函数是将字符串尾的‘\0’变换为回车符输出，fputs函数则是去掉字符‘\0’，不作输出。

例 11.2　将 D 盘根目录下的 test.txt 中全部信息显示到屏幕上的程序。实际上它相当于 DOS 系统中的 type 命令。

代码如下：

```
#include "stdio.h"
void main()
{
    int ch;
    FILE *fp;
    if((fp=fopen("d:\\test.txt", "r"))==NULL)
    {printf("can't open file");
    return;
    }
    while ((ch=fgetc(fp))!=EOF)
```

```
        putchar(ch);
    fclose(fp);
}
```

11.4.3 字读写函数

1 字输入函数 getw

格式：getw(fp);

功能：从文件指针 fp 所指文件中，读当前位置的下一个整数。

返回值：正常情况下为取到的整数，读到文件尾或出错时为 EOF。

2 字输出函数 putw

格式：putw(i,fp);

功能：输出一个整数 i 到文件中。

返回值：正常情况下为一个整数，出错时为 EOF。

说明

字输入函数和字输出函数只能用于二进制文件，不能用于文本文件。

例 11.3 应用 putw 和 getw 函数建立二进制整型数据文件并读取其中的数据。

算法描述如图 11.2 所示，代码如下：

```
#include "stdio.h"
void main( )
{ FILE *fp;                          //定义一个文件指针变量 fp
  char filename[40];                 //filename 用于存放数据文件名
  int i,n1=5,n2,x[5]={10,22,36,48,59},y[5];
  printf("filename: ");
  gets(filename);
  if ((fp=fopen(filename, "wb"))==NULL)
                                     //新建并打开一个二进制文件，并测试是否成功
    { printf("Can' t open the %s\n",filename);
      exit(0);
    }
putw(n1,fp);                         //向二进制文件写入一个整数
   for (i=0; i<n1; i++)
    putw(x[i],fp);                   //将数组 x 的内容写入二进制文件
   fclose(fp);                       //建立文件结束，关闭文件
   printf("outfile:\n");
   fp=fopen(filename, "rb"); //以读方式打开二进制文件
```

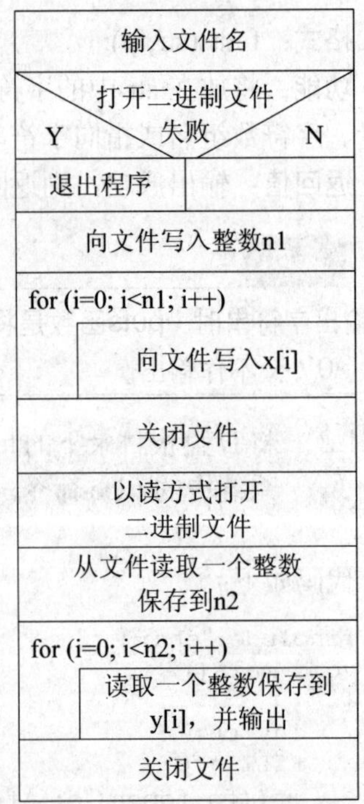

图 11.2 例 11.3 算法描述 N-S 图

```
  n2=getw(fp);                     //从二进制文件读取一个整数
  for (i=0; i<n2; i++)
   { y[i]=getw(fp);                //从文件读取一个整数赋给 y 数组元素
     printf("%d ",y[i]);
   }
 printf("\n");
 fclose(fp);                       //读文件结束，关闭文件
}
```

11.4.4 数据块读写函数

如果要一次读入一组数据（如一个数组元素、一个结构体变量的值等），则应使用 fread 函数和 fwrite 函数。

1 块输入函数

格式：fread(p, size, n, fp);

其中，p 为某类型指针；size 为某类型数据存储空间的字节数（数据项大小）；n 为此次从文件中读取的数据项数；fp 为文件指针变量。

功能：从 fp 所指向的文件中，读取 n 个数据项，存放到 p 所指向的存储区域。

返回值：若输入操作成功，返回实际读出的数据项个数。若文件结束或调用失败，则返回 0。

2 块输出函数

格式：fwrite(p, size, n, fp);

其中，p 为某类型指针；size 为某类型数据存储空间的字节数（数据项大小）；n 为此次写入文件的数据项数；fp 为文件指针变量。

功能：将 p 指向的存储区中 n 个数据项写入 fp 所指向的文件。

返回值：若输出操作成功，返回写入的数据项数；若输出操作失败，则返回 0。

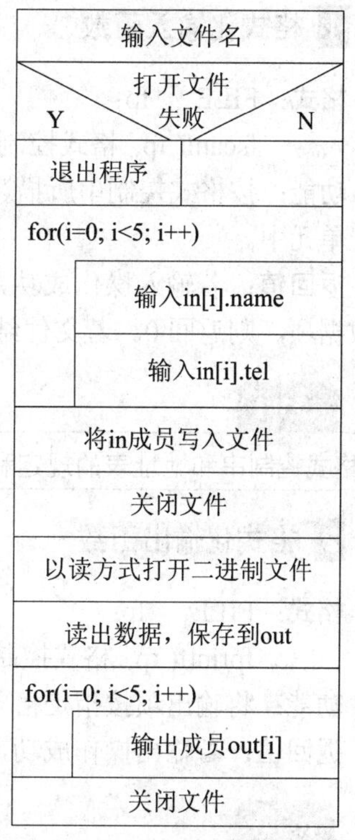

图 11.3 例 11.4 算法描述 N-S 图

例 11.4 应用 fwrite 与 fread 函数建立一个存放学生电话簿的二进制数据文件并读取其中的数据。

算法描述如图 11.3 所示。代码如下：

```
#include "stdio.h"
void main( )
{ FILE *fp; int i;
  char filename[40];
    //filename 用于存放数据文件名
  struct tel
   { char name[20], tel[9]; }in[5], out[5];
  printf("filename: ");
  gets(filename);
  if ((fp=fopen(filename, "wb"))==NULL)
```

```
  { printf("Can't open the %s\n",filename);
    exit (0);
  }
for(i=0; i<5; i++)
    { printf("name: ");
      gets(in[i].name);
      printf("tel: ");
      gets(in[i].tel);
    }
 fwrite(in, sizeof(struct tel), 5, fp);    //文件中写入 5 个学生的电话
 fclose(fp);                               //建立文件结束，关闭文件
 printf("outfile:\n");
 fp=fopen(filename, "rb");                 //以读方式打开二进制文件
 fread(out,sizeof(struct tel),5,fp);       //从文件读取 5 个结构体数据
 printf("name  telephone\n");
 for(i=0; i<5; i++)
    printf("%-20s%-8s\n",out[i].name,out[i].tel);
 fclose(fp);                               //读文件结束，关闭文件
}
```

11.4.5 格式化读写函数

格式化读写函数 fprintf、fscanf 与函数 printf、scanf 的作用相仿，区别在于 fprintf 和 fscanf 函数的读写对象不是终端而是磁盘文件。

1 格式化输入函数

格式：FILE *fp;

fscanf(fp, 格式控制串, 地址表); //fp 为文件指针变量

功能：按格式控制串所描述的格式，从 fp 所指向的文件中读取数据，送到指定的内存地址单元中。

返回值：若输入操作成功，返回实际读出的数据项个数，不包括数据分隔符。若没有读数据项，则返回 0。若文件结束或调用失败，则返回 EOF。

说明

格式控制串和地址表的规定和使用方法与 scanf 函数相同。

2 格式化输出函数

格式：FILE *fp;

fprintf(fp, 格式控制串，输出项参数表); //fp 为文件指针变量

功能：将输出项按指定格式写入 fp 所指向的文件中。

返回值：若输出操作成功，返回写入的字节数；若输出操作失败，则返回 EOF。

说明

格式控制串和输出项参数表的规定和使用方法与 printf 函数相同。

例 11.5 从键盘输入 3 个学生的数据，将它们存入文件 stud.dat 中；然后再从文件中读出数据，显示在屏幕上。

算法描述如图 11.4 所示。

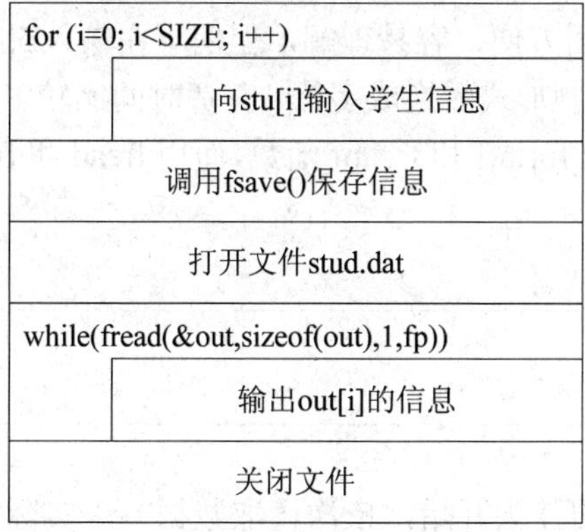

(a) 主函数

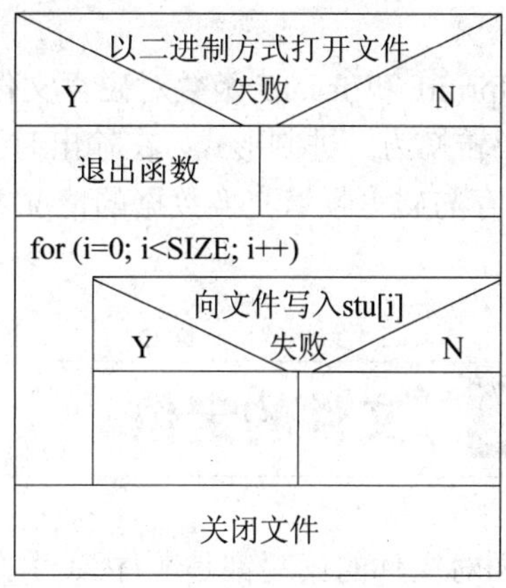

(b) 子函数

图 11.4 例 11.5 算法描述 N-S 图

代码如下：

```
#include <stdio.h>
#define SIZE 3
struct student                                   //定义结构
{ long num;
char name[10];
int age;
char address[10];
} stu[SIZE], out;
void fsave ( )
{ FILE *fp;
int i;
if (( fp=fopen("stud.dat","wb")) == NULL)    //以二进制写方式打开文件
{ printf ("Cannot open file.\n");            //打开文件的出错处理
   exit(1);                                   //出错后返回，停止运行
}
for (i=0; i<SIZE; i++)                        //将学生的信息（结构）以数据块形式写
                                                入文件
if (fwrite(&stu[i], sizeof(struct student), 1, fp) != 1)
printf("File write error.\n");                //写过程中的出错处理
fclose (fp);                                  //关闭文件
}
void main ( )
{ FILE *fp;
int i;
for (i=0; i<SIZE; i++)
{                                             //从键盘读入学生的信息(结构)
   printf("Input student %d: ", i+1);
   scanf  ("%ld%s%d%s",      &stu[i].num,  stu[i].name,  &stu[i].age,
stu[i].address );
}
fsave( );                                     //调用函数保存学生信息
```

```
fp = fopen ("stud.dat", "rb");                    //以二进制读方式打开数据文件
printf (" No. Name Age Address\n");
while ( fread(&out, sizeof(out), 1, fp) )  //以读数据块方式读入信息
printf ("%8ld %-10s %4d %-10s\n", out.num, out.name, out.age, out.address );
fclose(fp);                                                 //关闭文件
}
```

用 fprintf 和 fscanf 函数对磁盘文件读写，使用方便，容易理解，但由于在输入时要将 ASCII 码转换为二进制形式，在输出时又要将二进制形式转换成字符，花费时间比较多。因此，在内存与磁盘频繁交换数据的情况下，最好不用 fprintf 和 fscanf 函数，而用 fread 和 fwrite 函数。

11.5 文件的定位

前面对文件的读写都是顺序读写（即从文件的开头开始，依次读取数据）。实际问题中有时要求从指定位置开始，也就是随机读写，这就要用到文件的位置指针。通过文件位置指针移动函数的使用，可以实现文件的定位读写。

11.5.1 重返文件头函数

格式：rewind(fp)；//fp 为文件指针变量

功能：将文件读写指针移到文件开始位置，并将文件结束指示器和错误指示器清 0。

返回值：该函数无返回值。

例 11.6 有一个磁盘文件，第一次使它显示在屏幕上，第二次把它复制到另一文件中。

算法描述如图 11.5 所示，代码如下：

```
#include "stdio.h"
void main ( )
{
    FILE *fp1,*fp2;
    fp1=fopen("file1.c", "r");
    fp2=fopen("file2.c","w");
    while (!feof(fp1)) putchar(getc(fp1));
    rewind (fp1);
    while (!feof(fp1)) putc(getc(fp1),fp2);
    fclose(fp1);
    fclose(fp2);
}
```

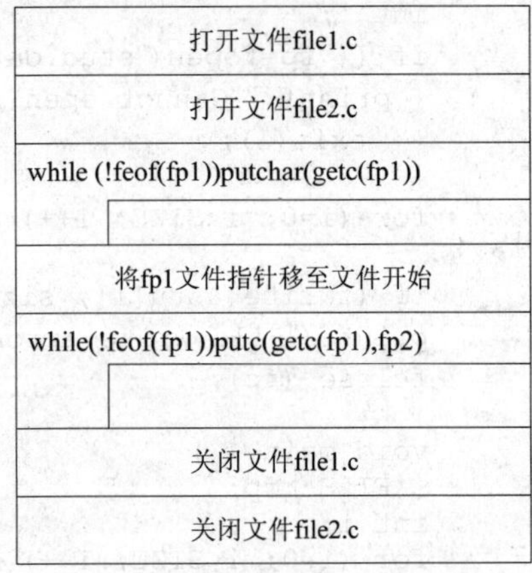

图 11.5 例 11.6 算法描述 N-S 图

在第一次显示在屏幕上以后，文件 file1.c 的位置指针已指到文件末尾，feof 的值为非零（真）。执行 rewind 函数，使文件的位置指针重新定位于文件开头，并使 feof 函数的值恢复为零（假）。

11.5.2　指针位置移动函数

fseek 函数用来移动文件内部位置指针，以便于文件的随机读写。所谓随机读写，是指读写完上一个数据（字符或数据块）后，并不一定要读写其后续的数据，而可以读写文件中任意位置的数据。

格式：fseek(fp, offset, whence)；

其中，fp 为文件指针变量；offset 为位移量（字节，长整型）；whence 为起始位置标志。

功能：将文件读写指针从 whence 标识的位置移动 offset 个字节，并将文件结束指示器清 0。

返回值：若移动成功，返回 0；若移动失败，则返回非 0 值。

说明

fseek函数一般用于二进制文件，因为文本文件要发生字符转换，计算位置时往往会发生混乱。例如，

```
fseek (fp, 100L, 0);          //将位置指针从文件头向前移动 100 个字节
fseek (fp, 50L, 1);           //将位置指针从当前位置向前移动 50 个字节
fseek (fp, -30L, 1);          //将位置指针从当前位置往后移动 30 个字节
fseek (fp, -10L, 2);          //将位置指针从文件末尾处向后退 10 个字节
```

例 11.7　编程读出文件 stud.dat 中第三个学生的数据。

算法描述如图 11.6 所示，代码如下：

```
#include "stdio.h"
struct student
{ int     num;
  char     name[20];
  char     sex;
  int     age;
  float score;
};
void main()
{ struct student stud;
  FILE *fp;
  int i=2;//从文件头向后移动两步，就指向第三个学生了
  if ((fp=fopen("stud.dat","rb"))==NULL)
  { printf("can't open file stud.dat\n");
   exit(1);
  }
  fseek(fp,i*sizeof(struct student),0);
  if (fread(&stud,sizeof(struct student),1,fp)==1)

printf("%d,%s,%c,%d,%f\n",stud.num,stud.name,stud.sex,stud.age,stud.score
);
  fclose(fp);
}
```

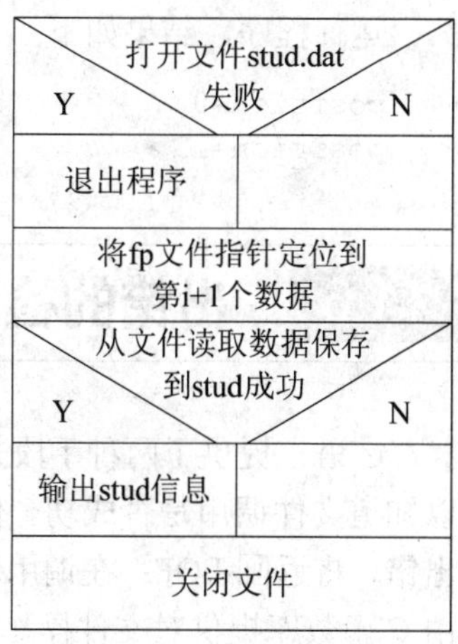

图 11.6　例 11.7 算法描述 N-S 图

11.5.3 取指针当前位置函数

ftell 函数的作用是得到流式文件中的当前位置，用相对于文件开头的位移量来表示。由于文件中的位置指针经常移动，人们往往不容易辨清其当前位置。用 ftell 函数可以得到当前位置。如果 ftell 函数返回值为-1L，表示出错。

格式：ftell(fp);

功能：得到 fp 所指向文件的当前读写位置（即位置指针的当前值）。该值是一个长整型数，是位置指针从文件开始处到当前位置的位移量的字节数。

返回值：如果函数的返回值为-1L，表示出错。

例 11.8 首先建立文件 data.txt，检查文件指针位置；将字符串“Sample data”存入文件中，再检查文件指针的位置。

```
#include <stdio.h>
void main( )
{   FILE *fp; long position;
    fp=fopen("data.txt", "w");          //打开文件
    position=ftell(fp);                 //取文件位置指针
    printf ("position=%ld\n", position);
    fprintf(fp, "Sample data\n");       //向文件中写入长度为 12 的字符串
    position=ftell(fp);                 //取文件位置指针
    printf ("position=%ld\n", position);
    fclose(fp);
}
```

运行程序，结果如下：

```
position=0                              //打开文件时位置指针在文件第一个字符之前
position=13                             //写入字符串后位置指针在文件最后一个字符之后
```

11.6 出错的检测

C 语言提供了两种手段来反映函数调用的情况和文件的状态。其一，由函数的返回值可以知道文件调用是否成功。例如，调用 fgets、fputs、fgetc、fputc 等函数时，若文件结束或出错，将返回 EOF；在调用 fread、fopen、fclose 等函数时，若出错，则返回 NULL。其二，由 C 函数库提供对文件操作状态和操作出错的检测函数。这些检测函数包括 feof、ferror 和 clearerr 函数。

1 feof 函数

格式：feof (fp);

其中，fp 为文件指针。

功能：测试 fp 所指的文件的位置指针是否已到达文件尾（文件是否结束）。如果已到达文件尾，则函数返回非 0 值；否则返回 0，表示文件尚未结束。

2 ferror 函数

格式：ferror (fp);

其中，fp 为文件指针。

功能：测试 fp 所指的文件是否有错误。如果没有错误，返回值为 0；否则，返回一个非 0 值，表示出错。

3 clearerr 函数

格式：clearerr (fp);

其中，fp 为文件指针。

功能：清除 fp 所指的文件的错误标志。即将文件错误标志和文件结束标记置为 0。

在用 feof 和 ferror 函数检测文件结束和出错情况时，遇到文件结束或出错时，两个函数的返回值均为非 0。对于出错或已结束的文件，在程序中可以有两种方法清除出错标记，即调用 clearerr 函数清除出错标记，或者对出错文件调用一个正确的文件 I/O 操作函数。

例 11.9　从键盘上输入一个长度小于 20 的字符串，将该字符串写入文件“file.dat”中，并测试是否有错。若有错，则输出错误信息，然后清除文件出错标记，关闭文件；否则，输出输入的字符串。

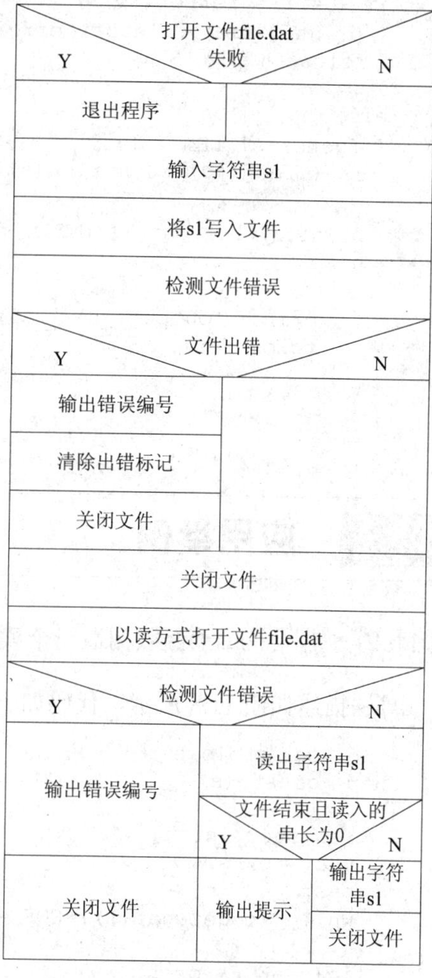

图 11.7　例 11.9 算法描述 N-S 图

算法描述如图 11.7 所示。代码如下：

```
#include "stdio.h"
#include "string.h"
#define LEN 20
void main ( )
{ int err;
  FILE *fp;
  char s1[LEN];
  if ( (fp = fopen("file.dat", "w") ) == NULL )
                                        //以写方式打开文件
  {
     printf ("Can't open file1.dat\n");
     exit(0);
  }
  printf ("Enter a string: ");
  gets (s1);                            //接收从键盘输入的字符串
  fputs (s1, fp) ;                      //将输入的字符串写入文件
  err = ferror(fp);                     //调用函数 ferror
  if ( err )                            //若出错则进行出错处理
  {
```

```
    printf("file.dat error:%d\n", err);
    clearerr(fp);                    //清除出错标记
    fclose (fp);
  }
  fclose (fp);
  fp = fopen("file.dat", "r");    //以读方式打开文件
  if ( err = ferror(fp) )
  { printf("Open file.dat error %d\n", err);
    fclose (fp);
  }
  else
  { fgets (s1,LEN,fp);              //读入字符串
    if ( feof(fp) && strlen(s1)==0 )
                                    //若文件结束且读入的串长为 0，则文件为空，输出提示
    printf("file.dat is NULL.\n");
    else
      {
        printf("Output:%s\n",s1);//输出读入的字符串
        fclose(fp);
      }
    }
}
```

11.7 应用举例

例 11.10 用 getchar()函数构造一个读字符串的函数，该函数与 gets()函数功能相同。

算法描述如图 11.8 所示，代码如下：

```
#include "stdio.h"
char *getstr(s)
{
    register int c;
    char *p,*s;
    p=s;
    while((c=getchar())!=EOF && c!= '\n')
        *p++=c;
    if(c==EOF&&p==s)
        return NULL;
    *p='\0';
    return(ferror(stdin)?NULL:s);
}
void main()
{char c[80];
 getstr(c);
 printf("%s\n",c);
}
```

例子中的 getstr 函数是利用 getchar 函数每次从键盘上读入一个字符，返回值为所读的字符，在遇到出错或中断读操作(etrl-Cz)时,getchar 函数返回 EOF(即-1)，任何一个 unsigned 或 char 类型不能解释-1 这个值。因此在本例中不能将变量说明成 char 类型。

例 11.11 在文本文件 string.txt 的末尾添加若干行字符。

算法描述如图 11.9 所示。

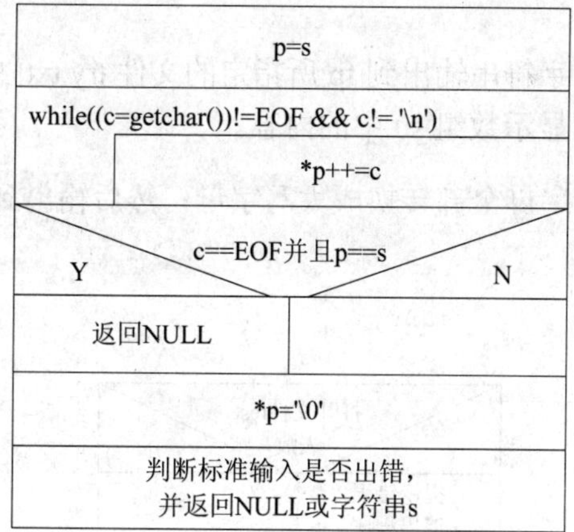

图 11.8 例 11.10 算法描述 N-S 图

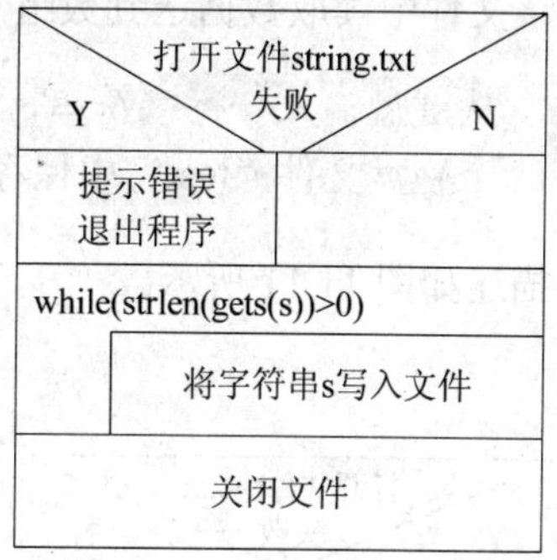

图 11.9 例 11.11 算法描述 N-S 图

代码如下：

```
#include "stdio.h"
void main()
{ FILE *fp;
  char s[81];
  if((fp=fopen("string.txt", "a"))==NULL)
                //以添加方式打开 string 文件
  {printf("cannot open file,press any key to exit! ");
   getchar();
   exit(1);
  }
  while (strlen(gets(s))>0)  //从键盘读入一个字符串,键入空行则停止
  { fputs(s,fp);               //写进指定文件
   fputs("\n",fp);            //补一个换行符
  }
  fclose(fp);
}
```

例 11.12 阅读下列程序，并分析该程序执行结果。

算法描述如图 11.10 所示，代码如下：

```
#include <stdio.h>
#define LEN 20
void main ( )
{ FILE *fp;
  char s1[LEN], s0[LEN];
  if ( (fp=fopen("try.txt", "w")) == NULL)
  {
   printf ("Cannot open file.\n");
   exit(0);
  }
  printf ("fputs string: ");
  gets (s1);
  fputs (s1, fp);
  if ( ferror(fp) )
  printf("\n errors processing file try.txt\n");
  fclose (fp);
  fp = fopen("try.txt", "r");
  fgets (s0, LEN, fp);
```

```
    printf ("fgets string:%s\n", s0);
    fclose (fp);
}
```

程序运行时，将从键盘上输入到数组 s1 中的字符串输出到 fp 所指定的文件 try.txt 中，然后再从该文件中读取数据送到数组 s0 中，最后显示数组 s0 中的内容。

例 11.13 从键盘输入一行字符串，将其中的小字母全部转换成大写字母，然后输出到一个磁盘文件“test”中保存。

算法描述如图 11.11 所示。

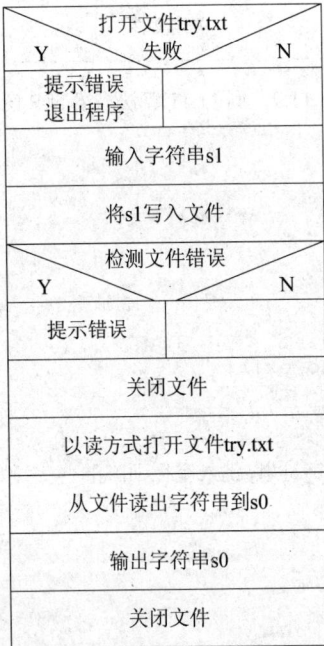

打开文件try.txt 失败
Y N
提示错误 退出程序
输入字符串s1
将s1写入文件
检测文件错误
Y N
提示错误
关闭文件
以读方式打开文件try.txt
从文件读出字符串到s0
输出字符串s0
关闭文件

图 11.10 例 11.12 算法描述 N-S 图

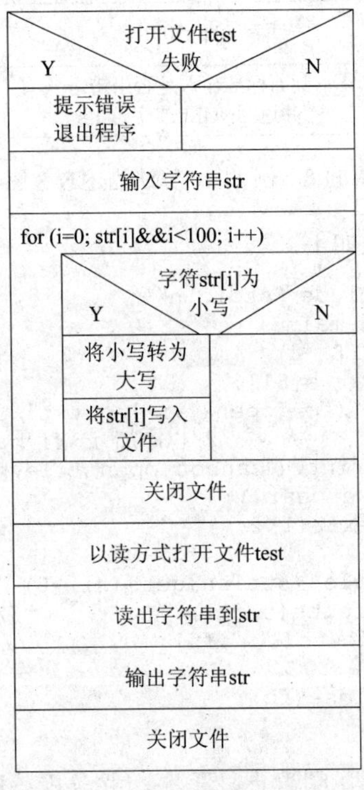

图 11.11 例 11.13 算法描述 N-S 图

代码如下：

```
#include <stdio.h>
void main( )
{  FILE *fp;
char str[100];
int i;
if ((fp=fopen("test", "w")) == NULL)
{
printf ("Cannot open the file.\n");
exit(0);
}
printf ("Input a string: ");
gets (str);                        //读入一行字符串
for (i=0; str[i]&&i<100; i++) {
                                   //处理该行中的每一个字符
if (str[i] >= 'a' && str[i] <= 'z')
                                   //若是小写字母
```

```
str[i] -= 'a' - 'A';
                              //将小写字母转换为大写字母
fputc (str[i], fp);           //将转换后的字符写入文件
}
fclose (fp);                  //结束文件输入操作关闭文件
fp = fopen ("test", "r");     //以读方式打开文本文件
fgets ( str, 100, fp);        //从文件中读入一行字符串
printf("%s\n", str);
fclose (fp);
}
```

例 11.14 编写程序，实现将命令行中指定文本文件的内容追加到另一个文本文件的原内容之后。

算法描述如图 11.12 所示，代码如下：

```
#include <stdio.h>
void main ( argc, argv )
int argc; char *argv[ ];
{
FILE *fp1, *fp2;
int c;
if ( argc != 3) //若运行程序时指定的参数数量不对
{
  printf ("USAGE:filename1 filename2\n");
  exit(0);
}             //以读方式打开第一个文本文件
if ((fp1=fopen(argv[1], "r"))==NULL)
              //位置指针定位于文件开始处
{
printf ("Cannot open %s\n", argv[1]);
exit(1);
}
if ((fp2=fopen(argv[2],"a"))==NULL)
{
//以追加方式打开第二个文本文件
printf ("Cannot open %s\n", argv[2]);
exit(1);
}
c = fseek (fp2, 0L,2);           //定位第二个文件的文件尾，由于第二个文件是以追加方
                                 //式打开的，故在输入时系统会自动将新数据加在文件的
                                 //尾部，不论原来文件的位置指针在何处。此语句实际是
                                 //可以省略的
while ((c=fgetc(fp1)) != EOF)    //读入第一个文件的数据，直到文件结束
fputc ( c, fp2);                 //将读入的数据写入第二个文件
fclose (fp1);                    //操作结束关闭两个文件
fclose (fp2);
}
```

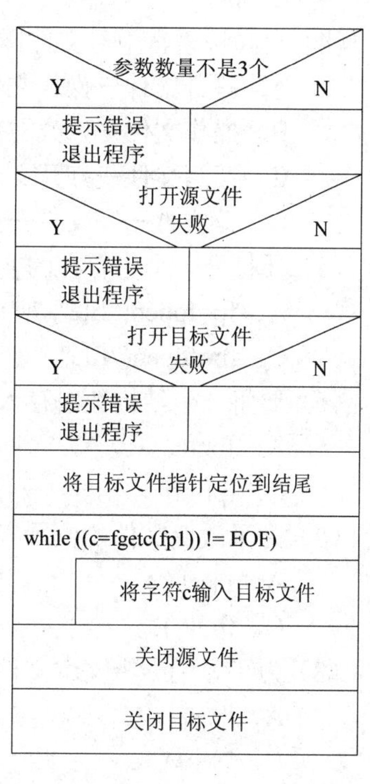

图 11.12 例 11.14 算法描述 N-S 图

11.8 练习题

1. 选择题

(1) C 语言可以处理的文件类型是（　　）。

A. 文本文件和数据文件　　　　B. 文本文件和二进制文件

C. 数据文件和二进制文件　　D. 以上答案都不完全

（2）C 语言中标准输入文件 stdin 是指（　）。

A. 键盘　　B. 显示器

C. 鼠标　　D. 硬盘

（3）当顺利执行了文件关闭操作时，fclose 函数的返回值是（　）。

A. -1　　B. TRUE

C. 0　　D. 1

（4）在高级语言中对文件操作的一般步骤是（　）。

A. 打开文件—操作文件—关闭文件

B. 操作文件—修改文件—关闭文件

C. 读写文件—打开文件—关闭文件

D. 读文件—写文件—关闭文件

（5）要打开一个已存在的非空文件“file”用于修改，正确的语句是（　）。

A. fp=fopen("file", "r");　　B. fp=fopen("file", "a+");

C. fp=fopen("file", "w");　　D. fp=fopen("file", "r+");

（6）要将一个结构数组存入一个二进制文件中，应当使用（　）函数。

A. fputc　　B. fputs

C. fprintf　　D. fwrite

（7）为了改变文件的位置指针，应当使用的函数是（　）。

A. fseek( )　　B. rewind( )

C. ftell( )　　D. feof()

（8）为了显示一个文本文件的内容，在打开文件时，文件的打开方式应当为（　）。

A. "r+"　　B. "w+"

C. "wb+"　　D. "ab+"

（9）若要用 fopen 函数打开一个新的二进制文件，该文件要既能读也能写，则文件方式字符串应该是(　)。

A. "ab+"　　B. "wb+"

C. "rb+"　　D. "ab"

（10）在 C 语言中，从计算机内存中将数据写入文件中，称为(　)。

A. 输入　　B. 输出

C. 修改　　D. 删除

2. 填空题

（1）在 C 程序中，数据可以以________和________两种形式的代码存放。

（2）若已定义 pf 是一个 FILE 类型的文件指针，已知待输出的文本文件的路径和文件名是 A:\zk04\data\txfile.txt; 则要使 pf 指向上述文件的打开语句是__________。

（3）feof 函数可以用于________和________文件，它用来判断即将读入的是否为______，若是，函数返回值为________。

3．编程题

（1）编写程序，读入磁盘上C语言源程序文件"stud.c"，删去程序中的注释后显示。

（2）编写程序，实现输入的时间屏幕显示一秒后的时间。显示格式为 HH:MM:SS。程序需要处理以下三种特殊情况：

① 若秒数加 1 后为 60，则秒数恢复到 0，分钟数增加 1；

② 若分钟数加 1 后为 60，则分钟数恢复到 0，小时数增加 1；

③ 若小时数加 1 后为 24，则小时数恢复到 0。

（3）编写成绩排序程序。按学生的序号输入学生的成绩，按照分数由高到低的顺序输出学生的名次、该名次的分数、相同名次的人数和学号；同名次的学号输出在同一行中，一行最多输出 10 个学号。

第12章 应用案例——学生宿舍卫生管理系统

学习目标 通过一个学生卫生管理系统的实际开发案例，使学生初步掌握软件开发的思想，学会综合运用所学知识的能力，重点掌握结构体和文件操作以及各种常用算法的运用。本章的流程图均采用传统流程图画法，目的在于促使读者在掌握N-S图的同时，还要掌握传统流程图的画法。

12.1 需求陈述

传统的学生宿舍卫生管理一般采用人工管理方式，这是一项非常繁重而枯燥的劳动，耗费许多人力物力，并且可靠性差。在计算机飞速发展的今天，实现学生宿舍卫生的计算机管理是可行而必要的工作，它是学校卫生评优工作的基础，同时可以提高工作效率和管理水平，方便对宿舍卫生成绩的查询，并具有检索迅速、查找方便、可靠性高、储存量大等特点。因此，建立一个操作简单、内容翔实的学生宿舍卫生管理系统是非常有必要的。

12.2 需求分析

12.2.1 功能需求

通过对学生宿舍卫生管理的实际调查与分析，得到了系统的功能需求，如表 12.1 所示。

表 12.1 系统功能需求

<table>
<tr><th>角色</th><th>功能</th><th>子功能</th><th>备注</th></tr>
<tr><td>普通用户</td><td>查询信息</td><td>条件组合查询</td><td>对存储在文件中的信息进行多条件组合查询，并作初步成绩统计，显示、打印最终查询结果</td></tr>
<tr><td rowspan="5">管理员用户</td><td rowspan="3">编辑信息</td><td>添加信息</td><td rowspan="3">对文件中的信息进行添加、删除、修改等操作</td></tr>
<tr><td>删除信息</td></tr>
<tr><td>修改信息</td></tr>
<tr><td>查询信息</td><td>条件组合查询</td><td>与普通用户相同</td></tr>
<tr><td>统计信息</td><td>按条件统计并打印</td><td>按统计条件对存储文件中的信息进行成绩统计，并显示、打印统计结果</td></tr>
</table>

（续表）

角色	功能	子功能	备注
管理员用户	文件处理	写入当前存储文件	将 CSV 表格文件中的数据导入到当前存储文件中或把当前存储文件中的数据导出形成 CSV 表格文件
		单独处理	
		取消单独处理	
		导出文件	
	初始化信息	初始化信息	删除存储文件中满足指定条件的信息
	备份管理	备份数据	完成信息的备份、还原与删除
		还原数据	
		删除备份	

12.2.2　数据需求

（1）数据录入和处理的准确性及容错性

对于学生宿舍卫生管理系统来说，若以管理员模式登录系统，都要进行密码验证。若 3 次以内密码验证通过，则进入管理员模式，并使用相应的系统功能；否则系统将强行关闭。

数据录入的准确性是系统处理数据的前提。数据录入主要是管理员进行手工输入或将外部 CSV 表格文件中的数据导入系统存储文件中。因此，为避免不合理的数据的录入或错误的操作，就要求系统在数据录入时给出实时、准确的提示，并具备一定的容错能力。

（2）数据的一致性与完整性

由于系统的数据是共享的，所以必须保证这些数据具有一致性与完整性，为解决好这一问题，就要求管理员对数据进行即时维护。

12.2.3　技术约束

本系统已在 Microsoft Visual C++ 6.0 下编译通过。

12.3　总体设计

12.3.1　系统总体结构

通过对学生宿舍卫生系统的分析，得到的系统功能模块图如图 12.1 所示。

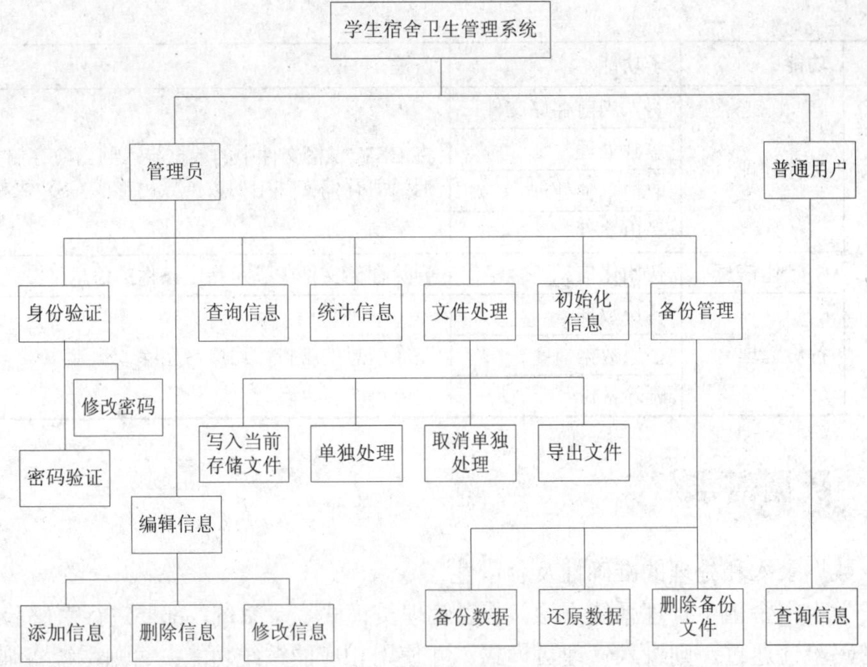

图 12.1　系统功能模块图

12.3.2　全局数据结构

本系统采用的数据结构是结构体。结构体可以同时储存不同类型的数据，并且相同结构的结构体变量是可以相互赋值的。结构体声明的时候本身不占用任何内存空间，只有当使用已定义的结构体类型定义结构体变量时，计算机才会分配内存空间，所以采用结构体便于数据的传输和保存。其具体定义形式为：

```
struct dormitory
{
    char month[3];          //月份
    char day[3];            //日
    char weeks[3];          //周数
    char week[2];           //星期
    char floor[4];          //宿舍楼号
    char floors[2];         //楼层
    char roomnum[4];        //宿舍号
    char name[9];           //值班人姓名
    char score[3];          //卫生成绩
}dorm;
```

结构体中各成员数据的数据类型采用字符串类型，这便于数据之间的存储、比较及运算。程序通过对字符数组和文件进行操作来实现信息的添加、删除、修改、查询及统计等操作。

12.3.3　界面设计

为了说明方便，我们在此直接利用程序执行后的界面来说明界面设计的过程。

程序执行后，首先检查存储文件是否存在，若存在则进入主界面，如图 12.2 所示；否则先要创建一个存储文件，如图 12.3 所示。进入主界面后，用户可以分别以管理员角色或普通用户角色进入主功能菜单或在此退出系统。

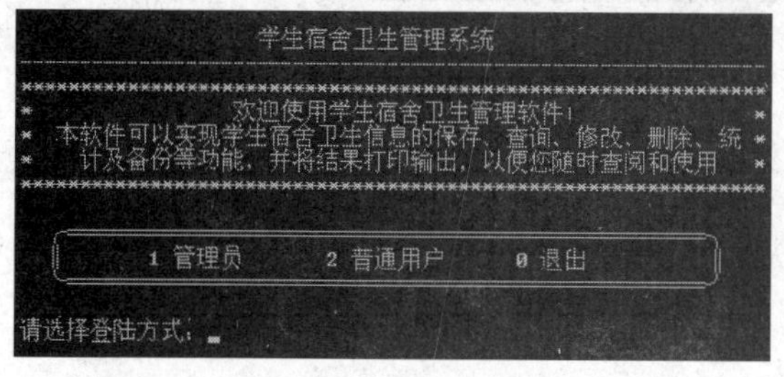

图 12.2　主界面

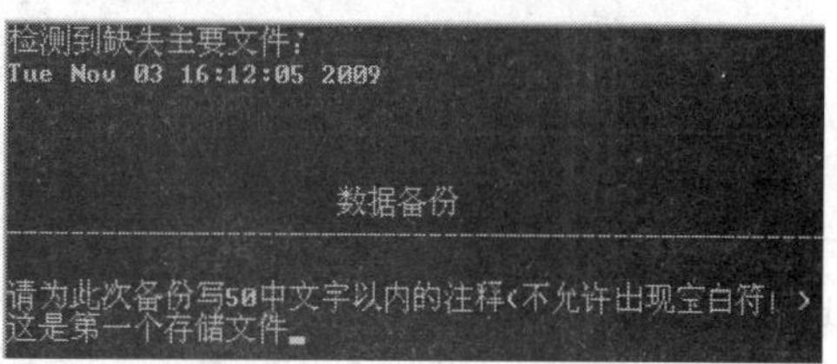

图 12.3　创建存储文件

1　管理员部分

如果在主界面中选择了 1，又是第一次进入本系统，那么系统会给出初始密码，并提示用户及时修改（如果不是第一次，则要对管理员进行密码验证），如图 12.4 所示。如果密码正确，则进入“管理员模式”操作界面，如图 12.5 所示，此时用户可以选择“使用系统功能”、“修改密码”等功能；若不正确，则给出出错信息并返回继续输入密码，若 3 次以内密码正确则进入“管理员模式”，否则退出系统。

图 12.4　密码验证

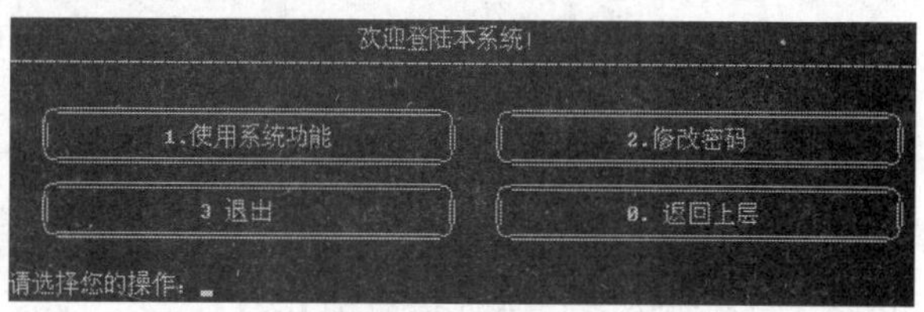

图 12.5　管理员模式

在“管理员模式”中选择 1，则进入“主系统功能菜单”界面，如图 12.6 所示。

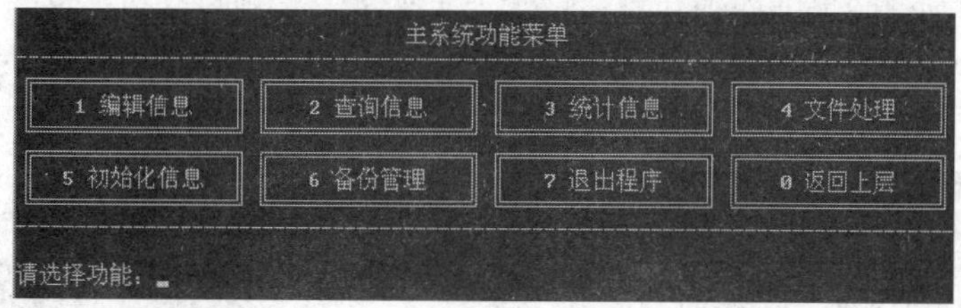

图 12.6　主系统功能菜单

（1）编辑信息

在“主系统功能菜单”界面中选择 1，进入“编辑功能菜单”界面，如图 12.7 所示。此时可以完成“添加信息”、“删除信息”、“修改信息”等功能。

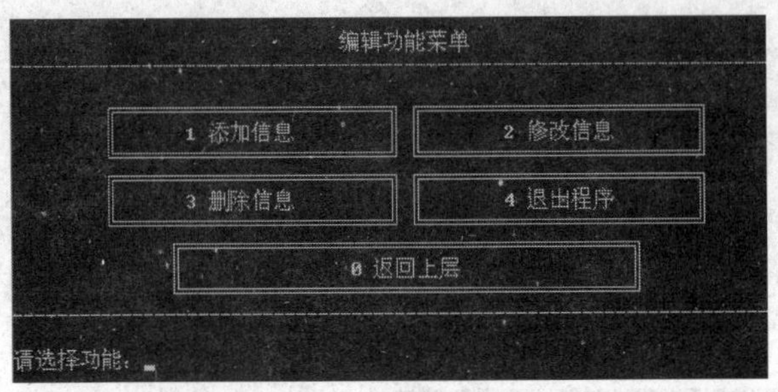

图 12.7　编辑功能菜单

① 添加信息

主要完成对卫生记录的添加功能。首先，输入卫生检查的日期、周数、星期，再按提示输入楼号、宿舍号、值班人和成绩。若输入成功，按回车键可循环添加楼号、宿舍号、值班人和成绩信息，按“0”键返回重输日期，如图 12.8 所示；否则给出出错信息并要求继续输入直至输入正确信息。

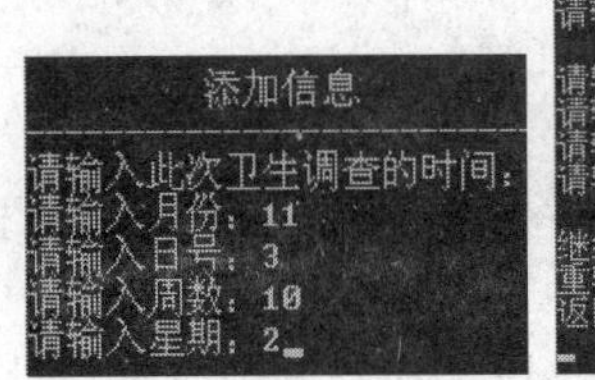

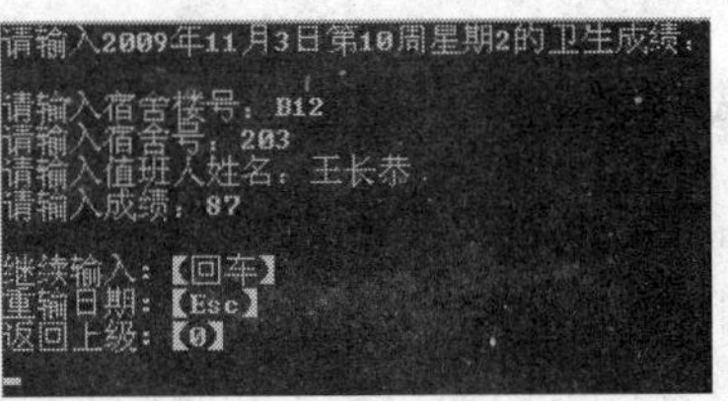

图 12.8　添加信息

② 修改信息

主要完成对卫生记录的修改功能。首先查找到所需卫生记录并显示后，输入要修改的卫生记录前的序号，按回车键选定该条卫生记录再根据提示依次输入所要修改的月份、日号、周数、星期、楼号、宿舍号、值班人及成绩。若输入成功，按回车键继续选择卫生记录并修改，按“0”键返回重新查找并显示卫生记录，如图 12.9 所示；否则给出出错信息，并要求重新输入直至输入信息成功。

③ 删除信息

主要完成对卫生记录的删除功能。首先查找到所需卫生记录并显示后，输入要删除的卫生记录前的序号，回车键选定并删除该条卫生记录。若删除成功，按回车键继续选择卫生记录并删除，按“0”键返回重新查找并显示卫生记录，如图 12.10 所示；否则给出出错信息，并要求重新选择记录并删除或返回到删除信息的开始界面。

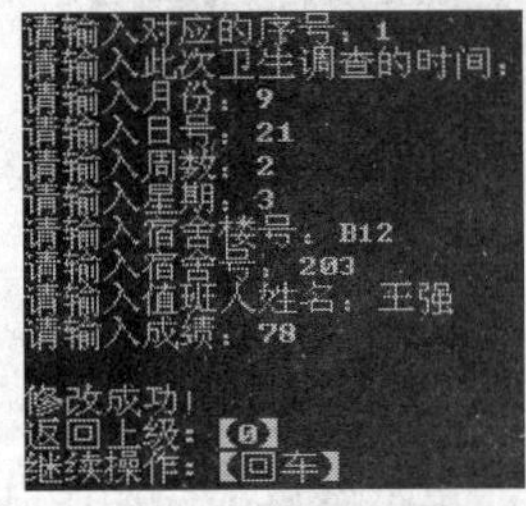

图 12.9　修改信息

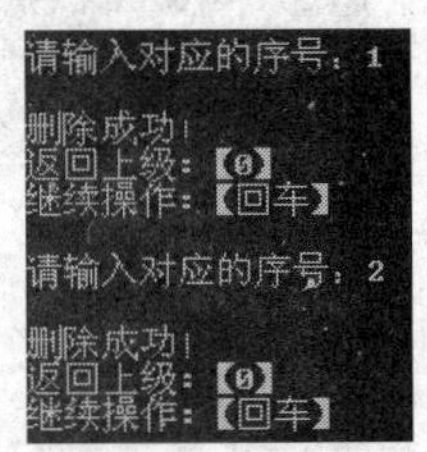

图 12.10　删除信息

（2）查询信息

在管理员操作界面中选择 2，进入“查询信息功能”界面，如图 12.11 所示。

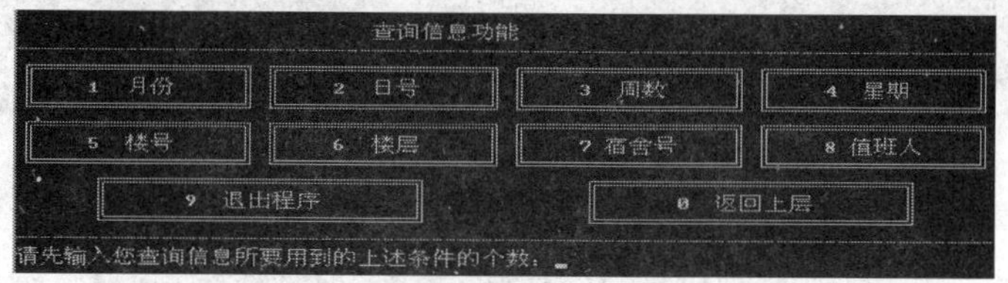

图 12.11　查询信息

此时，系统显示出 8 个查询条件。首先，输入查询卫生记录要用到的几个查询条件，再依次输入这些查询条件所对应的序号，最后根据提示输入相应查询条件的内容，从而实现多条件组合查询。系统查找信息成功后，将显示出所有同时符合这些查询条件的卫生记录，并询问是否打印，如图 12.12 所示；否则给出出错信息。

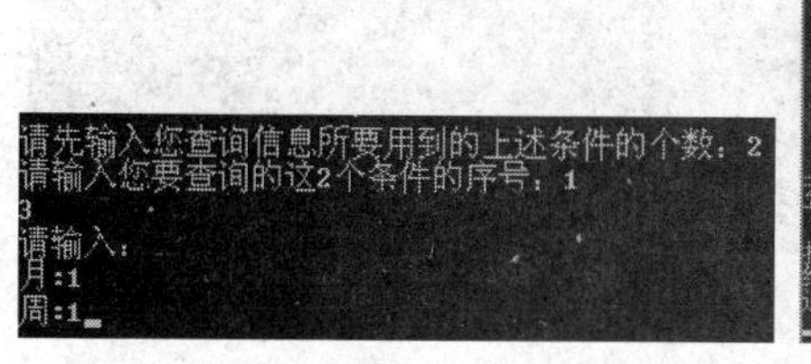

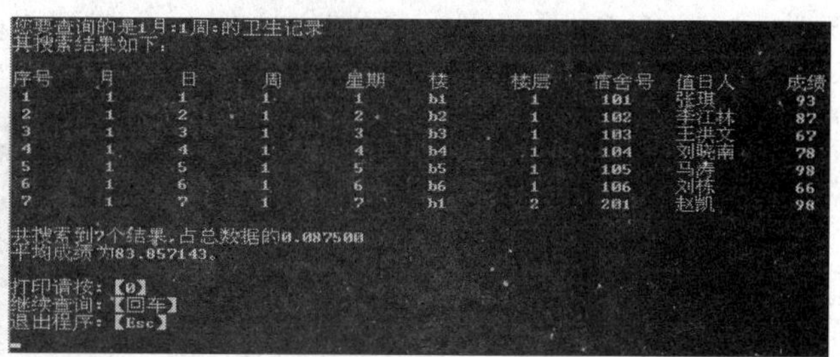

图 12.12　查询信息示例

（3）统计信息

在主功能菜单界面中选择 3，进入“统计信息功能”界面，如图 12.13 所示。

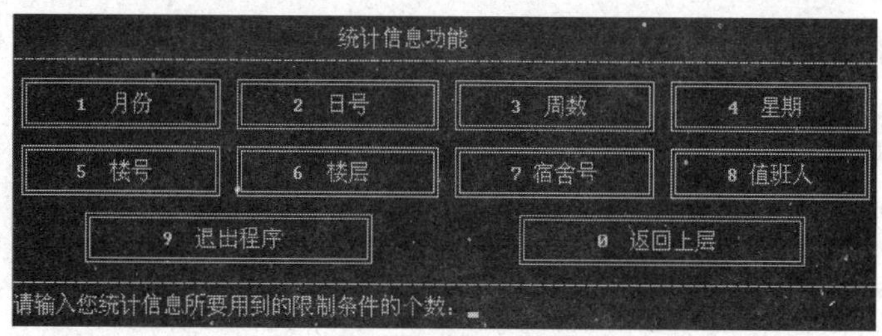

图 12.13　统计信息

此时，系统显示出 8 个限制条件。首先，输入统计卫生记录要用到的几个限制条件，再依次输入这些限制条件所对应的序号，然后根据提示输入这几个限制条件的内容，最后确定您要选哪个限制条件作为统计条件来统计卫生成绩，并输入此条件所对应的序号。系统按统计条件统计卫生成绩成功后，将以字典顺序显示统计结果，并询问是否将统计结果按成绩降序排列并打印，如图 12.14 所示。否则给出出错信息并返回统计信息的界面。

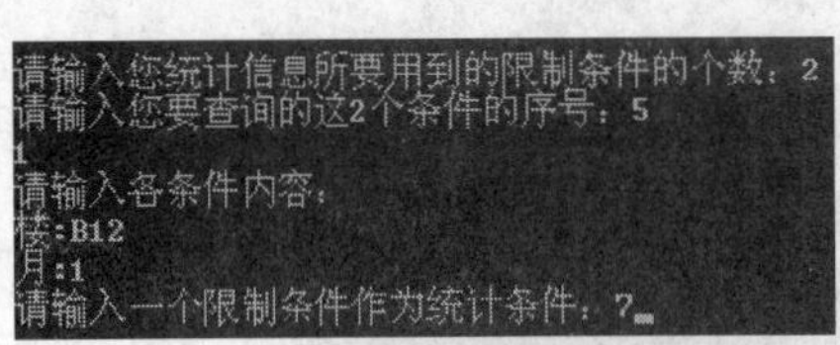

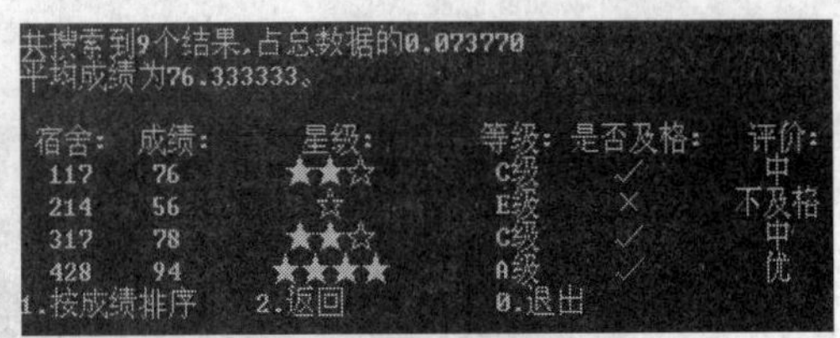

图 12.14　统计信息示例

（4）文件处理

在主功能菜单界面中选择 4，进入“文件导入”界面，如图 12.15 所示。输入要导入的 CSV 表格文件的路径及文件名，导入成功后进入“文件处理功能菜单”界面，如图 12.16 所示。此时可以完成“写入当前存储文件”、“单独处理”、“输出文件”等功能。

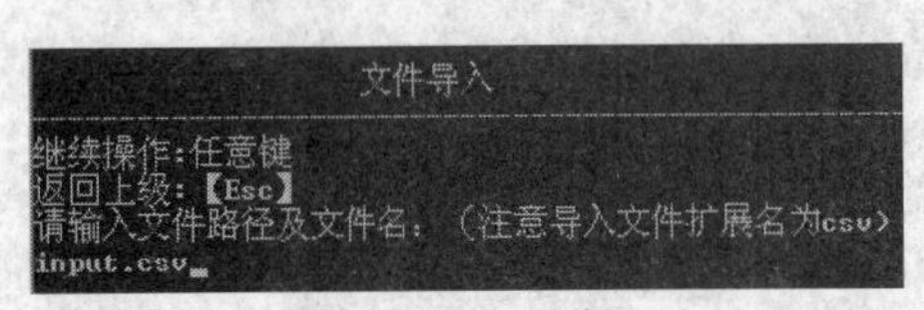

图 12.15　文件导入

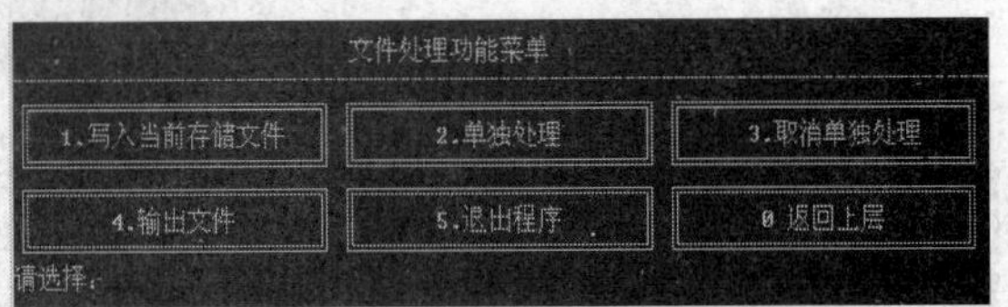

图 12.16　文件处理功能菜单

① 写入当前存储文件

主要完成将 CSV 表格文件内卫生数据导入到当前存储文件的功能。导入成功后返回“文件处理功能菜单”界面，否则给出出错信息。

② 单独处理

这实际上是系统将当前存储文件由系统产生的存储数据的文件替换成导入的 CSV 表格文件，并配合“取消单独处理”和“输出文件”来实现还原被替换的文件和将当前存储文件中数据导出形成 CSV 表格文件的功能。文件单独处理操作成功后返回到“管理员模式”主系统功能菜单界面，否则给出出错信息。

③ 输出文件

主要完成对处理后的 CSV 表格文件的导出。进入“输出文件”界面后，输入所要导出的 CSV 表格文件路径及名称。导出成功后返回“文件处理功能菜单”界面，否则给出出错信息，如图 12.17 所示。

图 12.17　导出文件

（5）初始化信息

在主功能菜单界面中选择 5，进入“初始化信息功能”界面，如图 12.18 所示。此时可以完成对符合某些指定条件的卫生记录的删除。

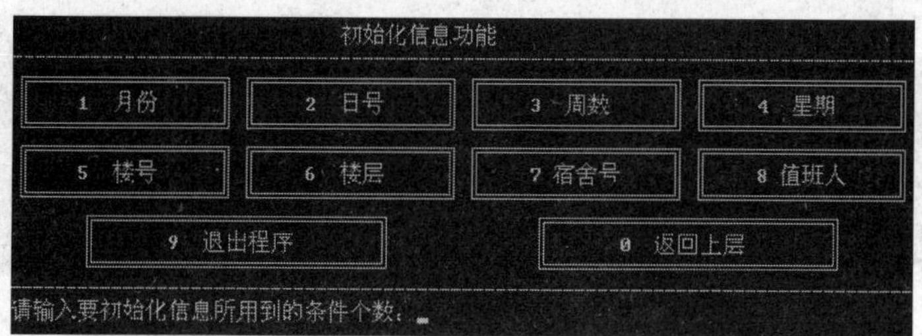

图 12.18　初始化信息

首先查找到所需卫生记录并显示后，按回车键删除所有显示的卫生记录。删除成功后返回“初始化信息功能”界面，否则给出出错信息，如图 12.19 所示。

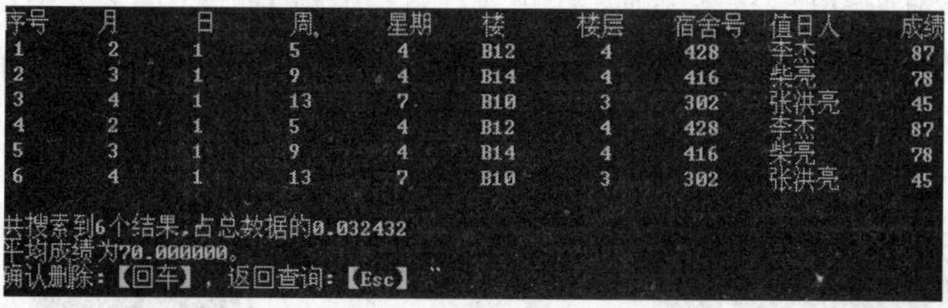

序号	月	日	周	星期	楼	楼层	宿舍号	值日人	成绩
1	2	1	5	4	B12	4	428	李杰	87
2	3	1	9	4	B14	4	416	柴亮	78
3	4	1	13	7	B10	3	302	张洪亮	45
4	2	1	5	4	B12	4	428	李杰	87
5	3	1	9	4	B14	4	416	柴亮	78
6	4	1	13	7	B10	3	302	张洪亮	45

共搜索到6个结果，占总数据的0.032432
平均成绩为70.000000。
确认删除：【回车】，返回查询：【Esc】

图 12.19　初始化信息示例

（6）备份管理

在主功能菜单界面中选择 6，进入“备份管理功能”界面，如图 12.20 所示。此时可以完成“备份数据”、“还原数据”、“删除备份文件”等功能。

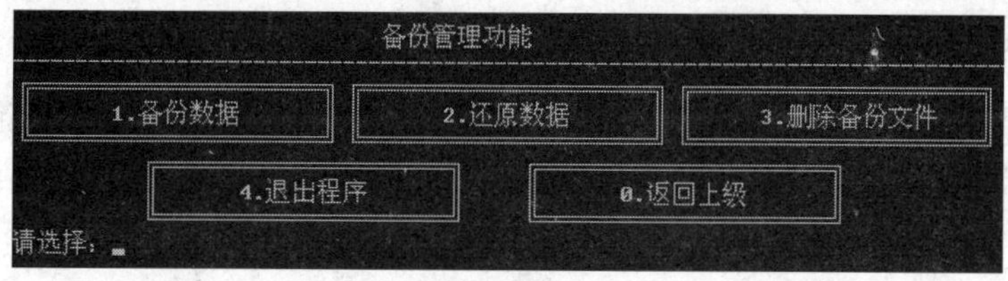

图 12.20　备份管理功能菜单

① 备份数据

主要完成对当前存储文件的备份。进入“备份数据”界面后，根据提示输入对此次备份文件的说明，说明文字被保存在 txt 格式文件中并与备份文件一起以当前系统时间为文件名被保存在系统所在目录中。备份创建成功后返回“备份管理功能”界面，否则给出出错信息，如图 12.21 所示。

② 还原数据

主要完成还原数据的操作。进入“还原数据”界面后，系统将列出所有备份文件名及其说明，输入要还原的备份文件所对应的序号完成数据的还原。此时，还需对当前存储文件创建一个备份。按“备份数据”操作完成数据的备份后，系统将创建一个备份文件及其说明文件。还原成功后返回“备份管理功能”界面，否则给出出错信息，如图 12.22 所示。

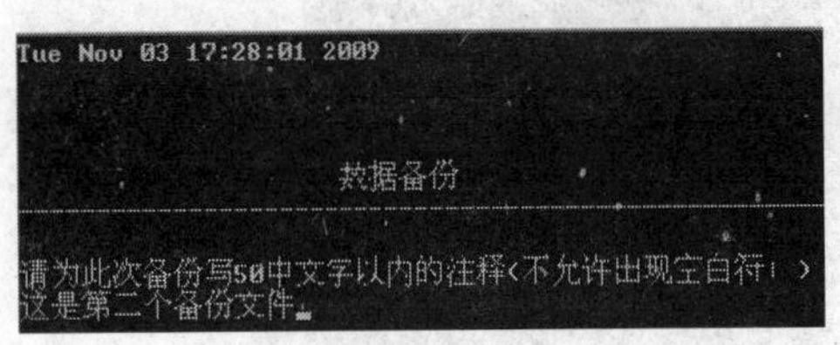

图 12.21　备份数据

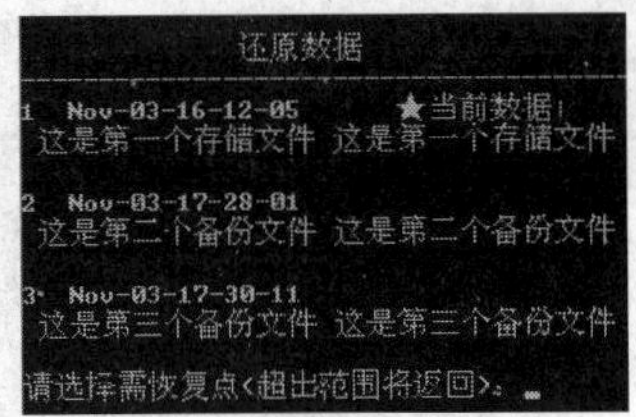

图 12.22　还原数据

③ 删除备份文件

主要完成对备份文件的删除功能。进入“删除备份文件”界面后，系统将列出所有备份文件名及其说明，输入要删除的备份文件所对应的序号完成备份文件的删除。删除成功后返回“备份管理功能”界面，否则给出出错信息，如图 12.23 所示。

在“管理员模式”界面中选择 2，则进入密码修改界面。输入您要修改的密码两次，若两次密码相同，则加密密码后存储，修改成功，如图 12.24 所示；否则重新修改密码，三次以内若密码没有修改成功，则返回“管理员模式”界面。

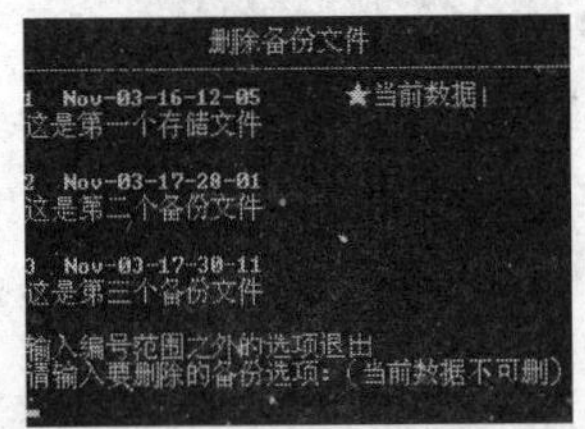

图 12.23　删除备份文件

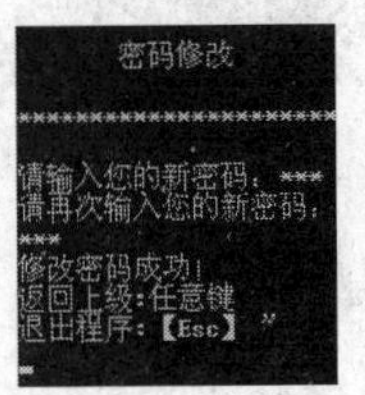

图 12.24　密码修改

2 普通用户部分

在主界面中若选择了 2，则进入普通用户模式。此模式下仅有一个“查询信息”功能，如图 12.25 所示。普通用户模式下“查询信息”界面及功能与管理员“查询信息”界面及功能相同。

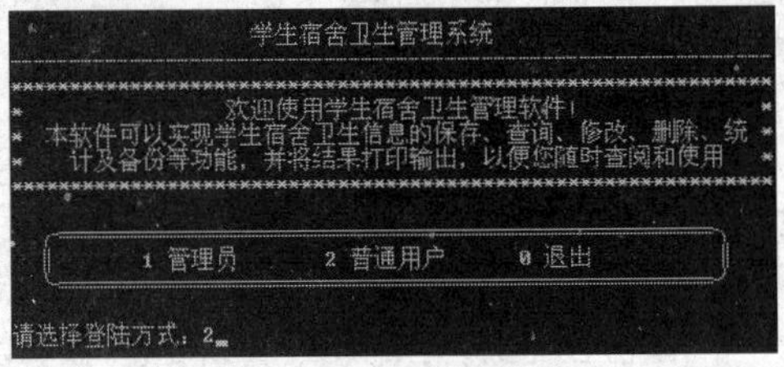

图 12.25　普通用户

12.4 详细设计

在详细设计部分，我们将给出所有模块设计实现的流程图。为了让读者对 N-S 图和流程图都有一个比较好的掌握，在本章内完全使用流程图（因为打开文件已加入防错处理，因此流程图中某些位置将不再讨论文件打开失败的情况）。

12.4.1 系统主函数

主函数的算法描述如图 12.26 所示。

说明

调用函数filecheck()检测存储文件是否存在，若不存在则创建一个。调用函数MainInterface()进入系统主界面。

12.4.2 管理员部分

1 管理员密码验证

管理员密码验证的算法描述如图 12.27 所示。

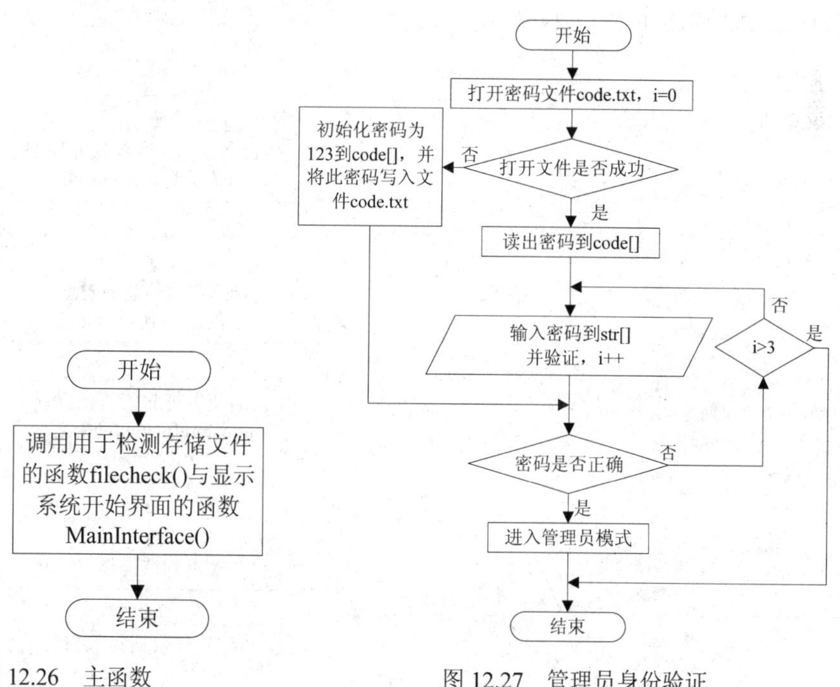

图 12.26 主函数

图 12.27 管理员身份验证

说明

① 首先打开文件 code.txt，若成功将文件中密码信息解密并读取到变量 code[21]中；若打开文件 code.txt 失败，则初始化密码为 123 到 code[]中，并调用 encry(code)函数将此密码加密后写入到文件 code.txt 中。

② 输入验证密码到变量 str[21]中，比较 code[21]和 str[21]是否相等，若相等则密码验证通过，进入管理员模式；否则输出出错信息并要求重新输入密码，三次以内密码验证通过则进入管理员模式，否则强行退出系统。

2 编辑信息

(1) 添加信息

添加信息的算法描述如图 12.28 所示。

说明

① 分别输入卫生检查的月份、日号、周数和星期到结构体对应变量，再循环输入这一天中各个楼内各个宿舍的值班人及卫生成绩到相应结构体变量。

② 每输入完成一条卫生记录，就将此结构体内数据写入当前存储文件中。此时，卫生记录被循环写入当前存储文件。

③ 可根据提示重置卫生检查的时间。

(2) 修改信息

修改信息的算法描述如图 12.29 所示。

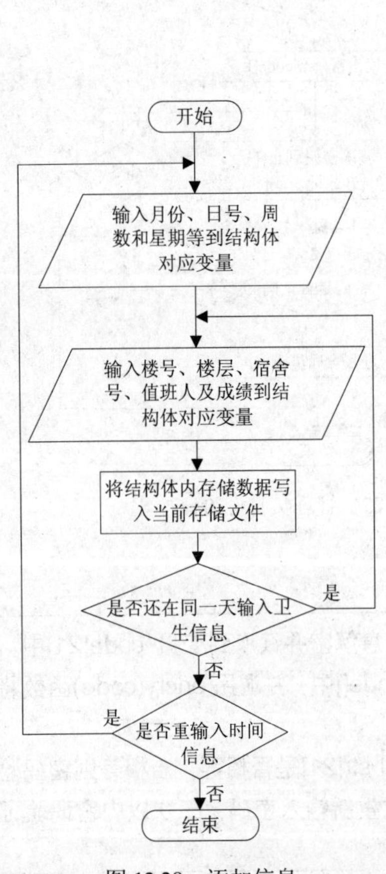

图 12.28　添加信息

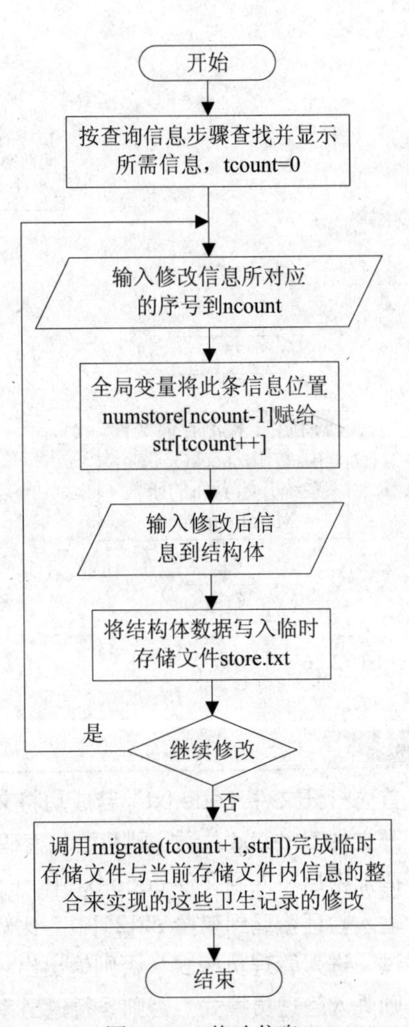

图 12.29　修改信息

说明

① 按查询信息步骤查找到所需信息并显示。
② 输入所要修改的卫生记录对应序号到 ncount。全局变量 numstore[ncount-1]中存储的就是所选的卫生记录在存储文件中的位置信息，将此位置信息赋给 str[tcount]，tcount++。
③ 按提示输入修改数据到结构体变量，再将结构体中的修改数据写入临时存储文件 store.txt 中。
④ 调用 migrate(tcount+1,str[])完成临时存储文件中的修改信息与当前存储文件中原信息的整合来实现信息修改功能。

（3）删除信息

删除信息的算法描述如图 12.30 所示。

说明

① 按查询信息步骤查找到所需信息并显示。
② 输入所要删除的卫生记录的对应序号到 ncount。将全局变量 numstore[ncount-1]中存储的卫生记录在存储文件中的位置信息赋给 str[tcount]，tcount++。
③ 调用 migrate(tcount+1,str[])完成当前存储文件内信息的删除。

3 查询信息

按条件组合查询信息的算法描述如图 12.31 所示。

说明

① 根据提示，依次输入查询信息所要用到的查询信息条件个数、对应序号及内容到 select、cle[]和 insto[]中。
② 打开当前存储文件，提取一条卫生记录到 str[]，若提取成功则将此条卫生记录分离，并将分离的信息存储到 mome[i](i=0,1..select)中，并循环比较 insto[i]，memo[cle[i]-1](i=0,1..select)，若每一次比较两者都相同，则显示此条记录；否则返回继续提取下一条记录。
③ 若提取失败则说明文件中数据已遍历，此时显示初步统计结果。
④ 调用函数 printofile()打印最终查询结果。

4 统计信息

按条件统计信息的算法描述如图 12.32 所示。

说明

① 根据提示，依次输入统计信息所要用到的查询条件个数、对应序号、内容及统计条件到 select、sto[]、str[]及 choice 中。
② 打开当前存储文件，提取一条卫生记录，若提取成功则将此条卫生记录分离，并将分离的信息存储到 mome[ncount](ncount=0,1..select)中，循环比较 str[ncount]，memo[sto[ncount]-1] (ncount=0,1..select)，若每一次比较两者都相同，则满足条件的记录中统计条件部分的信息 memo[choice-1]与成绩部分的信息 memo[8]保存在 ret[i++][2][10](int i=0)中；否则返回，继续提取下一条记录。

③ 若提取失败则说明存储文件中数据已遍历，此时对 ret[i][2][10]中存储信息按统计条件进行成绩统计。统计完成后，对统计条件按字典顺序排列并显示相应的统计成绩。
④ 调用函数 taxis(max,ret,choice)对统计结果按成绩降序排列，并显示与打印最终结果。

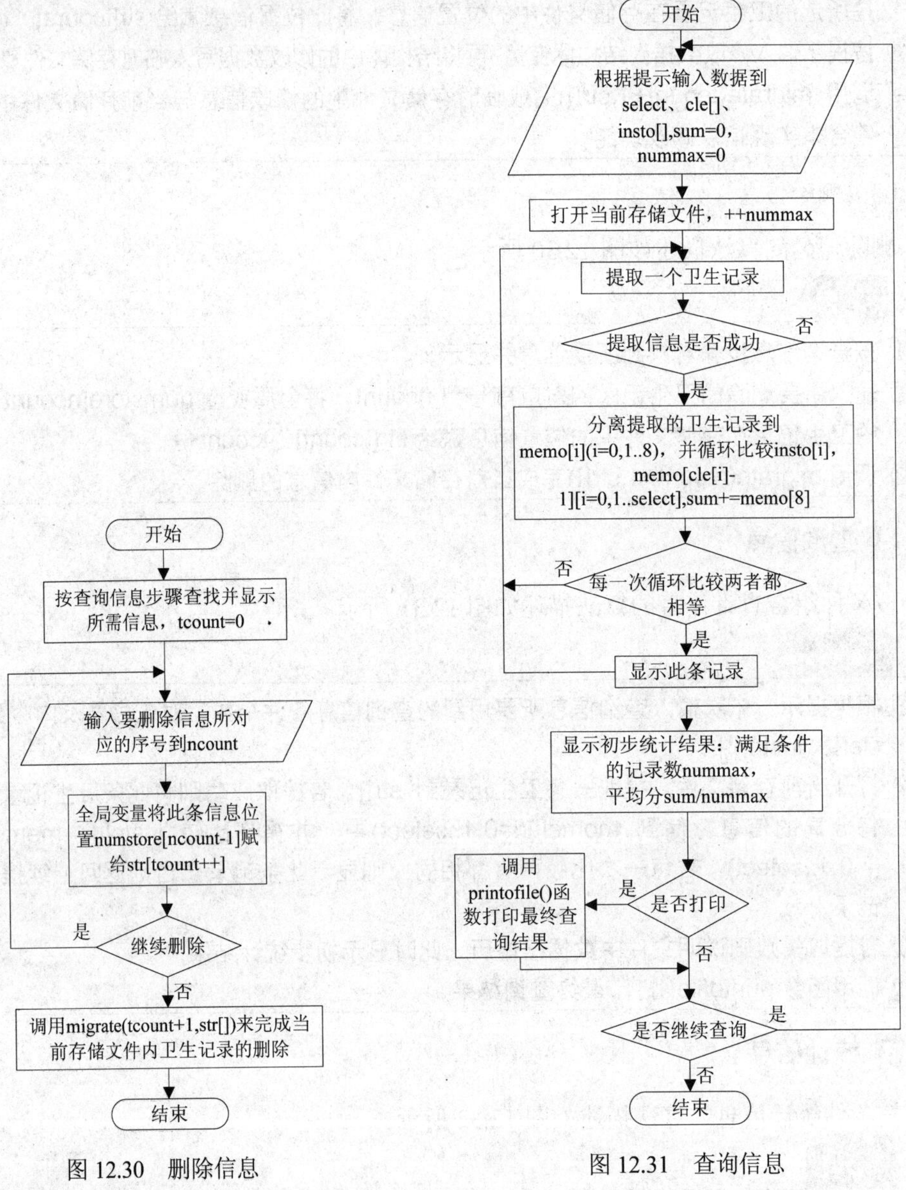

图 12.30　删除信息

图 12.31　查询信息

5 文件处理

文件处理功能的算法描述如图 12.33 所示。

说明

① 根据提示，输入要导入的 CSV 表格文件路径及名称并打开该文件。若打开成功则进入文件处理功能选择菜单，否则输出出错信息并返回继续文件导入操作。

② 进入功能选择菜单，若选择 1，“写入当前存储文件”则调用 copy 函数，将 CSV 表格文件中数据复制到当前存储文件中；若选择 2，“单独处理”则将全局变量 sign 置为 1，此时打开的当前存储文件为导入的 CSV 表格文件，并返回“管理员模式”主系统功能菜单界面；若选择 3，“取消单独处理”，则将 sign 置为 0，此时打开的当前存储文件为“导入文件”操作前的系统产生的存储文件；若选择 4，“输出文件”则进入导出文件界面，输入导出文件名及路径则导出一个 CSV 表格文件。

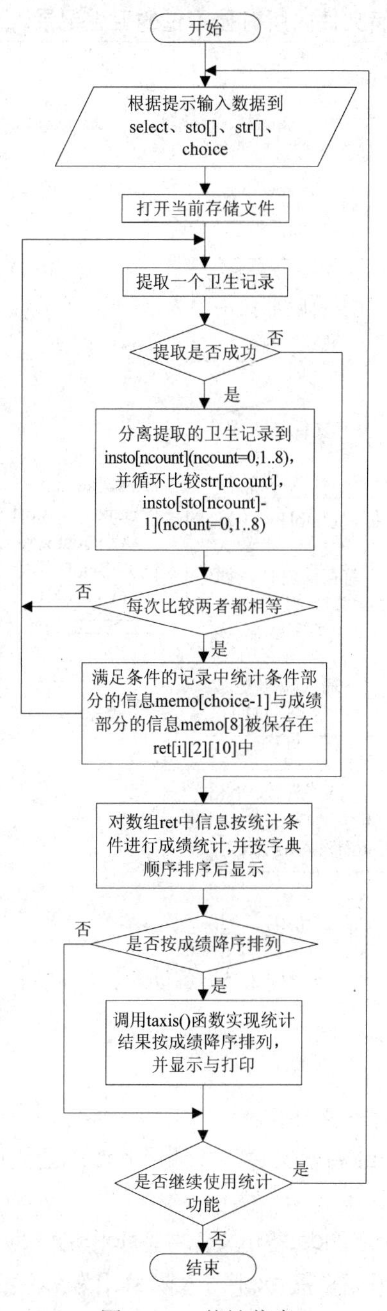

图 12.32　统计信息

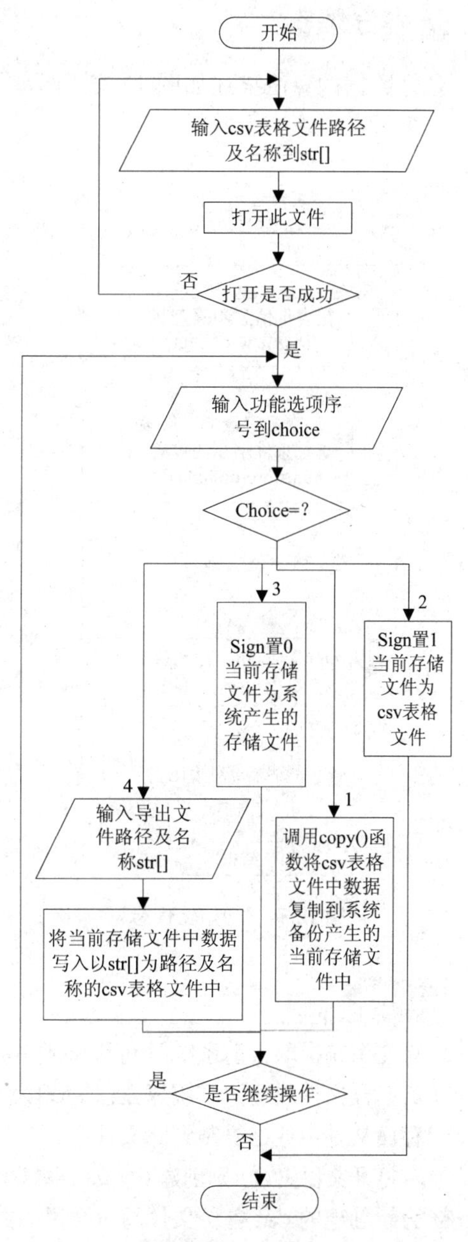

图 12.33　文件处理

6 初始化信息

初始化信息的算法描述如图 12.34 所示。

说明

① 按查询信息步骤查找到所需信息并显示。
② 此时全局数组numstore[]中存储了所有显示的卫生记录在当前存储文件中的位置信息。
③ 调用 migrate(nummax+1,numstore)删除当前存储文件内所有显示过的卫生记录。

7 备份数据

备份数据的算法描述如图 12.35 所示。

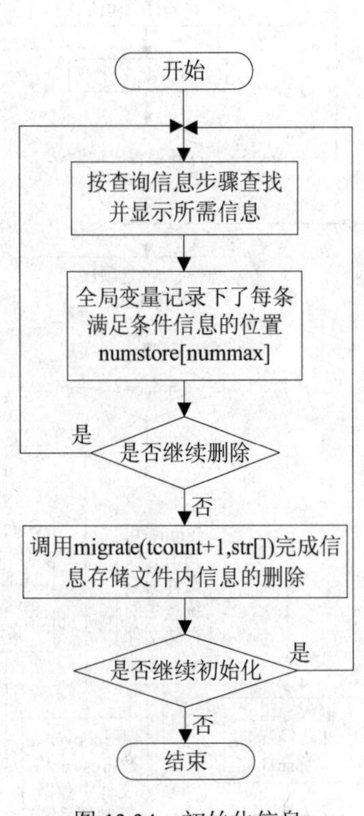

图 12.34 初始化信息

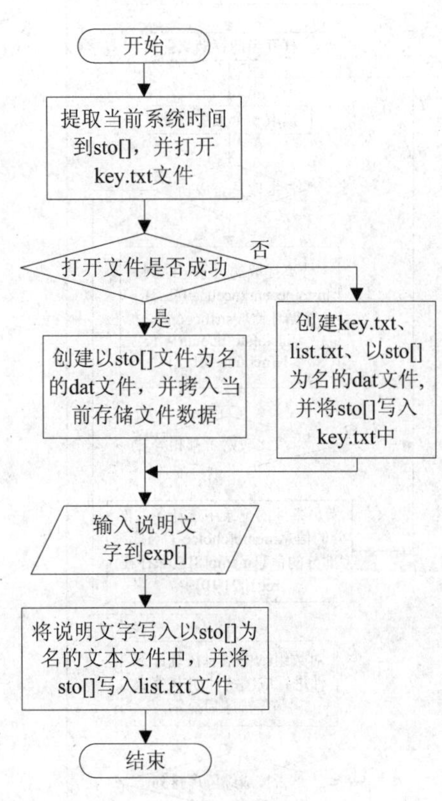

图 12.35 备份数据

说明

① 首先系统提取当前系统时间到 sto[]中并打开 key.txt 文件。
② 若打开文件成功，系统建立以 sto[]为文件名的 dat 备份文件，并调用 copy()函数将当前存储文件中数据复制到此文件中。
③ 若打开文件失败，则创建key.txt、list.txt和以sto[]为名的dat备份文件并将sto[]写入key.txt中。
④ 为新创建的 dat 备份文件写一个说明文档到 exp[]，并将 exp[]写入以 sto[]为文件名的 txt 文件中。最后将 sto[]写入 list.txt 文件中。

8 还原数据

还原数据的算法描述如图 12.36 所示。

说明

① 打开 list.txt 文件，提取一条字符串到 list[i++]中。

② 若提取成功，则打开 list[i].txt 文件提取出说明文字并显示。

③ 若提取失败则说明 list.txt 文件中存储的文件名已遍历，此时根据显示的备份文件信息输入要恢复的备份文件对应的序号到 where。

④ 调用 create()函数为当前存储文件创建一个备份并将 where 所对应的文件名写入全局数组 thekey[]和 key.txt 文件中。

9 删除备份文件

删除备份文件的算法描述如图 12.37 所示。

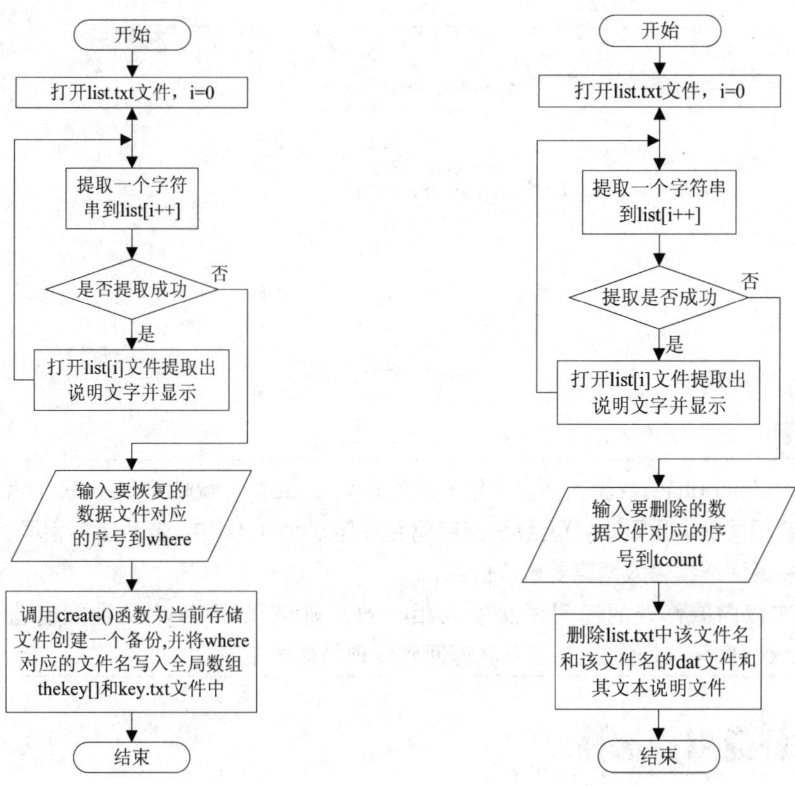

图 12.36　还原数据　　　　图 12.37　删除备份文件

说明

① 打开 list.txt 文件，提取一条字符串到 list[i++]中。

② 若提取成功，则打开 list[i].txt 文件提取出其说明文字并显示。

③ 若提取失败则说明 list.txt 文件中存储的文件名已遍历，此时根据显示的备份文件信息输

入要删除的备份文件对应的序号到 tcount。

④ 删除 list.txt 文件中 tcount 所对应的文件名和系统目录下的该文件名的 dat 备份文件及其同名 txt 说明文件。

10 密码修改

密码修改的算法描述如图 12.38 所示。

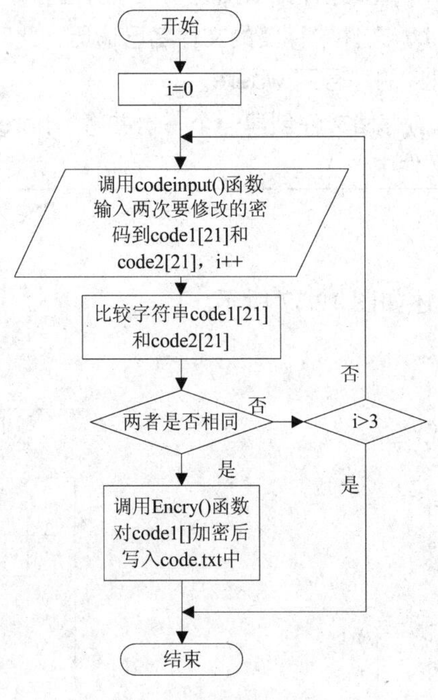

图 12.38　密码修改图

说明

① 调用 codeinput()函数输入两次要修改的密码到 code1[]、code2[]并比较二者。

② 若两者相同则调用Encry()函数加密密码后存储到code.txt中；若两者不相同，则给出出错信息并返回继续输入两遍要修改的密码。

③ 若三次以内要修改的密码两次输入相一致，则调用 Encry()函数加密密码后存储到 code.txt 中；否则给出出错信息并返回到管理员模式菜单。

12.4.3　普通用户部分

查询信息

查询信息的算法描述如图 12.39 所示。

图 12.39　普通用户部分图

说明

通过调用管理员部分的查询信息函数search()实现普通用户部分的查询信息功能。

12.5 完整代码

/* 全局数据定义及各子函数声明 */

```
#include <stdio.h>
#include <conio.h>
#include <string.h>
#include <stdlib.h>
#include<time.h>                               //可以提取当前时间的头文件
#define N 400                                  //最大显示信息条数上限
int nummax=0;                                  //全局数组有效的最大长度
int numstore[N];                               //存储信息位置
int sign=0;                                    //判别是否处理外部导入的数据文件
char thekey[15];                               //存储当前文件处理需打开的文件名
struct dormitory
{
    char month[3];                             //月份
    char day[3];                               //日
    char weeks[3];                             //周数
    char week[2];                              //星期
    char floor[4];                             //宿舍楼号
    char floors[2];                            //楼层
    char roomnum[4];                           //宿舍号
    char name[9];                              //值班人姓名
    char score[3];                             //卫生成绩
}dorm;
//子函数部分
//主功能菜单函数部分
void MainInterface();                          //开始界面
void RepCryp();                                //密码修改与管理员模式
void MainMenu();                               //主功能菜单
void InfEdit();                                //编辑信息
void InfSearch();                              //查询信息
void InfStat();                                //统计信息
void FileMani();                               //外部数据文件导入处理
void InfClear();                               //初始化信息即大量同类型信息的删除
void InfBackup();                              //备份数据
//子菜单函数部分
void InfIn();                                  //添加信息
void InfAmend();                               //修改信息
void InfDelete();                              //删除信息
int ManiChoose();                              //数据操作选择
//其他函数
void code();                                   //管理员密码验证
void codeinput();                              //密码输入
void Encry();                                  //密码加密
```

```
int itemsize();                    //检测结构体成员长度
int inspect();                     //检测字符串长度及类型
int numcheck();                    //输入与检测整型数
void strcheck();                   //输入及检测字符串
void show();                       //查询界面提示
void clew();                       //结构体成员提示
void logo();                       //统计结果显示
void migrate();                    //删除文件中符合条件的信息
void copy();                       //文件复制
void create();                     //创建备份数据
char *namedat();                   //返回扩展名为 dat 的文件名
char *nametxt();                   //返回扩展名为 txt 的文件名
int sep();                         //数据统计中提取与统计信息并显示
void display();                    //查询信息中提取与分离信息并显示
void taxis();                      //结构体成员的排序
void filecheck();                  //文件检测函数
```

/* 主函数 */

```
void main()
{
   MainInterface();
}
//进入选择界面
void MainInterface()
{
    int select;
    char ch;
    filecheck();
    while(1)
    {
        fflush(stdin);
        printf("\n\n\t                    宿舍卫生管理系统\n");
printf("\t-------------------------------------------------------");
printf("\n\t*******************************************************\n");
        printf("\t*    欢迎使用自律会宿舍卫生情况统计评优软件         *\n");
        printf("\t*  本软件用于对宿舍卫生情况进行统计整理并对其进行评比 *\n");
        printf("\t*      您也可以对宿舍卫生成绩进行查询和修改          *\n");
printf("\t*******************************************************\n\n");
        printf("\t   ╭──────────────────────────────────────╮  \n");
        printf("\t   ║     1 管理员      2 普通用户      0 退出    ║ \n");
        printf("\t   ╰──────────────────────────────────────╯  \n");
        printf("\n\t 请选择登录方式：");
        select=numcheck();//输入与检测整型数
        switch(select)
        {
        case 1:
            code();//密码验证
            RepCryp();//密码验证后进入 RepCryp 函数
            break;
        case 2:
            system("cls");
```

```
            InfSearch();//普通用户信息查询
            system("cls");
            break;
        case 0:
            printf("\t 请按任意键退出\n");
            exit(0);
        default:
            printf("\t 对不起!没有您要的选项!\n\t 退出程序:【Esc】\n\t 取消退出:任意键\n");
            printf("%c",'\007');
            ch=getch();
            if(ch==27)
                exit(0);
            else
                system("cls");
        }
    }
}
```

/* 进入管理员与密码修改模式 */

```
void RepCryp()
{
    int res,count1,select;
    char ch,code1[21],code2[21],ori[]="123";
    FILE *fp;
    while(1)
    {
        fflush(stdin);
        printf("\n\n                              欢迎登录本系统! \n");
printf("-------------------------------------------------------------------\n\n");
        printf("     ╭─────────────╮      ╭─────────────╮ \n");
        printf("     │  1.使用系统功能  │      │    2.修改密码    │ \n");
        printf("     ╰─────────────╯      ╰─────────────╯ \n");
        printf("     ╭─────────────╮      ╭─────────────╮ \n");
        printf("     │      3 退出      │      │   0. 返回上层    │ \n");
        printf("     ╰─────────────╯      ╰─────────────╯ \n");
        printf("\n 请选择您的操作: ");
        select=numcheck();
        switch(select)
        {
            case 1:
                MainMenu();         //进入主功能菜单
                break;
            case 2:                 //修改密码
                system("cls");
                printf("\n\n                         密码修改功能\n");
                printf("\n*************************\n\n 请输入您的新密码: ");
                for(count1=1;;count1++)
                {
                    codeinput(code1);//密码输入
                    printf("\n");
                    printf("请再次输入您的新密码: \n");
                    codeinput(code2);
                    printf("\n");
                    res=strcmp(code1,code2);
                    if(res==0)
```

```
                {
                    fp=fopen("code.txt","w+");
                    Encry(code1);
                    fputs(code1,fp);
                    fclose(fp);
                    printf("修改密码成功!\n 返回上级:任意键\n 退出程序:【Esc】\n");
                    ch=getch();
                    printf("\n");
                    if(ch==27)
                        exit(0);
                    system("cls");break;
                }
                else
                {
                    if(count1>=3)
                    {
                        printf("%c",'\007');
                        printf("对不起! 您现在不能修改密码! \n 退出程序:【Esc】\n
                                返回上级:任意键\n");
                        ch=getch();
                        printf("\n");
                        if(ch==27)
                            exit(0);
                        system("cls");
                        break;
                    }
                    else
                    {
                        printf("对不起! 两次输入的密码不一致\n\n 请重新输入: \n");
                        printf("%c",'\007');
                    }
                }
            }
            break;
        case 3:
            printf("请按任意键退出\n");
                exit(0);
        case 0:system("cls");break;
        default:
            system("cls");
            printf("%c",'\007');
            printf("对不起! 没有您要的选项! \n 请重新选择! \n");
        }
        if(select==0)
            break;
    }
}
```

/* 主功能菜单 */

```
void MainMenu()
{
    int select;
    system("cls");
    while(1)
    {
        fflush(stdin);
        printf("\n\n                                    主系统功能菜单\n");
```

```
        printf("------------------------------------------------------------");
        printf("  ┌──────────┐ ┌──────────┐ ┌──────────┐ ┌──────────┐ ");
        printf("  │ 1 编辑信息 │ │ 2 查询信息 │ │ 3 统计评优 │ │ 4 文件处理 │ ");
        printf("  └──────────┘ └──────────┘ └──────────┘ └──────────┘ ");
        printf("  ┌──────────┐ ┌──────────┐ ┌──────────┐ ┌──────────┐ ");
        printf("  │ 5 格式信息 │ │ 6 备份信息 │ │ 7 退出程序 │ │ 0 返回上层 │ ");
        printf("  └──────────┘ └──────────┘ └──────────┘ └──────────┘ ");
        printf("------------------------------------------------------------");
        printf("\n 请选择功能: ");
        select=numcheck();
        system("cls");
        switch(select)
        {
        case 1:InfEdit();break;                //编辑信息
        case 2:InfSearch();break;              //查询信息
        case 3:InfStat();break;                //统计信息
        case 4:FileMani();break;               //外部文件导入处理
        case 5:InfClear();break;               //初始化信息
        case 6:InfBackup();break;              //备份数据
        case 0:break;
        case 7:printf("按其他任意键，结束程序\n");exit(0);
        default:
            printf("没有您要的选项，请重新选择!\n");
            printf("%c",'\007');
        }
        if(select==0)
            break;
        system("cls");
    }
}
```

/* 编辑信息模式选择菜单 */

```
void InfEdit()
{
    int select;
    system("cls");
    while(1)
    {
        fflush(stdin);
        printf("\n\n\t                        编辑功能菜单\n");
        printf("---------------------------------------------------\n");
        printf("\t ┌─────────────────┐ ┌─────────────────┐ \n");
        printf("\t │    1 添加信息    │ │    2 修改信息    │ \n");
        printf("\t └─────────────────┘ └─────────────────┘ \n");
        printf("\t ┌─────────────────┐ ┌─────────────────┐ \n");
        printf("\t │    3 删除信息    │ │    4 退出程序    │ \n");
        printf("\t └─────────────────┘ └─────────────────┘ \n");
        printf("\t      ┌──────────────────────────┐ \n");
        printf("\t      │        0 返回上层         │ \n");
        printf("\t      └──────────────────────────┘ \n");
        printf("---------------------------------------------------");
        printf("\n 请选择功能: ");
        select=numcheck();
        system("cls");
```

```
        switch(select)
        {
        case 1:InfIn();break;           //添加信息
        case 2:InfAmend();break;        //修改信息
        case 3:InfDelete();break;       //删除信息
        case 0:break;
        case 4:printf("按其他任意键，结束程序\n");exit(0);
        default:
            printf("没有您要的选项，请重新选择!\n");
            printf("%c",'\007');
        }
        if(select==0)
            break;
        system("cls");
    }
}
```

/* **查询信息模式** */

```
void InfSearch()
{
    int select;
    char ch;
    while(1)
    {
        fflush(stdin);
        printf("\n\n                    查询信息功能菜单\n");
        show();
        printf("请先输入您要查询用到的条件个数：");
        select=numcheck();
        if(select>9||select<0)
        {
            printf("%c",'\007');
            system("cls");
            continue;
        }
        if(select==0)
            break;
        if(select==9)
            exit(0);
        nummax=0;display(select);//提取信息并按条件显示
        printf("\n 返回上级:任意键\n 退出程序:【Esc】\n");
        ch=getch();
        if(ch==27)
            exit(0);
        system("cls");
    }
}
```

/* **信息统计模式** */

```
void InfStat()
{
    int select,i,sto[9],choice,max,choose;
    char ch,str[9][30],ret[N][2][10],temp[20];
    while(1)
    {
        printf("\n\n                    统计信息功能菜单\n");
```

```
show();
printf("请输入您要统计用到的限制条件个数：");
select=numcheck();
if(select>9||select<0)
{
   printf("%c",'\007');
   system("cls");
   continue;
}
if(select==0)
   break;
if(select==9)
{
   printf("按任意键退出本程序\n");
   exit(0);
}
nummax=0;
printf("请输入您要查询的这%d 个条件的序号：",select);
for(i=0;i<select;i++)
{
   sto[i]=numcheck();
   if(sto[i]<1||sto[i]>8)
   {
      printf("%c",'\007');
      printf("无此选项！请重新输入：");
      i--;
   }
}
printf("请输入统计条件：\n");
for(i=0;i<select;i++)
{
   clew(sto[i]);//提示要输入哪一个结构体成员
   strcheck(str[i],itemsize(sto[i]),0);
   //strcheck 用于按参数要求输入字符串，itemsize 用于检查结构体成员长度
}
printf("请输入统计条件：");
for(i=0;;i++)
{
   choice=numcheck();
   if(choice>0&&choice<9)
      break;
   else
      printf("输入有误！无此选项！");
}
system("cls");
printf("这是");
for(i=0;i<select;i++)
{
   if((sto[i]==4||sto[i]==8)||sto[i]==9)
   {
      clew(sto[i]);
      printf("%s:",str[i]);
   }
   else
   {
      printf("%s",str[i]);
      clew(sto[i]);
   }
```

```
        }
        printf("按");
        clew(choice);
        printf("统计排列的结果，如下：\n\n");
        max=sep(select,str,sto,ret,choice);
                                    //提取信息并按要求统计，然后返回一个整型数
        printf(" ");
        clew(choice);
        printf("\t 成绩:\t   星级:        等级: 是否及格:   评价:\n");
        for(i=0;i<max;i++)
        {
            printf("  %s\t %s\t",ret[i][0],ret[i][1]);
            strcpy(temp,ret[i][1]);
            logo(temp);//显示统计结果
            printf("\n");
        }
        printf("1.按成绩排序\t2.返回      \t0.退出\n");
        choose=numcheck();
        switch(choose)
        {
        case 1:
            system("cls");
            printf("这是");
            for(i=0;i<select;i++)
            {
                if((sto[i]==4||sto[i]==8)||sto[i]==9)
                {
                    clew(sto[i]);
                    printf("%s:",str[i]);
                }
                else
                {
                    printf("%s",str[i]);
                    clew(sto[i]);
                }
            }
            printf("按");
            clew(choice);
            printf("统计并以成绩降序排序的结果，如下：\n");
            taxis(max,ret,choice);//统计结果按成绩降序排列
            printf("继续请按任意键");
            ch=getch();
            break;
        case 2:break;
        case 0:exit(0);
        default:printf("%c",'\007');
        }
        system("cls");
    }
}
```

/* 外部文件处理模式 */

```
void FileMani()
{
    char ch;
    char str[50];
    FILE *fp;
```

```
    while(1)
    {
        printf("\n\n                                        文件导入功能菜单\n");
        printf("-----------------------------------------------------------");
        while(1)
        {
            if(sign==1)
                break;
            printf("继续操作:任意键\n 返回上级:【Esc】\n");
            ch=getch();
            if(ch==27)
                break;
            printf("请输入文件路径及文件名: (注意导入文件扩展名为 CSV)\n");
            strcheck(str,50,1);          //检查文件名
            fp=fopen(str,"r");
            if(fp==NULL)
            {
                printf("%c",'\007');
                system("cls");
                printf("文件打开失败! \n 请重新确定文件位置! \n");
                continue;
            }
            fclose(fp);
            break;
        }
        if(ch==27)
            break;
        if(sign==0)
        {
            remove("memory.dat");        //移除已存在的 memory 文件
            copy(str,"memory.dat");      //重新将外部文件中数据写入新创建的 memory 文件
        }
        system("cls");
        if(ManiChoose(str))              //进入文件处理菜单模式
            break;
    }
}
```

/* 初始化信息模式 */

```
void InfClear()
{
    int select,temp[1];
    char ch;
    while(1)
    {
        printf("\n\n                                        格式信息功能菜单\n");
        show();
        printf("请输入要初始化信息所用到的条件个数: ");
        select=numcheck();
        if(select>9||select<0)
        {
            printf("%c",'\007');
            system("cls");
            continue;
        }
        if(select==0)
            break;
```

```
        if(select==9)
        {
            printf("按任意键退出本程序\n");
            exit(0);
        }
        nummax=0;display(select);//显示要删除的信息
        if(nummax==0)
        {
            printf("\n返回上级:任意键\n退出程序:【Esc】\n");
            ch=getch();
            if(ch==27)
                exit(0);
            system("cls");
            continue;
        }
        fflush(stdin);
        printf("确认删除:【回车】, 返回查询:【Esc】\n");
        scanf("%c",&ch);
        if(ch==27)
            continue;
        temp[0]=numstore[0];
        migrate(nummax+1,numstore);//过滤删除了文件中符合条件的信息
        fflush(stdin);
        migrate(1,temp);
        system("cls");
        printf("初始化信息成功! \n");
    }
}
```

/* 备份数据模式 */

```
void InfBackup()
{
    FILE *fpr,*fp,*fpw,*fpu;
    int choice,where,i=0,j,tcount,cantd;
    char list[30][100],txt[100];
    while(1)
    {
        printf("\n\n                              备份管理功能菜单\n");
        printf("-----------------------------------------------------");
        printf(" ┌──────────┐┌──────────┐┌──────────────┐\n");
        printf(" │  1.备份数据  ││  2.还原数据  ││  3.删除备份数据  │\n");
        printf(" └──────────┘└──────────┘└──────────────┘\n");
        printf("         ┌──────────┐      ┌──────────┐\n");
        printf("         │  4.退出程序  │      │  0.返回上级  │\n");
        printf("         └──────────┘      └──────────┘\n");
        printf("请选择: ");
        choice=numcheck();
        switch(choice)
        {
        case 1:
            system("cls");
            printf("\0");
            create(0);                              //创建备份数据
            system("cls");
            printf("备份成功!\n");
            break;
```

```
case 2:                                          //恢复备份数据
    i=0;
    system("cls");
    printf("\n");
    fp=fopen("list.txt","r+");
    printf("\n\n                                    还原数据功能菜单\n");
    printf("-----------------------------------------------------------");
    while(!feof(fp))
    {
        fscanf(fp,"%s",list[i]);        //提取 list 文件中存在的文件名
        if(!strcmp(thekey,list[i]))      //当前存储文件的文件名与提取文件名
                                         //对比，并显示为"当前数据"
            printf("%d  %s\t★当前数据！\n",i+1,list[i]);
        else
            printf("%d  %s\n",i+1,list[i]);//显示备份文件列表
        fpw=fopen(nametxt(list[i],15),"r+");
        rewind(fpw);
        while(!feof(fpw))                           //显示备份数据的说明
        {
            fscanf(fpw,"%s",txt);
            printf(" %s",txt);
        }
        printf("\n\n");
        fclose(fpw);
        i++;
    }
    fclose(fp);
    printf("请选择需恢复点(超出范围将返回)：");
    where=numcheck();
    system("cls");
    if(where>i||where<=0)
        break;
    printf("系统需要对还原前数据做备份\n");    //恢复前对此时间点做备份
    create(0);                                   //创建备份数据
    fpr=fopen("key.txt","r+");
    list[where-1][15]='\0';
    fprintf(fpr,"%s",list[where-1]);         //提取选择文件名写入 key 文件
    fclose(fpr);
    strcpy(thekey,list[where-1]);            //将当前数据文件名替换
    system("cls");
    printf("已恢复到还原点\n");
    break;
case 3:
    i=0;
    system("cls");
    printf("\n");
    fp=fopen("list.txt","r+");
    printf("\n\n                                    删除备份数据菜单\n");
    printf("-----------------------------------------------------------");
    while(!feof(fp))
    {
        fscanf(fp,"%s",list[i]);
        if(strcmp(thekey,list[i])==0)
        {
            printf("%d  %s\t★当前数据！\n",i+1,list[i]);
            cantd=i+1;
```

```
            }
            else
                printf("%d  %s\n",i+1,list[i]);
            fpw=fopen(nametxt(list[i],15),"r+");
            rewind(fpw);
            while(!feof(fpw))
            {
                fscanf(fpw,"%s\n",txt);
                printf("%s ",txt);
            }
            printf("\n\n");
            fclose(fpw);
            i++;
        }
        fclose(fp);
        printf("输入编号范围之外的选项退出\n 请输入要删除的备份选项:(当前数据不可
        删)\n");
        tcount=numcheck();
        system("cls");
        if(tcount>i||tcount<=0)
            break;
        if(tcount==cantd)
        {
            printf("此数据不可删!\n");//不允许删除当前文件
            continue;
        }
        //以下为从 list 文件中删除备份文件名及删除备份文件
        fpu=fopen("indlist.txt","w+");
        for(j=0;j<i;j++)
        {
            list[j][15]='\0';
            if(j!=tcount-1)
                fprintf(fpu,"\n%s",list[j]);
        }
        fclose(fpu);
        remove("list.txt");
        rename("indlist.txt","list.txt");
        remove(nametxt(list[tcount-1],15));
        remove(namedat(list[tcount-1],15));
        printf("成功删除!\n");
        break;
    case 0:break;
    case 4:exit(0);
    default:
        printf("%c",'\007');
        system("cls");
    }
    if(choice==0)
        break;
  }
}
```

/* 子功能函数 */

```
//添加信息模式
void InfIn()
{
    int i,j;
```

```
    char ch;
    FILE *fp;
    for(j=1;;j++)
    {
        if(sign==1)//打开存储文件写入
            fp=fopen("memory.dat","a+");
        else
            fp=fopen(namedat(thekey,15),"a+");
        thekey[15]='\0';
        printf("\n\n                              添加信息功能菜单\n");
        printf("------------------------------------------------------");
        printf("请输入此次卫生调查的时间：\n");
        printf("请输入月份：");
        strcheck(dorm.month,3,-1,"1","12");//此函数用于输入符合条件的字符串，下同
        printf("请输入日号：");
        strcheck(dorm.day,3,-1,"1","31");
        printf("请输入周数：");
        strcheck(dorm.weeks,3,-1,"1","53");
        printf("请输入星期：");
        strcheck(dorm.week,2,-1,"1","7");
        fflush(stdin);
        for(i=1;;i++)
        {
            system("cls");
            printf("请输入 2009 年%s 月%s 日第%s 周星期%s 的卫生成绩：
            \n\n",dorm.month,dorm.day,dorm.weeks,dorm.week);
            printf("请输入宿舍楼号：");
            strcheck(dorm.floor,4,0);
            printf("请输入宿舍号：");
            strcheck(dorm.roomnum,4,-1,"101","659");
            printf("请输入值班人姓名：");
            strcheck(dorm.name,9,1);
            printf("请输入成绩：");
            strcheck(dorm.score,3,-1,"0","99");
            fprintf(fp,"\n%s,%s,%s,%s,%s,%c,%s,%s,%s",dorm.month,dorm.day,
            dorm.weeks,dorm.week,dorm.floor,dorm.roomnum[0],dorm.roomnum,
            dorm.name,dorm.score);
            printf("\n 继续输入:【回车】\n 重输日期:【Esc】\n 返回上级:【0】\n");
            ch=getch();
            if(ch=='0')
                break;
            if(ch==27)
                break;
        }
        fclose(fp);
        system("cls");
        if(ch=='0')
            break;
    }
}
```

/* 修改信息模式 */

```
void InfAmend()
{
    int select,tcount,str[N],ncount;
    char ch;
```

```
while(1)
{
    FILE *fp;
    printf("\n\n                                    修改信息功能菜单\n");
    show();
    printf("请输入您要修改用到的条件个数: ");
    select=numcheck();
    if(select>9||select<0)
    {
        printf("%c",'\007');
        system("cls");
        continue;
    }
    if(select==0)
        break;
    if(select==9)
        exit(0);
    nummax=0;display(select);
    if(nummax==0)
    {
        printf("\n 返回上级:任意键\n 退出程序:【Esc】\n");
        ch=getch();
        if(ch==27)
            exit(0);
        system("cls");
        continue;
    }
    printf("\n 返回上级:【0】\n 继续操作:【回车】\n");
    ch=getch();
    if(ch=='0')
        break;
    fp=fopen("store.dat","w+");
    for(tcount=0;tcount<nummax;tcount++)
    {
        printf("\n 请输入对应的序号: ");
        scanf("%d",&ncount);
        str[tcount]=numstore[ncount-1];
        printf("请输入此次卫生调查的时间: \n");
        printf("请输入月份: ");
        strcheck(dorm.month,3,-1,"1","12");
        printf("请输入日号: ");
        strcheck(dorm.day,3,-1,"1","31");
        printf("请输入周数: ");
        strcheck(dorm.weeks,3,-1,"1","53");
        printf("请输入星期: ");
        strcheck(dorm.week,2,-1,"1","7");
        fflush(stdin);
        printf("请输入宿舍楼号: ");
        strcheck(dorm.floor,4,0);
        printf("请输入宿舍号: ");
        strcheck(dorm.roomnum,4,-1,"101","659");
        printf("请输入值班人姓名: ");
        strcheck(dorm.name,9,1);
        printf("请输入成绩: ");
        strcheck(dorm.score,3,-1,"0","99");
        fprintf(fp,"\n%s,%s,%s,%s,%s,%c,%s,%s,%s",dorm.month,dorm.day,
        dorm.weeks,dorm.week,dorm.floor,dorm.roomnum[0],
```

```
        dorm.roomnum,dorm.name,dorm.score);
        printf("\n 修改成功! \n 返回上级:【0】\n 继续操作:【回车】\n");
        ch=getch();
        if(ch=='0')
            break;
    }
    fclose(fp);
    migrate(tcount+1,str);//过滤删除了符合条件的信息
    system("cls");
  }
}
```

/* 删除信息模式 */

```
void InfDelete()
{
    int select,tcount,str[N],ncount;
    char ch;
    while(1)
    {
        printf("\n\n                                删除信息功能菜单\n");
        show();
        printf("请输入您删除用到的条件个数: ");
        select=numcheck();
        if(select>9||select<0)
        {
            printf("%c",'\007');
            system("cls");
            continue;
        }
        if(select==0)
            break;
        if(select==9)
            exit(0);
        nummax=0;display(select);
        if(nummax==0)
        {
            printf("\n 返回上级:任意键\n 退出程序:【Esc】\n");
            ch=getch();
            if(ch==27)
                exit(0);
            system("cls");
            continue;
        }
        printf("\n 返回上级:【0】\n 继续操作:【回车】\n");
        ch=getch();
        if(ch=='0')
            break;
        for(tcount=0;tcount<nummax;tcount++)
        {
            printf("\n 请输入对应的序号: ");
            ncount=numcheck();
            if(ncount==0)
                break;
            str[tcount]=numstore[ncount-1];
            printf("\n 删除成功! \n 返回上级:【0】\n 继续操作:【回车】\n");
            ch=getch();
            if(ch=='0')
```

```
            break;
        }
        migrate(tcount+1,str);
        system("cls");
    }
}
```

/* **文件处理菜单模式** */

```
int ManiChoose(char *str)
{
    int choice;
    while(1)
    {
        printf("\n\n                          文件处理功能菜单\n");
        printf("----------------------------------------------------------");
        printf(" ╔════════════╗ ╔════════════╗ ╔════════════╗ \n");
        printf(" ║1.写入当前存储文件║ ║   2.单独处理   ║ ║ 3.取消单独处理 ║\n");
        printf(" ╚════════════╝ ╚════════════╝ ╚════════════╝ \n");
        printf(" ╔════════════╗ ╔════════════╗ ╔════════════╗ \n");
        printf(" ║   4.输出文件   ║ ║   5.退出程序   ║ ║   0 返回上层   ║\n");
        printf(" ╚════════════╝ ╚════════════╝ ╚════════════╝ \n");
        printf("请选择：");
        choice=numcheck();
        switch(choice)
        {
        case 1:
            copy("memory.dat",namedat(thekey,15));/*将导入的文件数据再导入到当
                                                    前存储文件中*/
            thekey[15]='\0';
            system("cls");
            printf("已成功写入当前文件！\n");
            break;
        case 2:
            sign=1;//sign 置 1，所有文件操作打开的是外部导入的文件
            system("cls");
            break;
        case 3:
            sign=0;//sign 置 0，所有文件操作针对当前数据文件
            system("cls");
            printf("取消成功！\n");
            break;
        case 4:
            printf("请输入文件路径及文件名：\n");//输出文件名及路径
            strcheck(str,50,1);
            rename("memory.dat",str);//更改处理后的文件名及路径即输出了文件
            system("cls");
            printf("输出文件成功！\n");
            break;
        case 0:
            break;
        case 5:exit(0);
        default:
            printf("%c",'\007');
            printf("没有此选项！请重新输入：\n");
        }
        if(choice==2)
```

```
            break;
        if(choice==0)
            break;
    }
    return 1;
}
```

/* **其他函数** */

```
/*显示符合条件的信息*/
void display(int select)
{
    int i,cle[9],infcount=0,tcount=0,cont,num,sum=0;
    char insto[9][9],memo[9][9],str[34],*p,*q;
    FILE *fp;
    fflush(stdin);
    printf("请输入您要查询的这%d 个条件的序号：",select);
    for(i=0;i<select;i++)
    {
        cle[i]=numcheck();
        if(cle[i]<1||cle[i]>8)
        {
            printf("%c",'\007');
            printf("无此选项！请重新输入：");
            i--;
        }
    }
    printf("请输入：\n");
    for(i=0;i<select;i++)
    {
        clew(cle[i]);
        strcheck(insto[i],itemsize(cle[i]),0);
    }
    system("cls");
    printf("\n\n");
    printf("--------------------------------------------------------");
    printf("您要查询的是");
    for(i=0;i<select;i++)
    {
        if((cle[i]==4||cle[i]==8)||cle[i]==9)
        {
            clew(cle[i]);
            printf("%s:",insto[i]);
        }
        else
        {
            printf("%s",insto[i]);
            clew(cle[i]);
        }
    }
    printf("的卫生记录\n 其搜索结果如下：\n\n");
    if(sign==1)
        fp=fopen("memory.dat","r");
    else
        fp=fopen(namedat(thekey,15),"r");
    thekey[15]='\0';
    nummax=0;
    printf("序号\t 月\t 日\t 周\t 星期\t 楼\t 楼层\t 宿舍号\t 值日人\t    成绩\n");
```

```
    while(!feof(fp))
    {
        cont=0;
        i=0;
        fscanf(fp,"%s",str);            //提取单条信息
        infcount++;                     //记录位置
        q=str;
        num=strlen(str);
        str[num]=',';
        str[num+1]=0;                   //填补","
        p=strchr(str,',');
        while(p!=NULL)                  //分离信息
        {
            *p=0;
            strcpy(memo[i++],q);
            q=p+1;
            p=strchr(q,',');
        }
        for(i=0;i<select;i++)           //按条件放行信息
        {
            if(!strcmp(insto[i],memo[cle[i]-1]))
                cont++;
        }
        if(cont!=select)
            continue;
        sum=sum+atoi(memo[8]);          //成绩统计
        tcount++;
        numstore[nummax]=infcount;
        printf(" %d",nummax+1);
        nummax++;
        for(i=0;i<9;i++)                //被放行的信息在此显示
        {
            switch(i)
            {
                case 0:printf("\t %s",memo[i]);break;
                case 1:printf("\t%s",memo[i]);break;
                case 2:printf("\t%s",memo[i]);break;
                case 3:printf("\t %s",memo[i]);break;
                case 4:printf("\t%s",memo[i]);break;
                case 5:printf("\t  %s",memo[i]);break;
                case 6:printf("\t %s",memo[i]);break;
                case 7:printf("\t%s",memo[i]);break;
                case 8:printf("\t    %s\n",memo[i]);break;
            }
        }
    }
    if(tcount==0)
    {
        printf("对不起！您输入的日期内无卫生记录\n");
        printf("%c",'\007');
    }
    fclose(fp);
    printf("\n共搜索到%d个结果,占总数据的%f\n平均成绩为%f。
    \n",nummax,(float)nummax/infcount,(float)sum/nummax);
}
/*按条件删除信息*/
void migrate(int nmax,int *memo)
```

```
{
    int tcount,ncount;
    char str[34];
    FILE *fp,*fpw;
    if(sign==1)
        fp=fopen("memory.dat","r");
    else
        fp=fopen(namedat(thekey,15),"r");
    thekey[15]='\0';
    fpw=fopen("store.dat","a+");
    if(fpw==NULL)
        fpw=fopen("store.dat","w+");
    tcount=0;
    while(!feof(fp))//从一个文件到另一个文件转移数据，满足条件的信息被过滤掉
    {
        fscanf(fp,"%s",str);
        tcount++;
        for(ncount=0;ncount<nmax;ncount++)
        {
            if(tcount==memo[ncount])
                break;
            if(ncount==nmax-1)
                fprintf(fpw,"\n%s",str);
        }
    }
    fclose(fp);
    fclose(fpw);
    if(sign==0)//转移数据的文件被删除，接收数据文件被重命名为前者
    {
        remove(namedat(thekey,15));
        thekey[15]='\0';
        rename("store.dat",namedat(thekey,15));
        thekey[15]='\0';
    }
    else
    {
        remove("memory.dat");
        rename("store.dat","memory.dat");
    }
}
```

/* 文件的复制，文件 1 中数据被复制到文件 2 中 */

```
void copy(char *file1,char *file2)
{
    FILE *fp,*fpw;
    char str[30];
    fp=fopen(file1,"r");
    if(fp==NULL)
    {
        fp=fopen(file1,"w+");
        return;
    }
    fpw=fopen(file2,"a+");
    if(fp==NULL)
        fp=fopen(file2,"w+");
    while(!feof(fp))
    {
```

```
        fscanf(fp,"%s",str);
        fprintf(fpw,"\n%s",str);
    }
    fclose(fp);
    fclose(fpw);
}
```

/* 创建一个备份 */

```
void create(int flag)
{
    char sto[30],ind[30],txt[30],dat[30],str[30],exp[101];
    int i,j=0;
    FILE *fp,*fpw;
    time_t t;                       //有关 time_t 类型的一个变量
    t=time(NULL);
    strcpy(str,ctime(&t));          //时间被以字符串形式存储
    printf("%s\n",str);
    for(i=4;i<=18;i++)              //截取合适长度的字符并加以修饰作为备份数据文件名
    {
        if(str[i]==' '||str[i]==':')
            sto[j++]='-';
        else
            sto[j++]=str[i];
    }
    sto[j]='\0';
    strcpy(ind,sto);
    strcpy(txt,nametxt(sto,15));
    strcpy(dat,namedat(sto,15));
    sto[15]='\0';
    if(flag==1)                     //若没有存储文件，则创建一个备份数据
    {
        fpw=fopen("key.txt","r+");
        fprintf(fpw,"%s",ind);
        fclose(fpw);
        strcpy(thekey,ind);
    }
    thekey[15]='\0';
    printf("\n\n                              备份数据\n");
    printf("------------------------------------------------------------\n");
    printf("请为此次备份写 50 中文字以内的注释(不允许出现空白符！)\n");
                                      //为备份做一个说明
    fflush(stdin);
    strcheck(exp,101,1);
    fp=fopen(txt,"a+");
    fprintf(fp,"%s\n",exp);
    fclose(fp);
    copy(namedat(thekey,15),dat);   //将当前数据复制到备份文件中
    thekey[15]='\0';
    fp=fopen("list.txt","a+");
    if(fp==NULL)
        fp=fopen("list.txt","w+");
    fprintf(fp,"\n%s",ind);
    fclose(fp);
}
```

```
/* 返回一个扩展名为 txt 的文件名 */

char* nametxt(char *str,int j)
{
    str[j]='.';
    str[++j]='t';
    str[++j]='x';
    str[++j]='t';
    str[++j]='\0';
    return str;
}

/* 返回一个扩展名为 dat 的文件名 */

char* namedat(char *str,int j)
{
    str[j]='.';
    str[++j]='d';
    str[++j]='a';
    str[++j]='t';
    str[++j]='\0';
    return str;
}

/* 给统计结果以成绩降序排列 */

void taxis(int max,char ret[][2][10],int choice)
{
    int i,j,min;
    char temp[2][20],Temp[20];
    for(i=0;i<max-1;i++)
    {
        min=i;
        for(j=i+1;j<max;j++)
            if(strcmp(ret[min][1],ret[j][1])<0)
                min=j;
        if(min!=i)
        {
            strcpy(temp[1],ret[i][1]);
            strcpy(temp[0],ret[i][0]);
            strcpy(ret[i][1],ret[min][1]);
            strcpy(ret[i][0],ret[min][0]);
            strcpy(ret[min][1],temp[1]);
            strcpy(ret[min][0],temp[0]);
        }
    }
    for(i=0;i<max;i++)
    {
        clew(choice);
        printf("%s\t%s\t",ret[i][0],ret[i][1]);
        strcpy(Temp,ret[i][1]);
        logo(Temp);
        printf("\n");
    }
}
```

/* 统计模式中按要求提取统计信息并显示结果 */

```
int sep(int select,char trans[][30],int transto[],char ret[][2][10],int
choice)
{
    int i,j,tcount=0,judge=0,ncount=0,cont,num,sum=0,min,countmax,
    countsto[N],plu=0;
    char insto[9][20],str[34],*p,*q,temp[2][20],thrd[N][2][10],Temp[20];
    FILE *fp;
    if(sign==1)
        fp=fopen("memory.dat","r");
    else
        fp=fopen(namedat(thekey,15),"r");
    thekey[15]='\0';
    while(!feof(fp))
    {
        i=0;cont=0;
        fscanf(fp,"%s",str);
        tcount++;
        q=str;
        num=strlen(str);
        str[num]=',';
        str[num+1]=0;
        p=strchr(str,',');
        while (p!=NULL)
        {
            *p=0;
            strcpy(insto[i++],q);
            q=p+1;
            p=strchr(q,',');
        }
        for(ncount=0;ncount<select;ncount++)
        {
            if(!strcmp(trans[ncount],insto[transto[ncount]-1]))
                cont=cont+1;
        }
        if(cont!=select)
            continue;
        strcpy(thrd[nummax][0],insto[choice-1]);//对符合要求的信息进行记录
        strcpy(thrd[nummax][1],insto[8]);
        sum=sum+atoi(insto[8]);
        judge++;numstore[nummax]=tcount;nummax++;
    }
    if(judge==0)
    {
        printf("对不起！您输入的日期内无卫生记录\n");
        printf("%c",'\007');
    }
    fclose(fp);
    printf("共搜索到%d 个结果,占总数据的%f\n 平均成绩为%f。
    \n\n",nummax,(float)nummax/tcount,(float)sum/nummax);
    for(i=0;i<nummax-1;i++)//对统计结果按字典法排序
    {
        min=i;
        for(j=i+1;j<nummax;j++)
        {
            if((choice==1||choice==2)||choice==3)
            {
```

```
                if(atoi(thrd[i][0])>atoi(thrd[i+1][0]))
                    min=j;
            }
            else
            {
                if(strcmp(thrd[min][0],thrd[j][0])>0)
                    min=j;
            }
        }
        if(min!=i)
        {
            strcpy(temp[0],thrd[i][0]);
            strcpy(temp[1],thrd[i][1]);
            strcpy(thrd[i][0],thrd[min][0]);
            strcpy(thrd[i][1],thrd[min][1]);
            strcpy(thrd[min][0],temp[0]);
            strcpy(thrd[min][1],temp[1]);
        }
    }
    countsto[0]=0;countmax=1;          //合并相同项
    for(i=0;i<nummax;i++)
    {
        if(strcmp(thrd[i][0],thrd[i+1][0])!=0)
            countsto[countmax++]=i+1;
    }
    for(i=0;i<countmax-1;i++)          //统计各项总成绩
    {
        plu=0;
        strcpy(ret[i][0],thrd[countsto[i]][0]);
        for(j=countsto[i];j<countsto[i+1];j++)
            plu=atoi(thrd[j][1])+plu;
        itoa(plu/(countsto[i+1]-countsto[i]),Temp,10);
        strcpy(ret[i][1],Temp);
    }
    return countmax-1;                 //返回项的数目
}
```

/* 密码验证函数 */

```
void code()
{
    int i,res;
    char code[21],str[21],ori[]="123";
    FILE *fp;
    fp=fopen("code.txt","r");
    if(fp==NULL)
    {
        printf("%c",'\007');
        printf("\t你的初始密码为123，系统登录后请及时修改！\n");
        fp=fopen("code.txt","w+");
        Encry(ori);
        fputs(ori,fp);
        rewind(fp);
    }
    fscanf(fp,"%s",code);
    Encry(code);
    fclose(fp);
    printf("\t请输入密码：");
    for(i=1;;i++)
```

```
    {
        codeinput(str);            //密码输入
        printf("\n");
        res=strcmp(str,code);
        if(res==0)
            break;
        else if(i==3)
            {
                printf("%c",'\007');
                printf("\t 对不起！你不是本程序合法用户！\n\t 请按任意键结束\n");
                exit(0);
            }
        printf("%c",'\007');
        printf("\t 密码输入错误!\n\t 请重新输入：");
    }
    system("cls");
}
```

/* 显示结构体成员 */

```
void clew(int select)
{
    switch(select)
    {
    case 1:printf("月:");break;
    case 2:printf("日:");break;
    case 3:printf("周:");break;
    case 4:printf("星期");break;
    case 5:printf("楼:");break;
    case 6:printf("楼层:");break;
    case 7:printf("宿舍:");break;
    case 8:printf("值日人为");break;
    }
}
```

/* 程序开始时检查文件 */

```
void filecheck()
{
    FILE *fp;
    fp=fopen("key.txt","r+");
    if(fp==NULL)
    {
        printf("%c",'\007');
        printf("检测到缺失主要文件：\n");
        fp=fopen("key.txt","w+");
        create(1);
        system("cls");
    }
    else
        fscanf(fp,"%s",thekey);
    fclose(fp);
}
```

/* 输入结构体成员代号，返回其长度 */

```
int itemsize(int number)
```

```
{
    switch(number)
    {
    case 1:return 3;
    case 2:return 3;
    case 3:return 3;
    case 4:return 2;
    case 5:return 4;
    case 6:return 2;
    case 7:return 4;
    case 8:return 9;
    }
    return -1;
}
```

/* 输入满足条件的字符串 */

```
void strcheck(char *str,int len,int flag,char *strmin,char *strmax)
{
    int i;
    for(i=0;;i++)
    {
        scanf("%s",str);
        if(inspect(str,len,flag)==1)
        {
            if(flag==-1)
            {
                if(atoi(str)>=atoi(strmin)&&atoi(strmax)>=atoi(str))
                    break;
            }
            else
                break;
        }
        printf("输入中含有不被允许的字符或字符长度有误\n 请重新输入！ \n");
        printf("%c",'\007');
    }
}
```

/* 验证字符串的长度及类型 */

```
int inspect(char *str,int len,int flag)
{
    int i;
    if(flag==1)
        return 1;
    for(i=0;i<len;i++)
    {
        if(str[i]=='\0')
            break;
        switch(flag)
        {
            case -1:
                if(str[i]>47&&str[i]<58)
                    break;
                else
                    return -1;
            case 0:
                if((str[i]>47&&str[i]<58)||(str[i]>64&&str[i]<91)
                ||(str[i]>96&&str[i]<123))
                    break;
```

```
            else
                return -1;
        default:
            return -1;
        }
    }
    if(i==len)
        return -1;
    return 1;
}
```

/* 输入满足条件的整型数，并被返回 */

```
int numcheck()
{
    int i;
    char str[50];
    fflush(stdin);
    scanf("%s",str);
    for(i=0;i<50;i++)
    {
        switch(str[i])
        {
            case '\0':
            case '1':
            case '2':
            case '3':
            case '4':
            case '5':
            case '6':
            case '7':
            case '8':
            case '9':
            case '0':break;
            default :
                printf("%c",'\007');
                return -1;
        }
        if(str[i]=='\0') break;
    }
    str[i]='\0';
    return atoi(str);
}
```

/* 输入密码 */

```
void codeinput(char *str)
{
    int i;
    char ch;
    for(i=0;i<=20;)
    {
        ch=getch();
        if(ch=='\r')
        {
            str[i]='\0';
            break;
        }
```

```
            else if(ch=='\b')
                {
                    if(i>0)
                    {
                        printf("\b \b");
                        i=i-1;
                    }
                }
                else
                {
                    printf("*");
                    str[i]=ch;
                    i=i+1;
                }
        }
}
```

/* 密码加密 */

```
void Encry(char *str)
{
    int i,j=0,Len,Long;
    char code[]="▲◎☆★◇◆□■▽▼㊣";
    Len=strlen(code);
    Long=strlen(str);
    for (i=0;i<Long;i++)
    {
        str[i]=str[i]^code[j];
        j++;
        if (j==Len)
            j=0;
    }
}
```

/* 查询信息是选项提示 */

```
void show()
{
    printf("----------------------------------------------------------");
    printf(" ┌──────────┐ ┌──────────┐ ┌──────────┐ ┌──────────┐ ");
    printf(" │  1 月份   │ │  2 日号   │ │  3 周数   │ │  4 星期   │ ");
    printf(" └──────────┘ └──────────┘ └──────────┘ └──────────┘ ");
    printf(" ┌──────────┐ ┌──────────┐ ┌──────────┐ ┌──────────┐ ");
    printf(" │  5  楼号  │ │  6  楼层  │ │ 7 宿舍号  │ │ 8 值班人  │ ");
    printf(" └──────────┘ └──────────┘ └──────────┘ └──────────┘ ");
    printf("      ┌──────────────┐          ┌──────────────┐\n");
    printf("      │  9  退出程序  │          │  0  返回上层  │\n");
    printf("      └──────────────┘          └──────────────┘\n");
    printf("----------------------------------------------------------");
}
```

/* 显示对统计结果的评定 */

```
void logo(char *temp)
{
    int score=atoi(temp);
    switch(score/5)
    {
```

```
        case 19:printf("★★★★☆\tA级\t√\t  优");break;
        case 18:printf(" ★★★★ \tA级\t√\t  优");break;
        case 17:printf(" ★★★☆ \tB级\t√\t  良");break;
        case 16:printf("  ★★★  \tB级\t√\t  良");break;
        case 15:printf("  ★★☆  \tC级\t√\t  中");break;
        case 14:printf("   ★★   \tC级\t√\t  中");break;
        case 13:printf("   ★☆   \tD级\t√\t 及格");break;
        case 12:printf("    ★    \tD级\t√\t 及格");break;
        default:printf("    ☆    \tE级\t×\t不及格");break;
    }
}
```

第13章 应用实验

学习目标 通过本章介绍的实验，完成上机操作任务，将前面讲述的知识点应用于实践。

13.1 实验一 熟悉C语言的上机环境

一、实验目的

1. 了解并初步掌握编写简单C语言程序的方法。
2. 熟悉C语言上机环境Microsoft Visual C++ 6.0。
3. 初步了解程序调试方法以及VC6提供的调试工具。

二、实验内容及步骤

1. 打开VC6，观察其环境，记录下VC6的主要菜单，如File、Edit、View等。

2. 利用VC6创建一个工程，命名为FirstProject，然后在此工程中新建一个C源程序，命名为FirstProg.c（创建工程及源程序的过程见2.2节）。输入如下程序：

```
//This is the first C program.
#include <stdio.h>
void main()
{
   printf("I am very glad to see you, my first program!\n");
}
```

3. 编译并运行这个程序，结果如下图所示。

```
"C:\Documents and Settings\zhou\桌面\d.exe"
I am very glad to see you, my first program!

Process returned 0 (0x0)   execution time : 0.094 s
Press any key to continue.
```

4. 修改上面的程序：

```
//This is the first C program.
#include <stdio.h>
void main()
{
   printf("I am very glad to see you, my first program!\n");
   printf("Now try to compute the product of two numbers, input two numbers:");
   scanf("%d%d",&a,&b);
   c=a*b;
}
```

5．编译修改后的程序，输出窗口提示程序有错误：a、b、c 是“undeclared identifier”，即 a、b 和 c 是未定义的标识符。

6．再次修改：

```
//This is the first C program.
#include <stdio.h>
void main()
{
    int a,b,c;
    printf("I am very glad to see you, my first program!\n");
    printf("Now try to compute the product of two numbers, input two numbers:");
    scanf("%d%d",&a,&b);
    c=a*b;
}
```

7．编译并执行这个程序，输入两个整数，注意输入的两个数用空格或 Tab 键或 Enter 键隔开。发现程序没有输出计算结果。

8．再修改：

```
//This is the first C program.
#include <stdio.h>
void main()
{
    int a,b,c;
    printf("I am very glad to see you, my first program!\n");
    printf("Now try to compute the product of two numbers, input two numbers:");
    scanf("%d%d",&a,&b);
    c=a*b;
    printf("%d\n",c);
}
```

编译执行该程序，输入两个整数并按 Enter 键，显示所输入的两个整数的乘积。

9．试着调试下面的程序，实现求阶乘的功能。注意记录你的调试过程（调试方法见 2.3 节）。

```
#include <stdio.h>
/*返回 n 的阶乘*/
int Factorial(int n)
{
    int i;
    int Result;
    Result = n;
    for (i==0; i < n; i++)
        Result *= i;
    return Result;
}
void main()
{
    printf("What value?");
    scanf("%d",&n);
    printf("%ld",Factorial(n));
}
```

13.2 实验二 C 语言数据类型与数据运算的应用

一、实验目的

1．进一步熟悉 C 语言程序的编辑、编译、连接、运行的过程与方法。

2．掌握 C 语言基本数据类型、各种类型的运算符及表达式、转义字符等的使用方法。

3．掌握 C 语言定义变量以及对它们进行赋值的方法。

二、实验内容及步骤

1．仿照下例的操作，输出第 3 章给出的各例题的结果，并验证与你想的结果是否一致。例如：

```
#include <stdio.h>              //以下改变都是在原题的基础上单独进行
void main()
{
    char c1,c2;                 //第 4 行
    c1='x';                     //第 5 行
    c2='y';                     //第 6 行
    printf("%c,%c",c1,c2);      //第 7 行，输出小写字母 x,y
}
```

（1）将第 4 行改为“int c1,c2”，看输出结果。

（2）将第 5 行改为“c1=300”，看输出结果。

（3）将第 6 行改为“c1='y'”，看输出结果。

（4）将第 7 行改为“printf("%d,%d",c1,c2)”，看输出结果。

（5）将第 7 行改为“printf("%d,%d",c1+2,c2+256)”，看输出结果。

2．仿照下例的操作，输出第 3 章课后习题中第 1 题各小程序的结果，并验证与你想的结果是否一致。

例如：

```
#include <stdio.h>              //以下改变都是在原题的基础上单独进行
void main()
{
    int a=11;                   //第 4 行
    unsigned b=22;              //第 5 行
    float f=33;
    long l=44;
    double d=55;
    printf("%d,%d,%f,%ld,%lf\n",a,b,f,l,d);
    printf("%d",a);
}
```

（1）将第 4 行再增加两个整型变量 m 和 n 并给出一个初值，然后充分理解“m++、++m、m>>、m-=、m/=、m<<=、m%n、m&=、m|=、m==n、m!=n”等各种运算符的使用方法。

（2）充分理解“\b、\r、\f、\t、\\、\'、\"、\ddd、\xhh”等转义字符的含义及使用方法。

13.3 实验三 C 语言常用库函数

一、实验目的

进一步掌握用 C 语言编写程序的基本过程与方法。掌握 C 语言常用库函数的具体应用。

二、实验内容及步骤

1．运行下面的程序，观察输出结果。

```
#include <stdio.h>
void main()
{
    char c='A';                          //第 4 行
    int a=1234,b=-5678;                  //第 5 行
    float x=123.456;                     //第 6 行
    printf("c=%c,%d,%o,%x\n",c,c,c,c);
    c='\105';                            //第 8 行
    printf("%c\n",c);
    printf("%3s,%7.2s,%.4s,%-5.3s\n\n","DAY", "DAY", "DAY", "DAY");
    printf("a=%d,b=%d\n",a,b);
    printf("a=%4d a=%04d a=%-4d\n",a,a,a);
    printf("a=%2d a=%02d a=%-2d\n",a,a,a);
    printf("b=%8d b=%08d b=%-8d\n",b,b,b);
    printf("b=%3d b=%03d b=%-3d\n",b,b,b);
    printf("a=%8ld,a=%-8ld,b=%8ld,b=%-8ld\n\n",a,a,b,b);
    printf("%f,\t%e,\t%g\n",x,x,x);
    printf("%5.2f,\t %6.3e,\t%7.4g\n",x,x,x);
    printf("%10.3e,\t%010.1e,\t%015.5e\n",x,x,x);
}
```

（1）运行此程序，看输出结果。

（2）将第 4 行改为“c=a;/*不用单撇号*/”，运行程序，看输出结果。

（3）将第 5 行改为“int a=123,b=−456789;”，运行程序，看输出结果。

（4）将第 5 行改为“int a=12345,b=−45678;”，运行程序，看输出结果。

（5）将第 6 行改为“float x=1234.56789;”，运行程序，看输出结果。

（6）将第 8 行改为“c='\n';”，运行程序，看输出结果。

2．使用输入函数正确输入数据，观察程序执行结果。

```
#include <stdio.h>
void main()
{
    char s[20]; //第 4 行
    char c;
    int a,b;
    float x;
    printf("please input a string:");
    gets(s);                             //第 9 行
    puts(s);
    printf("please input a char:");
    c=getchar();                         //第 12 行
```

```
    putchar(c);
    putchar('\n');
    printf("Please input two integers:");
    scanf("%d %d",&a,&b);     //第16行
    printf("a=%d,b=%d\n",a,b);
    printf("Please input one float data:");
    scanf("%f",&x);           //第19行
    printf("%f,%e,%g\n",x,x,x);
}
```

（1）运行此程序，将一个长度小于 20 的字符串赋值给第 9 行的变量 s，看输出结果，并画出它在内存中的表示形式。

（2）运行此程序，将一个长度大于 20 的字符串赋值给第 9 行的变量 s，看输出结果，并画出它在内存中的表示形式。

（3）运行此程序，将一个长度大于 1 的字符串赋值给第 12 行的变量 c，看输出结果，并画出它在内存中的表示形式。

（4）运行此程序，将一个字符赋值给第 12 行的变量 c，看输出结果，并画出它在内存中的表示形式。

（5）运行此程序，将两个整数赋值给第 16 行的变量 a 和 b，看输出结果。

（6）运行此程序，将两个非整数赋值给第 16 行的变量 a 和 b，看输出结果。

（7）运行此程序，将一个非整数赋值给第 19 行的变量 x，看输出结果。

（8）运行此程序，将一个整数赋值给第 19 行的变量 x，看输出结果。

3．编程，测试 C 语言常用字符串运算函数。

参考程序：

```
#include <string.h>
# include "stdio.h"
void main( )
{
    char s1[30], s2[15];
    printf("please input two string:\n");
    gets(s1);
    gets(s2);
    puts(s1);
    puts(s2);
    strcat(s1,s2);
    puts(s1);
    strupr(s2);
    puts(s2);
    strcpy(s1,s2);
    puts(s1);
    printf("compare s1 with s2 =%d\n",strcmp(s1,s2));
    printf("%d\n",strlen(s1));
}
```

4．编程，测试 C 语言常用数学运算函数。

参考程序：

```
#include <stdio.h>
#include <math.h>
int main()
{
```

```
    int n1 =-123;
    float n2 =-321.00;
    double result, x1 = 4.0, x2 = 2.0, y = 3.0, x3 =9.3721, x4 = 800.8860,
x=0.5, number = 100.16, down, up;
    printf("number1: %d absolute value: %d\n", n1, abs(n1));
    printf("number2: %f absolute value: %f\n",n2,fabs(n2));
    result = exp(x1);
    printf("(e ^ %lf) = %lf\n", x1, result);
    printf("%lf ^ %lf is %lf\n", x2, y, pow(x2, y));
    result = log(x3);
    printf("The natural log of %lf is %lf\n", x3, result);
    result = log10(x4);
    printf("The common log of %lf is %lf\n", x4, result);
    result = sin(x);
    printf("The sin of %lf is %lf\n", x, result);
    result = asin(x);
    printf("The arc sin of %lf is %lf\n", x, result);
    result = cos(x);
    printf("The cos of %lf is %lf\n", x, result);
    result = acos(x);
    printf("The arc cosine of %lf is %lf\n", x, result);
    result = tan(x);
    printf("The tan of %lf is %lf\n", x, result);
    result = atan(x);
    printf("The arc tangent of %lf is %lf\n", x, result);
    x = 4.0;
    result = sqrt(x);
    printf("The square root of %lf is %lf\n", x, result);
    down = floor(number);
    up = ceil(number);
    printf("original number  %5.2lf\n", number);
    printf("number rounded down %5.2lf\n", down);
    printf("number rounded up %5.2lf\n", up);
    x1 = 5.0, y = 2.0;
    result = fmod(x1,y);
    printf("The remainder of (%lf / %lf) is \ %lf\n", x1, y, result);
    return 0;
}
```

13.4 实验四　顺序和选择结构程序设计

一、实验目的

1. 掌握编写顺序结构、选择结构程序的方法。
2. 熟练使用 if 和 switch 编写选择结构程序。
3. 结合程序掌握一些简单的算法。
4. 学习调试程序。

二、实验内容及步骤

1. 利用 VC6 编写如下程序，并逐步完成如下操作。

题目：有 3 个整数 a、b、c，由键盘输入，输出其中的最大数。

```
#include <stdio.h>
void main()
{
    int a,b,c;
    printf("请输入三个整数:");
    scanf("%d %d %d",&a,&b,&c);   /*第 6 行*/
    if(a<b)
       if(b<c)
           printf("max=%d\n",c);
           else printf("max=%d\n",b);
       else if(a<c)printf("max=%d\n",c);
           else printf("max=%d\n",a);
}
```

（1）启用 VC6 的调试器，利用单步跟踪功能，对上述程序进行调试。在调试过程中，利用 Variables 窗口观察程序中各个变量在每条语句执行前后的变化情况。

（2）将上述程序的第 6 行改为“scanf("%d,%d,%d",&a,&b,&c);”再输入 3 个变量的值，观察与修改前有什么区别。

（3）将上题利用如下方法进行改写，调试程序，通过 Variables 窗口观察程序中各个变量的变化。

```
#include"stdio.h"
void main()
{
    int a,b,c,temp,max;
    printf("input three integer:");
    scanf("d% d% d%",&a,&b,&c);
    temp=(a>b)?a:b;          /*temp 中保存的是 a 和 b 的最大值*/
    max=(temp>c)?temp:c;      /*max 中保存的是 a、b 和 c 的最大值*/
    printf("max=%d\n",max);
}
```

2．利用 VC6 编写如下程序，并逐步完成如下操作：

```
#include <stdio.h>
void main()
{
    int a,b,c;
    printf("Please input two integers: ");
    scanf("%d%d",&a,&b);
    printf("Before swap a=%d b=%d\n",a,b);
    c=a;
    a=b;
    b=c;
    printf("After swap a=%d b=%d\n",a,b);
}
```

（1）启用 VC6 的调试器，利用单步跟踪功能，对上述程序进行调试。在调试过程中，利用 Variables 窗口观察程序中变量 a、b、c 在每条语句执行前后的变化情况。

（2）指出本程序的功能，以及定义变量 c 的作用。

（3）设计另一种方法，实现 a 和 b 的交换。执行程序，检查结果是否正确。

3. 已知 $y=\begin{cases} x & (x<1) \\ 2x-1 & (1\leqslant x<10) \\ 3x-11 & (x\geqslant 10) \end{cases}$，试编写一个程序实现该功能（输入 x，输出 y 值）。

程序编写如下：

```
#include <stdio.h>
void main()
{
    int x, y;
    printf("input x:");
    scanf("%d", &x);
    if(x<1)                          //当 x<1 时,求对应 y 值
    {
        y=x;
        printf("x=%3d,y=x=%d\n",x,y);
    }
    else if(x<10)                    //第 12 行,当 1≤x<10 时,求对应 y 值
    {
        y=2*x-1;
        printf("x=%3d,y=2*x-1=%d\n",x,y);
    }
    else                             //当 x≥10 时,求对应 y 值
    {
        y=3*x-11;
        printf("x=%3d,y=3*x-11=%d\n",x,y);
    }
}
```

（1）启用 VC6 的调试器，利用单步跟踪功能对上述程序进行调试。分别输入值 20，0，-34，利用 Variables 窗口观察调试过程中变量 y 的值以及 if 语句的作用。

（2）将第 12 行改为“if(1<=x<10)”，观察程序会出现什么结果，请调试。

4. 利用 VC6 编写如下程序（例 5.6），并逐步完成如下操作：

```
#include <stdio.h>
void main()
{
    float a,b;
    char c;
    printf("input expression: a+(-,*,/)b \n");
    scanf("%f%c%f",&a,&c,&b);
    switch(c)
    {
    case '+':
        printf("%f\n",a+b);break;  //如果是'+'则执行加运算
    case '-':
        printf("%f\n",a-b);break;  //如果是'-'则执行减运算
    case '*':
        printf("%f\n",a*b); break; //如果是'*'则执行乘运算
    case '/':
        printf("%f\n",a/b); break;  //如果是'/'则执行除运算
    default:
        printf("input error\n"); //否则输入的字符 c 不是(+,-,*,/)
    }
}
```

（1）启用 VC6 的调试器，利用单步跟踪功能对上述程序进行调试。分别输入 8+6、8-6、8×6、8/6、利用单步跟踪观察 switch 语句和 break 语句的作用。

（2）将上述程序的各个 case 子句改变一下顺序，再输入上述表达式，运行结果还正确吗？为什么？

（3）将上述程序中的 break 语句删除一些或者全部删除，再输入上述表达式进行调试，执行顺序和结果还正确吗？为什么？

（4）把各个 break 语句添加上，并删除 default 子句，运行程序并输入 a=b，运行结果是什么？为什么？

（5）在该程序中，当输入 3/2 时，我们希望得到的结果为两位小数，应该怎样修改程序？

5．在 VC6 中执行或者调试如下程序。

输入年份和月份，求该月有多少天。代码如下：

```
#include <stdio.h>
void main()
{int year,month,days;
 printf("Enter year and month: ");
 scanf("%d%d",&year,&month);
 switch(month)
 { case 1:  case 3:  case 5:  case 7:
   case 8:  case 10:  case 12:                //处理"大"月
          days=31;break;
   case 4:  case 6:  case 9:  case 11:        //处理"小"月
          days=30;break;
   case 2:                                    //处理"平"月
         if(year%4==0&&year%100!=0||year%400==0)
              days=29;                        //闰年
         else days=28;                        //不是闰年
         break;
   default:  printf("Input error!  \n");      //月份输入错误
           days=0;
   }
   if(days!=0) printf("%d, %d is %d days\n",year,month,days);
 }
```

请回答：

（1）上述程序是否符合编码风格？如果不符合，应该如何修改？

（2）最后一条 if 语句的功能是什么？为什么要加这条语句？

（3）如果删除所有 break 语句，还能得到正确结果吗？为什么？

13.5 实验五　循环结构程序设计

一、实验目的

1．熟悉掌握用 while 语句、do…while 语句和 for 语句实现循环的方法。

2．掌握在程序设计中用循环的方法实现一些常用算法（如穷举、迭代、递推等）。进一步学习调试过程。

3．体会三种循环控制语句的区别和联系。

二、实验内容及步骤

1．利用 VC6 编写如下程序（例 5.7），并逐步完成如下操作。

```
#include<stdio.h>
void main()
{
    int n=0;
    printf("请输入一串字符:\n");
    while (getchar()!='\n')n++;       //循环条件为 getchar()!='\n',循环体为 n++
    printf("输入字符的总个数为: %d",n);
}
```

（1）启用 VC6 的调试器，利用单步跟踪功能，对上述程序进行调试。注意观察 while 循环的执行过程。

（2）如果将 n++语句和最后一条 printf 语句用一对花括号括起来，将会出现什么现象，试调试程序。

2．利用 VC6 编写如下程序（例 5.8），并逐步完成如下操作。

```
#include <stdio.h>
void main()
{
    int sum=0,n;
    do
    {
        printf("请输入一个整数");
        scanf("%d",&n);
        if (n%2==0)        //判断是否是偶数,若是则输出,并进行累加
        {
            printf("n=%d 是一个偶数! \n",n);
            sum+=n;
        }
        else printf("n=%d 是一个奇数!\n",n);
    }while(n!=0);              //直到用户输入 0 结束
    printf("输入数据中所有偶数的和为: %d",sum);
}
```

（1）启用 VC6 的调试器，利用单步跟踪功能，对上述程序进行调试。注意观察 do…while 循环的执行过程。

（2）将上述程序的第 6 行和第 15 行的一对花括号删除，运行结果还正确吗？为什么？单步跟踪修改后的程序，验证你的结论。

（3）指出在 do…while 循环体中的 if 语句的功能。

3．利用 VC6 编写如下程序（例 5.9），并逐步完成如下操作。

```
#include <stdio.h>
void main()
{
    int sum=0,i;
    for (i=1;i<=100;i++)
        sum+=i;
```

```
    printf("sum=%d\n",sum);
}
```

（1）启用 VC6 的调试器，利用单步跟踪功能对上述程序进行调试。注意观察 for 循环中各个表达式的作用以及 for 循环的执行过程。

（2）依次根据本例题下面的“说明”删除 for 语句中的表达式，为保证程序的正确执行，请调试本程序。

（3）对比删除 for 语句各个表达式后的程序和删除前的程序，哪个程序执行更快？

4．猴子吃桃问题。猴子第一天摘下若干个桃子，吃了一半，还不过瘾，又多吃了一个。第二天早上又将剩下的桃子吃掉一半，又多吃了一个。以后每天早上都吃了前一天剩下的一半零一个。到第 10 天早上想再吃时，就只剩一个桃子了。求第一天共摘多少桃子？

程序如下：

```
#include <stdio.h>
void main( )
{
    int day，x1，x2；
    day＝10；x2＝1；
    while(day>0)
   {
        x1＝2(x2＋1)；        /*第 1 天的桃子数是第 2 天桃子数加 1 后的 2 倍*/
        x2＝x1；
        day--；
    }
printf("total＝%d\n"，x1)；
}
```

（1）编译这个程序，有没有错误？应如何修改？

（2）执行修改后的无语法错误的程序，正确的结果应该是：total＝1534，看能否得到正确结果？为什么？请修改。

13.6 实验六 循环嵌套程序设计

一、实验目的

1．了解 goto 语句的使用方法。

2．熟悉 break 和 continue 的使用方法。

3．掌握三种控制结构语句的嵌套使用。

二、实验内容及步骤

1．利用 VC6 编写如下程序，并进行单步跟踪，体会 goto 语句的作用。

```
#include <stdio.h>
void main()
{
    int sum=0,n=0;
    loop:
```

```
    sum+=n;
    n+=2;
    if (n<=100)
       goto loop;
    printf("sum=%d",sum);
}
```

2．利用 VC6 编写如下程序（例 5.10），并启用 VC6 的调试器，利用单步跟踪功能对程序进行调试。注意观察 break 语句的作用。

```
#define PI 3.1415926
#include <stdio.h>
void main()
{
    float area;
    int r;
    for (r=1;r<=20;r++)
    {
       area=PI*r*r;
       if (area>200)
          break;      //若面积大于 200 则退出整个循环
       printf("%f\n",area);
    }
}
```

3．利用 VC6 编写如下程序（例 5.11），并启用 VC6 的调试器，利用单步跟踪功能对程序进行调试。注意观察 continue 语句的作用。

```
#include <stdio.h>
void main()
{
    int n;
    for( n=7; n<=100; n++)
    {
       if (n%7!=0)
          continue;     //如果不能被 7 整除,则进行下次循环
       printf("%d",n);
    }
}
```

4．利用 VC6 编写如下程序（例 5.12），并启用 VC6 的调试器，利用单步跟踪功能对程序进行调试。注意观察各个循环控制语句的执行过程。利用 Variables 窗口观察各个循环控制变量的变化。

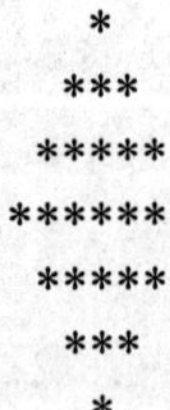

解法 1：用两层 for 循环实现

```
#include <stdio.h>
void main()
{int   i,j,k;
for(i=1;i<=4;i++)                    //输出前 4 行
```

```
{for(j=1;j<=4-i;j++)                    //控制输出每一行的空格数
    printf(" ");
for(k=1;k<=2*i-1;k++)                   //控制输出每一行的*个数
    printf("*");
printf("\n");
}
for(i=3;i>=1;i--)                       //输出后 3 行
{for(j=1;j<=4-i;j++)                    //控制输出每一行的空格数
    printf(" ");
for(k=1;k<=2*i-1;k++)                   //控制输出每一行的*个数
    printf("*");
printf("\n");
}
}
```

解法 2：用 while 循环和 for 循环共同实现

```
#include <stdio.h>
void main()
{ int  m=1,n=3,j,k;
  while(m<=4)                          //输出前 4 行
    { for(j=1;j<=4-m;j++)              //控制输出每一行的空格数
         printf(" ");
      for(k=1;k<=2*m-1;k++)            //控制输出每一行的*个数
         printf("*");
      printf("\n");
      m++;
    }
    while(n>=1)                        //输出后 3 行
      {for(j=1;j<=4-n;j++)             //控制输出每一行的空格数
         printf(" ");
      for(k=1;k<=2*n-1;k++)            //控制输出每一行的*个数
         printf("*");
      printf("\n");
      n--;
      }
}
```

5．利用 VC6 编写如下程序，并逐步完成如下操作。

```
#include <stdio.h>
void main()
{
 int m,k,i,n=0;
 for(m=101;m<=200;m=m+2)
 {
   k=m-1;
   for(i=2;i<=k;i++)
      if(m%i==0)break;              //第 9 行
   if(i>=k+1)
      {
        printf("%d,",m);
        n=n+1;
      }
    if(n%5==0)printf("\n");
  }
 printf("\n");
}
```

（1）启用 VC6 的调试器，对上述程序进行调试。注意观察 for 循环的执行过程。

（2）通过观察结果，指出程序的功能。

（3）将第 9 行的 break 语句删除，会出现什么结果？单步跟踪修改后的程序，验证你的结论。

13.7 实验七 一维和二维数组的使用

一、实验目的

1. 掌握一维数组和二维数组的定义、初始化和引用方法。
2. 熟练掌握一维数组与二维数组的常见算法。

二、实验内容及步骤

1. 对于如下程序，逐步完成以下操作。

```
#define NUM 20    //使用符号常量定义教师人数可以方便人数变化
void main()
{
    int i,pay[NUM];
    //依次读入 20 位教师的工资
    for (i=0;i<NUM;i++)
    {
        printf("请输入第%d 位教师的工资:",i+1);
        scanf("%d",&pay[i]);
    }
    //公布 20 位教师的工资
    printf("\n 教师工资公布如下:\n");
    for (i=0;i<NUM;i++)
    {
        if (i%5==0) printf("\n");      //每输出 5 人工资换一次行
        printf("第%d 位教师的工资为:%5d\n ",i+1,pay[i]);
    }
}
```

（1）使用 VC6 的单步跟踪功能和 Variables 窗口调试程序，注意观察数组的使用和变化情况。

（2）将程序修改为：

```
void main()
{
    int NUM=20,i,pay[NUM];
    //依次读入 20 位教师的工资
    for (i=0;i<NUM;i++)
    {   printf("请输入第%d 位教师的工资:",i+1);
        scanf("%d",&pay[i]);
    }
    //公布 20 位教师的工资
    printf("\n 教师工资公布如下:\n");
    for (i=0;i<NUM;i++)
```

```
    {  if (i%5==0) printf("\n");       //每输出 5 人工资换一次行
       printf("第%d 位教师的工资为:%5d\n ",i+1,pay[i]);
    }
}
```

编译这个程序，出现什么错误？为什么？

2．对于如下程序，逐步完成以下操作。

```
#include <stdio.h>
void main()
{
    int a[5][6];
    int i,j;
    for(i=0;i<5;i++)
    {
        a[i][5]=0;                    //第 i 位教师的总工资赋初始值为 0
        scanf("%d",&a[i][0]);         //输入第 i 位教师的教工号
        for(j=1;j<5;j++)
        {
            scanf("%d",&a[i][j]);     //输入第 i 位教师的各项工资
            a[i][5]=a[i][5]+a[i][j];//计算第 i 位教师的总工资
        }
    }
    printf("         教师工资表\n");
    printf(" ----------------------------------------------\n");
    printf("教工号    基本    出勤    绩效    奖金    总工资 \n");
    for(i=0;i<5;i++)              /*第 19 行*/
    {
       printf(" ----------------------------------------------\n");
       for(j=0;j<6;j++)
       printf("%d\t",a[i][j]);
       printf("\n");
    }
    printf(" ----------------------------------------------\n");
}
```

（1）使用 VC6 的单步跟踪功能和 Variables 窗口调试程序，注意观察数组的使用和变化情况。

（2）将程序中第 19 行改为“for(i=0;i<=5;i++)”，编译这个程序，会出现错误吗？运行结果如何，为什么？

3．对例 6.2 进行修改：如果在输入某个儿童体重时，发现有体重小于 9kg 者，打印一个通知，通知该儿童需要提高饮食营养（提示：用 for 循环将每个儿童的体重与平均体重进行比较）。

4．对例 6.5 进行修改：对某学校输入的 20 位教师的工资按由小到大的顺序排序，并进行输出，要求用选择法实现。

5．对例 6.5 进行修改：对某学校输入的 20 位教师的工资按由小到大的顺序排序，并进行输出，要求用冒泡法实现。

6．对例 6.7 进行修改：已知 10 位教师的工资已按由大到小的顺序排列好，输入一位教师的工资，用折半查找法找出他在教师工资序列中的位置。

7．对例 6.9 字模程序进行修改：在元素值为 0 的地方打出“*”，而在元素值为 1 的地

方打出空格，试修改源程序，并观看输出效果。

8．杨辉三角形式如下，编程输出杨辉三角的前 10 行。

```
1
1   1
1   2   1
1   3   3    1
1   4   6    4    1
1   5   10   10   5   1
```

13.8 实验八　字符数组及其应用

一、实验目的

1．掌握字符数组的存储形式及字符数组与字符串的区别和联系。

2．掌握字符数组的常见算法。

二、实验内容及步骤

1．分析并运行以下程序。

```
#include <stdio.h>
void main()
{
    int a[3]={1,4},b[3];
    char str1[]={'A','B','C'};
    char str2[]={'A','B','\0','C','\0','\0'};
    float aver;
    printf("%d\n",a[2]);
    aver=(a[0]+a[1]+a[2])/3;
    printf("%f\n",aver);
    printf("%d\n",b[0]);
    scanf("%d%d", &b[1] ,&b[2]);
    b[3]=b[1]+b[2];
    printf("%d\n",b[3]);
    printf("str1: %s\n",str1);
    printf("str2: %s\n",str2);
}
```

2．运行如下程序观察并分析运行结果。

```
#include<stdio.h>
void main()
{
    int i;
    char c1,c2,ctemp;
    char str1[20],str2[20];
    /*以下语句执行结果与通常预期不同，注意测试，因为输入时的回车符会被当作第二个输入语
句的输入加以接收*/
    scanf("%d",&i);
    scanf("%c",&c1);
```

```
    printf("error1\n");
    scanf("%c",&c1);
    scanf("%c",&c2);
    printf("error2\n");
    scanf("%d",&i);
    gets(str1);
    printf("error3\n");
    scanf("%c",&c1);
    gets(str1);
    printf("error4\n");
    scanf("%s",str1);
    gets(str2);
    printf("error5\n");
    /*以下语句能避免上述问题，试分析原因*/
    scanf("%d",&i);
    scanf("%c",&ctemp);
    scanf("%c",&c1);
    printf("ok1\n");
    scanf("%c",&c1);
    scanf(" %c",&c2); /*注意%c 前有一个空格*/
    printf("%c ok2\n",c2);
    scanf("%d",&i);
    scanf("%s",&str1);
    printf("%s ok3\n",str1);
    scanf("%c",&c1);
    scanf("%s",&str1);
    printf("%s ok4\n",str1);
    gets(str1);
    gets(str2);
    printf("ok5\n");
}
```

3. 对于如下程序：

```
#include <stdio.h>
void main()
{
    char s[20],temp[20],x;
    int i,j;
    gets(s);
    printf("delete?");
    scanf("%c",&x);
    for(i=0,j=0;  i<strlen(s);  i++)
    {
        if(s[i]!=x)
        {
            temp[j]=s[i];
            j++;
        }
    }
    temp[j]='\0';
    strcpy(s,temp);
    puts(s);
}
```

运行结果为：

```
how do you do?
```

```
delete?o
hw d yu d?
```

上述算法中多使用了一个临时数组空间 temp，如果不用 temp 数组，直接将 temp 数组改为 s 数组可以吗？为什么？试修改程序，观察并分析运行结果。

4．输入一行字符，统计其中的单词个数，单词间以空格分开。

算法设计思想：引入变量 word，标志是否找到一个单词。word=0 代表没有找到（当前字符是空格），否则代表找到一个单词。扫描字符串时，发现一个空格则将 word 置 0；一旦发现一个单词（word 当前值为 0 且所扫描字符不是空格）就将单词个数 count 加 1，并将 word 置 1。

13.9 实验九 函数的基本使用方法

一、实验目的

1．巩固库函数的使用方法。
2．掌握定义自定义函数的方法。
3．掌握参数传递的方法并了解其原理。
4．熟悉调用函数的方法。

二、实验内容及步骤

1．利用 VC6 编写如下程序，用 VC6 的单步跟踪功能和 Variables 窗口对下述程序进行调试。注意观察函数执行过程（要用 Step Into）和函数参数的变化。

```
#include <stdio.h>
int max(int x,int y)
{
    if (x>y)
        return x;
    else
        return y;
}
void main()
{
    int a,b;
    scanf("%d%d",&a,&b);
    printf("the max of %d and %d is %d\n",a,b,max(a,b));
}
```

2．利用 VC6 编写如下程序，用 VC6 的单步跟踪功能和 Variables 窗口对下述程序进行调试。注意观察函数执行过程（要用 Step Into）和函数参数的变化，体会为什么没有实现两个参数的交换（原因在于函数参数采用传值方式传递，形式参数的变化不会影响实参）。

```
#include <stdio.h>
void swap(int x,int y)
{
    int temp;
    printf("in swap function before swap: x=%d,y=%d\n",x,y);
```

```
    temp=x;
    x=y;
    y=temp;
    printf("in swap function after swap: x=%d,y=%d\n",x,y);
}
void main()
{
    int a,b;
    printf("input two integers:");
    scanf("%d%d",&a,&b);
    printf("in main function before swap: a=%d,b=%d\n",a,b);
    swap(a,b);
    printf("in main function after swap: a=%d,b=%d\n",a,b);
}
```

3．编写完成如下功能的函数，并用 main()函数进行调用，验证你所设计的函数是否正确。要求首先给出流程图或者 N-S 图。

（1）求用户输入的若干个数的最小值的函数，要求将最小值作为函数的返回值。

（2）求两个给定的正整数的最大公约数的函数，并求它们的最小公倍数的函数，要求将计算结果作为函数的返回值。

（3）对你所设计的函数，如果要求 main()函数定义尽量少的变量，应该如何修改？

（4）如果你所定义的函数是在 main()函数之后，应该如何修改？

4．编写一个函数 int BubbleSort(int Arr[],int n)。其中，Arr[]是一个数组，n 是数组的长度。要求在该函数中使用冒泡排序算法对数组 Arr 排列成递增序，并返回元素交换的次数。注意理解使用数组作为函数参数的方法。

13.10　实验十　函数的嵌套和递归

一、实验目的

1．掌握函数的嵌套调用方法。

2．了解函数的递归调用方法。

3．掌握局部变量、全局变量和静态变量、动态变量的使用。

二、实验内容及步骤

1．利用 VC6 编写如下程序，用 VC6 的单步跟踪功能和 Variables 窗口对下述程序进行调试。注意观察函数的嵌套执行过程（要用 Step Into），并记录程序中各个函数的各个变量的变化情况，体会局部变量的作用域。

```
#include <stdio.h>
long square(int p)
{
    int k;
    k=p*p;
    return k;
}
```

```
long factor(int q)
{
    long c=1;
    int i;
    long j;
    j=square(q);
    for(i=1;i<=j;i++)
        c=c*i;
    return c;
}
void main()
{
    int i;
    int n;
    long s=0;
    scanf("%d",&n);
    for(i=1;i<=n;i++)
        s=s+factor(i);
    printf("s=%ld\n",s);
}
```

2. 利用 VC6 编写如下程序，用 VC6 的单步跟踪功能和 Variables 窗口对下述程序进行调试。注意观察递归函数执行过程（要用 Step Into）和函数参数的变化。

```
#include <stdio.h>
long Fibonacci(int k)
{
    if (k==0 || k==1 )
        return 1;
    else
        return Fibonacci(k-1)+Fibonacci(k-2);
}
void main()
{
    int n;
    scanf("%d",&n);
    printf("result is %ld.\n",Fibonacci(n));
}
```

3. 运行下面的程序，看看可以实现什么功能。

```
#include <stdio.h>
void fun(int a)
{
    int i;
    if (a==1)
    {
        printf("*\n");
        return;
    }
    for (i=0;i<a;i++)
        printf("*");
    printf("\n");
    fun(a-1);
}
void main()
{
    fun(4);
}
```

输出结果如下所示。

```
"C:\Documents and Settings\zhou\桌面\d.exe"
****
***
**
*

Process returned 0 (0x0)   execution time : 0.015 s
Press any key to continue.
```

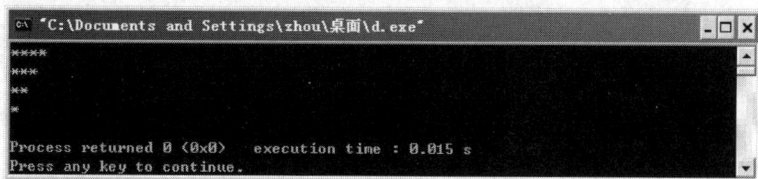

13.11　实验十一　指针的定义与使用

一、实验目的

1. 掌握指针变量与其他类型变量的区别。
2. 掌握函数参数中使用指针的方法。

二、实验内容及步骤

1. 对于如下程序，逐步完成以下操作。

```
#include <stdio.h>
void main()
{
    int *p_max,*p_min,*p,a,b;
    printf("请输入两个整数 a 和 b\n");
    scanf("%d,%d", &a, &b);
    p_max = &a;
    p_min = &b;
    p = p_max;
    p_max = p_min;
    p_min = p;
    printf("\na=%d, b=%d\n",a,b);
    printf("max=%d, min=%d\n", *p_max, *p_min);
}
```

（1）利用 VC6 的单步跟踪功能和 Variables 窗口调试该程序，并观察变量 a、b、p_max、p_min 以及*p_max、*p_min 的变化情况。

（2）为什么 a 和 b 的值没有发生变化？

（3）分析一下，*和&两个符号在 C 语言中都有哪些作用？这些作用分别用在哪些场合？

2. 对于如下程序，逐步完成以下操作。

```
void swap(int *p1, int *p2)
{
    int temp;
    temp = *p1;
    *p1 = *p2;
    *p2 = temp;
}
void main()
{
    int *p_max, *p_min, a, b;
    printf("请输入两个数 a 和 b\n");
```

```
    scanf("%d,%d", &a, &b);
    p_max = &a;
    p_min = &b;
    /*若 a 比 b 小则需交换指针 p_max 和 p_min 所指向的变量*/
    if (a < b)
        swap(p_max, p_min);
    printf("\n%d, %d\n", a, b);
}
```

（1）利用 VC6 的单步跟踪和 Variables 窗口调试这个程序，并观察各个变量的变化情况。分析为什么能够实现两个量的交换。

（2）使用如下 3 个函数代替 swap 函数，是否能够实现交换？为什么？运行对应的程序来验证你的分析。

```
void swap1(int *p1, int *p2)
{
    int *temp;
    *temp = *p1;
    *p1 = *p2;
    *p2 = *temp;
}
void swap2(int i, int j)
{
    int temp;
    temp = i;
    i = j;
    j = temp;
}
void swap3(int *p1, int *p2)
{
    int *temp;
    temp = p1;
    p1 = p2;
    p2 = temp;
}
```

3．编写一个函数 getminitem，求一个整型数组中所有数的最小值。

函数原型：int getminitem(int &, int *);

要求：返回值为最小值元素的下标；函数的参数为整型数组的首地址和存储最小元素的变量地址。

13.12 实验十二 指针与数组、函数

一、实验目的

1．掌握使用指针处理数组的方法，重点掌握通过指针访问一维数组元素的方法。

2．掌握使用指针处理字符串的方法。

二、实验内容及步骤

1．对于如下程序，使用单步跟踪和 Variables 窗口，观察并分析变量的变化情况。

```
#include<stdio.h>
void main( )
{
    int a[5],b[5],c[5];
    int *p;
    int i;
    printf("输入数组 a: ");
    for(i=0;i<5;i++)
        scanf("%d",&a[i]);     //下标法输入元素 a[i]
    printf("数组 a 为: ");
    for(i=0;i<5;i++)
        printf("%d ",a[i]);    //下标法输出数组元素 a[i]
    printf("\n");
    printf("输入数组 b: ");
    for(i=0;i<5;i++)
        scanf("%d",b+i);       //借助数组名用指针法输入数组元素 b[i]
    printf("数组 b 为: ");
    for(i=0;i<5;i++)
        printf("%d ",*(b+i));  //借助数组名用指针法输出数组元素 b[i]
    printf("\n");
    printf("输入数组 c: ");
    for(p=c;p<c+5;p++)         //第 22 行
        scanf("%d",p);         //第 23 行,借助指针变量用指针法输入数据到 p 所指向的存储单元
    printf("数组 c 为: \n");
    for(p=c;p<c+5;p++)         //第 25 行
        printf("%d ",*p);      //借助指针变量用指针法输出 p 所指向的数组元素
    printf("\n");
}
```

2．定义一个函数返回一维数组中的最大值，在主函数中调用，然后输出结果。

3．编写一个程序，接受用户输入的一行字符，以 Enter 键结束，分别统计其中的大写字母、小写字母、空格、数字和其他字符的个数（要求用指针实现）。

13.13 实验十三 结构体、共用体与链表

一、实验目的

1．掌握结构体类型与结构体变量的定义、引用和初始化方法，熟悉结构体与共用体的区别。

2．掌握链表的概念和相关操作。

3．了解枚举类型和共用体类型的概念及其使用方法。

二、实验内容及步骤

1．分析并测试以下程序的输出结果。

```
#include<stdio.h>
void main()
{
    struct date
```

```
    {
        int year;
        int month;
        int day;
    };
    struct student
    {
        int num;
        char name[20];
        char sex;
        struct date birthday;
        float score;
    };
    struct student stu;
    printf("请输入学生学号:");
    scanf("%d",&stu.num);
    printf("请输入学生姓名:");
    scanf("%s",stu.name);
    printf("请输入学生性别:");
    scanf(" %c",&stu.sex);
    printf("请输入学生出生日期:");
    scanf("%d%d%d",&stu.birthday.year,&stu.birthday.month,&stu.birthday.day);
    printf("请输入学生成绩:");
    scanf("%f",&stu.score);
    printf("学号:%d\n 姓名:%s\n 性别:%c\n 出生日期:%d 年%d 月%d 日\n 成绩:
    %6.1f\n",stu.num,stu.name,
    stu.sex,stu.birthday.year,stu.birthday.month,stu.birthday.day,stu.score);
}
```

2. 下面的程序用于创建一个链表，使用单步跟踪，逐步观察各个变量，特别是 head 和 p 的变化情况，熟悉链表的创建过程。

```
#include<stdio.h>
#include<malloc.h>
struct student
{
    int num;
    float score;
    struct student *next;
};
struct student *create(int n)
{
    struct student *head=NULL,*p1,*p2;
    int i;
    for(i=1;i<=n;i++)
    {
        p1=(struct student *)malloc(sizeof(struct student));
        printf("请输入第%d 个学生的学号及考试成绩:\n",i);
        scanf("%d%f",&p1->num,&p1->score);
        p1->next=NULL;
        if(i==1)
            head=p1;
        else
            p2->next=p1;
        p2=p1;
    }
    return(head);
}
```

```
void main()
{
    struct student *p;
    p=create(10);
    while(p!=NULL)
    {
        printf("学号:%d 成绩:%3f\n",p->num, p->score);
        p=p->next;
    }
}
```

3．编写一个程序，输入秒数，计算对应的小时数、分钟数和秒数。

4．使用指针变量输入员工编号、姓名及其工资，并计算平均工资。

5．编写一个函数，将两个链表合并为一个链表。

13.14　实验十四　文件的使用

一、实验目的和要求

1．掌握文件和文件指针的概念以及文件的定义方法。

2．理解文件打开和关闭的概念和方法并熟练使用各种文件读写函数。

3．了解文件的定位和检测函数。

二、实验内容及步骤

1．对 data.dat 文件写入 100 条记录。

```
#include <stdio.h>
main()
{ FILE *fp;
int i;
float x;
fp=fopen("date.dat","w");
for(i=1;i<=100;i++)
{scanf("%f",&x);
fprintf(fp,"%f\n",x);
}
fclose(fp);
}
```

2．设有一个文件 cj.dat，存放了 50 个人的成绩（英语、计算机、数学），存放格式为：每人一行，成绩间由逗号分隔。计算三门课的平均成绩，统计个人平均成绩大于或等于 90 分的学生人数。

```
#include <stdio.h>
void main()
{ FILE *fp;
int num;
float x , y , z , s1 , s2 , s3 ;
fp=fopen ("cj.dat","r");
{fscanf (fp,"%f,%f,%f",&x,&y,&z);
s1=s1+x;
```

```
s2=s2+y;
s3=s3+z;
if((x+y+z)/3>=90)
num=num+1;
}
printf("分数高于 90 的人数为: %.2d",num);
fclose(fp);
}
```

3．执行如下程序，分析并观察其结果。

```
#include <stdio.h>
#define MAX_STUDENT 100  //用常量控制最大可以输入 100 名学生
struct stu
{
   long no;
   char name[20];
   int age;
   double score;
};     /*存储学生信息的结构体类型 */
void main()
{
   struct stu student[MAX_STUDENT]; /*存储学生信息*/
   FILE *fp;
   int sum,i;
   /*要输入的学生数*/
   printf("How many Students? ");
   scanf("%d",&sum);
   /*输入每个学生信息*/
   printf("%d",sum);
   for(i=0;i<sum;++i)
   {
      printf("\n Input score of student %d:\n",i+1);
      printf("No.    : ");
      scanf("%ld",&student[i].no);
      printf("Name   : ");
      scanf("%s",student[i].name);
      printf("Age    : ");
      scanf("%d",&student[i].age);
      printf("Score : ");
      scanf("%lf",&student[i].score);
   }
   /*将数据写入文件*/
   fp=fopen("student.txt","w");
   for(i=0;i<sum;++i)
   {
      if(fwrite(&student[i],sizeof(struct stu),1,fp)!=1)
      printf("File student.dat write error\n");
   }
   fclose(fp);
   /*检查文件内容*/
   fp=fopen("student.txt","r");
   for(i=0;i<sum;i++)
   {
      fread(&student[i],sizeof(struct stu),1,fp);
      /*fread 以相同方式读出用 fwrite 写入的数据*/
      printf("%ld,%s,%d,%lf\n",student[i].no,
student[i].name,student[i].age,student[i].score);
```

```
        /*屏幕显示,检查数据*/
    }
    fclose(fp);
}
```

4. 使用 fgets 函数编写程序，实现从屏幕上输入一行的 getline 函数，并测试其功能。

函数原型：int getline(char *line, int max)

其中，line 是存储输入行的缓冲区，max 是一行的最大长度，返回值为实际读取的长度。

13.15　实验十五　综合性实验

一、实验目的

在掌握 C 语言基础知识、数组、指针、结构体、文件等相关内容的基础上，灵活运用所学知识设计不同的应用软件。掌握利用 C 语言设计应用程序的方法与步骤，加深对本课程所学知识的理解，提高利用知识解决实际问题的能力。

二、实验内容

本实验具体包含以下过程和知识点。

1. 按照实验项目的要求进行选题，并对问题进行分析。
2. 按照实验项目的选题要求进行算法开发，并对算法进行优化、测试、证明。
3. 按照最后确定的算法进行算法实现。
4. 编写相关代码并在 Visual C++ 6.0 或 TC2.0 环境下调试运行。
5. 系统应利用的知识：数组、指针、结构体、文件等。
6. 系统应完成的功能：录入、编辑、查找、排序、增加、删除、输出等。

参考题目 1　学生成绩管理

传统的学生成绩管理一般采用人工工作方式，这是一项非常繁重而枯燥的劳动，耗费许多人力物力，并且可靠性很差。在计算机飞速发展的今天，实现学生成绩的计算机管理是可行而必要的工作，它不但是学校成绩统计工作的基础，也是许多其他工作顺利开展的基础。因此，建立一个操作简单、内容详细的学生成绩管理系统是很有必要的，不仅可以提高工作效率和管理水平，而且方便学生对成绩的查询，具有检索迅速、查找方便、可靠性高、储存量大、保密性好、寿命长、成本低等特点。通过对现实工作的需求分析，用户可以分别以管理员角色或学生角色进入并使用系统，注意角色的身份验证。系统需求如表 1 所示。

表 1　学生成绩管理功能需求表

角色	功能	子功能	备注
管理员部分	身份管理	验证身份	主要功能是建立班级信息，对已建立的班级的学生信息进行编辑，可以按不同的方式查询和显示信息
		修改身份	
	编辑信息	添加信息	
		删除信息	
		修改信息	
		备份信息	
		恢复信息	
		格式化信息	
	查询信息	按学号查询学生信息	
		按姓名查询学生信息	
		按名次查询学生信息	
		按成绩查询学生信息	
	显示信息	显示所有学生信息	
		显示所有及格学生信息	
		显示所有不及格学生信息	
		按学号排序显示	
		按姓名排序显示	
		显示指定分数段中的学生信息	
		显示前 n 名学生信息	
		显示前 1/n 的学生信息	
		显示后 n 名学生信息	
		各分数段的统计显示	
学生部分	查询信息	显示登录者个人信息	主要功能是对已建好学生成绩的班级进行相关查询，并显示登录者所在班级的相关信息
		显示登录者所在班级所有学生信息	
		显示登录者所在班级所有及格学生信息	
		显示登录者所在班级所有不及格学生信息	
		按登录者所在班级所有学号排序显示	
		按登录者所在班级所有姓名排序显示	

参考题目 2　设备管理

随着现代化技术的不断推进，现代化设备也大幅度增长，在给人们提供更加舒适自如的办公环境的同时，设备管理工作的麻烦也困扰着管理人员，如果不能及时有效地管理现有的设备信息，就会给工作带来不可预测的麻烦，甚至会有很大的经济损失。因此，建立一个设备管理系统是很有必要的，既可以提高工作效率和管理水平，又方便用户对设备进行查询，具有检索迅速、查找方便等特点。系统需求如表 2 所示。

表 2 设备管理功能需求表

功能	子功能	备注
身份管理	验证身份	主要功能是建立设备信息，对已建立的设备信息进行编辑，可以按不同的方式查询和显示信息
	修改身份	
编辑信息	添加信息	
	删除信息	
	修改信息	
查询信息	按设备号查询设备信息	
	按设备名查询设备信息	
	按借出日期查询设备信息	
	按归还日期查询设备信息	
维修信息	显示所有设备信息	
	显示所有故障设备信息	
	显示所有正常设备信息	
	按设备号排序显示	
	按设备名排序显示	

参考题目 3 学生通讯录管理

传统的学生通讯录管理一般采用人工工作方式，而通过计算机对学生通讯录进行管理能及时方便地对学生通讯录信息进行查询、更新等操作。学生通讯录管理系统具有检索迅速、查找方便、可靠性高、储存量大、保密性好、寿命长、成本低等特点。通过对现实工作的需求分析，用户可以分别以管理员角色或学生角色进入并使用系统。系统需求如表 3 所示。

表 3 学生通讯录管理功能需求表

角色	功能	子功能	备注
管理员部分	身份管理	验证身份	主要功能是建立班级通讯录信息，对已建立的班级通讯录信息进行编辑，可以按不同的方式查询和显示信息
		修改身份	
	编辑信息	添加信息	
		删除信息	
		修改信息	
		备份信息	
		恢复信息	
		格式化信息	
	查询信息	按学号查询学生信息	
		按姓名查询学生信息	
		按寝室查询学生信息	
		按班级查询学生信息	
		按地区查询所有学生信息	
		按省份查询所有学生信息	

（续表）

角色	功能	子功能	备注
	显示信息	显示所有学生信息	
		按电话区号分类统计学生地区分布	
		按学号排序显示	
		按姓名排序显示	
学生部分	查询信息	显示登录者个人信息	主要功能是对已建好学生通讯录的班级进行相关查询，并显示登录者所在班级的相关信息
		显示登录者所在班级所有学生信息	
		显示登录者所在地区所有学生信息	
		显示登录者所在省份所有学生信息	

附录 A

常用字符与ASCII代码对照表

ASCII 值	字符	ASCII 值	字符	ASCII 值	字符	ASCII 值	字符
0	NUL	32	(space)	64	@	96	、
1	SOH	33	!	65	A	97	a
2	STX	34	”	66	B	98	b
3	ETX	35	#	67	C	99	c
4	EOT	36	$	68	D	100	d
5	ENQ	37	%	69	E	101	e
6	ACK	38	&	70	F	102	f
7	BEL	39	’	71	G	103	g
8	BS	40	(	72	H	104	h
9	HT	41	)	73	I	105	i
10	LF	42	*	74	J	106	j
11	VT	43	+	75	K	107	k
12	FF	44	,	76	L	108	l
13	CR	45	–	77	M	109	m
14	SO	46	.	78	N	110	n
15	SI	47	/	79	O	111	o
16	DLE	48	0	80	P	112	p
17	DCI	49	1	81	Q	113	q
18	DC2	50	2	82	R	114	r
19	DC3	51	3	83	X	115	s
20	DC4	52	4	84	T	116	t
21	NAK	53	5	85	U	117	u
22	SYN	54	6	86	V	118	v
23	ETB	55	7	87	W	119	w
24	CAN	56	8	88	X	120	x
25	EM	57	9	89	Y	121	y
26	SUB	58	:	90	Z	122	z
27	ESC	59	;	91	[	123	{
28	FS	60	<	92	\	124	|
29	GS	61	=	93	]	125	}
30	RS	62	>	94	^	126	~
31	US	63	?	95	—	127	DEL

附录 B

C 语言 ANSI/ISO 标准库函数

库函数不是 C 语言的组成部分，而是 C 编译系统为方便用户使用而提供的公共函数。不同的编译系统所提供的库函数的数目和函数名及函数功能不完全相同。本书仅介绍 ANSI C 标准提供的部分常用库函数。

附录 B.1　输入输出函数　　相关头文件：stdio. h

函数名	函数原型	功能	返回值
fclose	int fclose(FILE *stream)	关闭 stream 所指文件	有错则返回非零，否则返回 0
feof	int feof(FILE *stream)	检测文件是否结束	遇文件结束符返回非零，否则返回 0
fgetc	int fgetc(FILE *stream)	从 stream 所指文件中读取字符	返回所得字符，若读取有错，返回 EOF
fgets	char *fgets(char *string, int n, FILE *stream)	从 stream 文件中读取一长度为 n-1 的字符串，放入 string 中	返回 string 地址，若遇文件结束或出错，返回 NULL
fopen	FILE *fopen(char *filename, char *type)	以 type 指定的方式打开 filename 所指文件	成功，则返回指向该文件的指针，否则返回 0
fprintf	int fprintf(FILE *stream, char *format[, argument,...])	传送格式化输出到 stream 所指文件中	实际输出的字符数
fputc	int fputc(int ch, FILE *stream)	送一个字符到 stream 所指文件中	成功返回该字符，否则返回非 0
fputs	int fputs(char *string, FILE *stream)	送 string 字符到 stream 所指文件中	成功返回 0，否则返回非 0
fread	int fread(void *ptr, int size, int nitems, FILE *stream)	从 stream 所指文件中读长度为 size 的 n 个数据项并保存到 ptr 所指的内存区	返回所读数据项个数，若遇文件结束或出错返回 0
fscanf	int fscanf(FILE *stream, char *format,argument...)	从 stream 所指文件中执行 format 格式化输入送到 argument 所指向的内存单元	已经输入的数据个数
fseek	int fseek(FILE *stream, long offset, int fromwhere)	重定位流上的文件指针，从 stream 文件指针移到以 fromwhere 为基准、以 offset 为位移量的地方	返回当前位置，否则返回-1
ftell	long ftell(FILE *stream)	返回 stream 所指向的文件中的读写位置	返回当前文件指针

（续表）

函数名	函数原型	功能	返回值
fwrite	int fwrite(void *ptr, int size,int n,FILE *stream)	把 ptr 所指向的（n* size）个字节写到 stream 所指向的文件中	写到 stream 所指向的文件中的数据项个数
getc	int getc(FILE *stream)	从 stream 所指向的文件中取一个字符	返回所读的字符，若文件结束或出错，返回 EOF
getchar	int getchar(void)	从控制台（键盘）读一个字符，显示在屏幕上	返回所读字符，若出错，返回-1
gets	char *gets(char *string)	从控制台（键盘）读一字符串放到 string 中	返回所读字符串 string，若出错，返回 NULL
printf	int printf(char *format[, args,...])	产生格式化输出，按 format 所指格式将输出列表 args 的值输出到标准输出设备	输出字符的个数，若出错，返回负数
putc	int putc(int ch, FILE *stream)	输出一字符 ch 到 stream 所指向的文件中	输出的字符 ch，若出错，返回 EOF
putchar	int putchar(int ch)	在标准输出设备上输出字符	输出的字符 ch，若出错，返回 EOF
puts	int puts(char *string)	把 string 所指向的字符串输出到标准输出设备上，将'0'转换为回车换行	返回换行符，若失败，返回 EOF
rename	int rename(char *oldname, char *newname)	重命名文件	成功返回 0，出错返回-1
rewind	int rewind(FILE *stream)	将文件指针重新指向一个流的开头	无
scanf	int scanf(char*format [,argument,...])	执行格式化输入，从标准输入设备上按 format 所指格式，输入数据给 argument 所指向的单元	读入并赋给 argument 的数据个数，若遇文件结束，返回 EOF，若出错返回-1

附录 B.2　数学函数　相关头文件：math. h

函数名	函数原型	功能	返回值
acos	double acos(double x)	反余弦函数，x 应在-1～1 范围内	返回 x 的反余弦 $\cos^{-1}(x)$值
abs	int abs(int i)	求整数的绝对值	返回整型参数 i 的绝对值
asin	double asin(double x)	反正弦函数，x 应在-1 到 1 范围内	返回 x 的反正弦 $\sin^{-1}(x)$值
atan	double atan(double x)	反正切函数，x 为弧度	返回 x 的反正切 $\tan^{-1}(x)$值
atan2	double atan2(double y, double x)	计算 Y/X 的反正切值，x 为弧度	返回 y/x 的反正切 $\tan^{-1}(x)$值
ceil	double ceil(double x);	向上舍入	返回不小于 x 的最小整数
cos	double cos(double x)	余弦函数，x 为弧度	返回 x 的余弦 cos(x)值
cosh	dluble cosh(double x)	双曲余弦函数，x 为弧度	返回 x 的双曲余弦 cosh(x)值
exp	double exp(double x)	指数函数	返回指数函数 e^x 的值

（续表）

函数名	函数原型	功能	返回值
fabs	double fabs(double x)	返回浮点数的绝对值	返回双精度参数 x 的绝对值
floor	double floor(double x)	向下舍入	返回不大于 x 的最大整数
fmod	double fmod(double x, double y)	计算 x 对 y 的模，即 x/y 的余数	返回 x/y 的余数
log	double log(double x)	对数函数 ln(x)	返回 $\log_e x$ 的值
log10	double log10(double x)	对数函数 log	返回 $\log_{10} x$ 的值
pow	double pow(double x, double y)	指数函数(x 的 y 次方)	返回 x^y 的值
sin	double sin(double x);	正弦函数，x 为弧度	返回 x 的正弦 sin(x)值
sinh	double sinh(double x);	双曲正弦函数，x 为弧度	返回 x 的双曲正弦 sinh(x)值
sqrt	double sqrt(double x);	计算平方根，x≥0	返回 x 的开方
tan	double tan(double x);	正切函数，x 为弧度	返回 x 的正切 tan(x)值
tanh	double tanh(double x);	双曲正切函数	返回 x 的双曲正切 tanh(x)值，x 为弧度

附录 B.3　字符串函数　　相关头文件：string.h.

函数名	函数原型	功能	返回值
strcat	char *strcat(char *destin, char *source);	字符串拼接函数，把 source 串接到 destin 后面	返回字符串 destin
strchr	char *strchr(char *str, char c)	在 str 串中查找给定字符 c 的第一个匹配之处	返回指向该位置的指针，若找不到则返回空指针
strcmp	int strcmp(char *str1, char *str2);	比较两个字符串 str1 和 str2	str1>str2，返回正数；str1=str2，返回 0；str1<str2，返回负数
strcpy	char *strcpy(char *str1, char *str2);	把 str2 指向的字符串复制到 str1 串中去	返回字符串 str1
strlen	unsigned int strlen（char *str）	统计字符串 str 中字符的个数（不包括终止符'\0'）	返回字符个数
strstr	char *strstr(char *str1, char *str2);	在串中查找指定字符串的第一次出现位置	返回指向该位置的指针，若找不到则返回空指针

附录 B.4　字符函数　　相关头文件：ctype. h.

函数名	函数原型	功能	返回值
isalnum	int isalnum(int ch)	检查 ch 是否是字母或数字	若 ch 是字母（'A'～'Z', 'a'～'z'）或数字（'0'～'9'）返回非 0 值，否则返回 0
isalpha	int isalpha(int ch)	检查 ch 是否是字母	若 ch 是字母（'A'～'Z', 'a'～'z'）返回非 0 值，否则返回 0
iscntrl	int iscntrl(int ch)	检查 ch 是否是控制字符	若 ch 是作废字符（0x7F）或普通控制字符（0x00～0x1F）返回非 0 值，否则返回 0
isdigit	int isdigit(int ch)	检查 ch 是否是数字（'0'～'9'）	若 ch 是数字（'0'～'9'）返回非 0 值,否则返回 0

（续表）

函数名	函数原型	功能	返回值
isgraph	int isgraph(int ch)	检查 ch 是否是可打印字符（0x21～0x7E）	若 ch 是可打印字符（不含空格）（0x21～0x7E）返回非 0 值,否则返回 0
islower	int islower(int ch)	检查 ch 是否是小写字母（'a'～'z'）	若 ch 是小写字母（'a'～'z'）返回非 0 值，否则返回 0
isprint	int isprint(int ch)	检查 ch 是否是可打印字符（0x20～0x7E）	若 ch 是可打印字符(含空格)(0x20～0x7E)返回非 0 值,否则返回 0
ispunct	int ispunct(int ch)	检查 ch 是否是标点字符（0x00～0x1F）	若 ch 是标点字符（0x00～0x1F）返回非 0 值，否则返回 0
isspace	int isspace(int ch)	检查 ch 是否是空格（' '），水平制表符（'\t'），回车符（'\r'），走纸换行符（'\f'），垂直制表符（'\v'），换行符（'\n'）	若 ch 是空格（' '），水平制表符（'\t'），回车符（'\r'），走纸换行符（'\f'），垂直制表符（'\v'），换行符（'\n'）返回非 0 值，否则返回 0
isupper	int isupper(int ch)	检查 ch 是否是大写字母（'A'～'Z'）	若 ch 是大写字母（'A'～'Z'）返回非 0 值，否则返回 0
isxdigit	int isxdigit(int ch)	检查 ch 是否是十六进制数（'0'～'9'，'A'～'F'，'a'～'f'）	若 ch 是十六进制数（'0'～'9'，'A'～'F'，'a'～'f'）返回非 0 值，否则返回 0
tolower	int tolower(int c);	把字符转换成小写字母	若 ch 是大写字母（'A'～'Z'）返回相应的小写字母（'a'～'z'）
toupper	int toupper(int c);	把字符转换成大写字母	若 ch 是小写字母（'a'～'z'）返回相应的大写字母（'A'～'Z'）

附录 B.5 其他函数

函数名	函数原型	功能	返回值	头文件
atof	double atof(const char *nptr)	把字符串转换成浮点数	返回转换结果，错误返回 0	stdlib. h
atoi	int atoi(const char *nptr)	把字符串转换成长整型数	返回转换结果，错误返回 0	stdlib. h
atol	long atol(const char *nptr)	把字符串转换成长整型数	返回转换结果，错误返回 0	stdlib. h
abort	void abort(void)	异常终止一个进程	无返回值	stdlib. h
assert	void assert(int test)	测试一个条件并可能使程序终止	无返回值	assert.h
calloc	void *calloc(unsigned n, unsigned size)	分配 n 个数据项的连续内存空间，每个数据项的大小为 size	返回内存单元的起始地址，如不成功，返回 0	stdlib. h
free	void free(void *ptr)	释放 ptr 所指的已分配的内存块	无	stdlib. h
malloc	void *malloc(unsigned size)	内存分配函数，分配 size 字节的内存区	返回指向该内存区的指针	stdlib. h
rand	void rand(void)	随机数发生器，产生-90～32767 间的随机整数	随机整数	stdlib.
realloc	void *realloc(void*ptr, unsigned newsize)	重新分配内存，将 ptr 所指的已分配的内存块的大小改为 newsize	返回指向该内存区的指针	stdlib. h

参 考 文 献

[1] 孙承爱，赵卫东主编.程序设计基础（基于 C 语言）.北京：清华大学出版社，2008.

[2] 谭浩强著. C 程序设计（第三版）. 北京：清华大学出版社，2005.

[3] 钱能主编. C++程序设计教程. 北京：清华大学出版社，2001.

[4] 孙承爱，李堂军主编.Visual FoxPro 程序设计基础与项目实训. 北京：中国人民大学出版社，2009.

[5] 刘振安，孙忱，刘燕君编著. C 程序设计课程设计. 北京：机械工业出版社，2005.

[6] [美]Kenneth C. Louden 著. 黄林鹏，等译. 程序设计语言——原理与实践（第二版）. 北京工业出版社，2004.

[7] 王明福，等编写. C 语言程序设计教程. 北京：高等教育出版社，2004.

[8] 刘明才编著. C 语言程序设计习题解答与实验指导. 北京：中国铁道出版社，2006.

[9] 方少卿，等编写. C 语言程序设计. 北京：中国铁道出版社，2007.

[10] 邸春江编著. Visio 2003 图形设计. 北京：清华大学出版社，2006.

[11] 臧铁钢，等编写. 软件开发技术基础. 北京：中国铁道出版社，2005.

[12] [以]Daniel Galine 著. 王振宇，等译. 软件质量保证. 北京：机械工业出版社，2004.

[13] [美]Gary J.Bronson 著. 单先余，等译. 标准 C 语言基础教程. 北京：电子工业出版社，2006.

[14] [美]BehrouzA. Forouzan 著. 刘艺，等译. 计算机科学导论. 北京：机械工业出版社，2005.

[15] 张海藩编著. 软件工程导论（第四版）. 北京：清华大学出版社，2006.

[16] 郭翠英，等编著. C 语言课程设计案例精编. 北京：中国水利水电出版社，2004.